U0233239

大模型
与
超级平台

段永朝◎主编

中国出版集团

中译出版社

图书在版编目（CIP）数据

大模型与超级平台 / 段永朝主编 . —— 北京 : 中译
出版社 , 2024. 9. —— ISBN 978-7-5001-8016-6

Ⅰ. TP18

中国国家版本馆 CIP 数据核字第 202495ME21 号

大模型与超级平台

DAMOXING YU CHAOJI PINGTAI

主　　编：段永朝
策划编辑：吕百灵
责任编辑：张孟桥
营销编辑：白雪圆　郝圣超

出版发行：中译出版社
地　　址：北京市西城区新街口外大街 28 号 102 号楼 4 层
电　　话：（010）68002494（编辑部）
邮　　编：100088
电子邮箱：book@ctph.com.cn
网　　址：http://www.ctph.com.cn

印　　刷：河北宝昌佳彩印刷有限公司
经　　销：新华书店
规　　格：710 mm×1000 mm　1/16
印　　张：22.75
字　　数：300 千字
版　　次：2024 年 9 月第 1 版
印　　次：2024 年 9 月第 1 次印刷

ISBN 978-7-5001-8016-6　　　　　　定价：69.00 元

关于未来技术预测，硅谷思想家保罗·萨福（Paul Saffo）曾经在 20 世纪 90 年代提出著名的"三十年定律"。它的意思是说，一项新技术从发明到广泛应用，大约需要三十年的时间，而且可以分为三个阶段：激动与怀疑的十年；混乱与调整的十年；广泛普及的十年。

萨福的"三十年定律"是基于长周期观察电信、计算机、互联网等新兴技术发展历程的概括和总结。用这个定律来审视今天炙手可热的人工智能、大模型，或许会有一点新的启发。

2022 年年底，从 ChatGPT 进入公众视野到今天的 Sora，多模态、生成式人工智能看上去似乎已经进入萨福所说的"第二个十年"，所以过去两年，百模大战、千模大战不绝于耳。但事情真的这么简单吗？

2023 年 3 月，在百度公开发布"文心一言"大模型的前夕，荸草智酷和信息社会 50 人论坛组织多位老师到百度调研，其间北京大学胡泳教授提出这样一个问题：为什么五六年前，百度就在全面转向人工智能，而且也有非常多的技术积累和创新，但"大模型"的概念不是出自百度？

这个问题提得很深刻。

为何在具体的技术上，我们可能已经"十八般兵器，一应俱全"，可在原创性、聚合性创新方面，似乎总是摸不到头脑？这也许就是美国著名投资家彼得·蒂尔在 10 年前提出的"从 0 到 1"的难题。

过去的几十年，我们看待智能技术，脑海里总是有一幅类似 S 曲线的画面，叫作"技术成熟度曲线"。典型的就是 Gartner 每年发布的技术预测曲线，这个画面将技术发展也分为三个阶段：孕育—爆发期、衰落—增长期、成熟—稳定期。与萨福的三十年定律虽然看上去很像，但两者有本质的不同。萨福的预测，侧重于长周期技术预测。

在萨福的长周期技术预测中，这三个十年都不是简单的累加递进的线性关系。比如第一个十年，往往受到技术惊艳表现的鼓舞，瞬时爆发出极大的兴奋和激情，同时也伴随着大量的怀疑和忧虑。概念多、想象力丰富，但场景匮乏。

第二个十年，新技术找到了应用场景，产生"引爆效应"，并迅速辐射周边，一时间模式创新、业态重构不绝于耳，但同时也带来巨大的行业动荡和深度的社会冲击。

第三个十年，似乎进入繁花似锦的阶段，人们熟悉并接受新的技术所定义的生活方式，日常工作和生活的行为方式也发生了极大的改变，新技术的新奇性似乎消失，但被技术所掩盖的深远影响似乎正孕育着下一次大的爆发，而人们无法辨别它来自哪里，又去向何方。

长周期思考与短周期思考的最大区别在于：长周期思考是思想底层的碰撞，短周期思考则关注成效和回报。

这也许从侧面回答了胡泳的问题。长期以来，我们的产业界习惯于"短周期"思考，把"唯快不败"的所谓互联网思维做到极致、"卷"到极致。但产业界似乎总是对长周期思考缺乏底气和耐力，不能从更深远的社会影响、组织变革、生产方式变革的层面来思考技术冲击带来的外部效应。

这本书所面对的，就是这样一个重要的问题：如何从思想层面理解当今所向披靡的智能技术？

这一波大模型狂潮来势汹汹，对经历过电子商务、移动社交、共享经济、在线支付、翻转课堂、智慧城市、数字工厂等智能科技洗礼的人们来说，既熟悉又陌生。熟悉的是技术冲击的力度、技术嵌入生活的深度，陌生的是这一波带来的巨大改变，已经超越生产力的范畴，进入塑造新型生产关系、新型生活理念和工作伦理的层面。

这是一个技术开发、技术应用、技术伦理、技术治理和技术安全高度叠加的时代，也是这五个方面必须齐头并进、彼此深度融合的时代。这个时代，需要的不仅是技术，还有技术远见、技术洞察，从原理、应用和思想上，同时把握智能技术的深刻本质。

这本书的出版，可谓恰逢其时。

这本书的编撰，还有这样一个机缘：2023 年 11 月 18 日，我参加在北京市朝阳区举办的一个元宇宙论坛，恰好坐在中译出版社社长乔卫兵先生的旁边。中译出版社在过去的几年里，出版了一批高品质、有影响力的元宇宙、数字经济、智能科技领域的精品著作；苇草智酷和信息社会 50 人论坛，则在过去十年间，凝聚了一批国内有思想、有见地的学者专家，致力于研究智能科技对社会经济文化的深刻影响，我们对出版这样一本对大模型、人工智能有着深度思考的书的创意和设想，一拍即合。

在大模型技术概念被提出之后，全球科技界和产业界对其高度关注。大模型技术的突破性进展，不仅在自然语言处理、图像识别等领域显现出强大的能力，更在数据处理、语言理解和生成内容等方面展现了前所未有的潜力。

近年来，人工智能技术的迅猛发展，尤其是大模型技术的涌现，标志着我们正处于一场深刻的科技革命之中。这场革命不仅仅是技术层面的突破，更是对人类认知和生产方式的全面变革。大模型技术通过多模态数据的融合，能够实现图像、文本、语音等多种信息的综合处理，从而在医疗、金融、教育、制造等多个领域产生广泛而深远的影响。大模型的出现，不仅提高了各行业的工作效率和创新能力，还为未来智能社会的构建奠定了坚实的基础。

大模型技术的全球关注度不断提升，其重要性不仅体现在技术突破上，更在于其对社会和经济结构的深远影响。大模型技术通过对海量数据的训练，能够实现对复杂问题的高效解决，从而在多个领域展现出巨大的应用潜力。例如，在医疗领域，大模型可以通过对医学影像和病历数据的分析，辅助医生进行精准诊断和治疗方案的制订；在金融领域，大模型可以通过对市场数据的分析，提供高效的风险评估和投资策略；在教育领域，大模型可以通过对学生学习行为的分析，提供个性化的教学方案，提升教育质量和效率。

大模型技术的应用，不仅改变了各行业的生产方式，也推动了社会的智能化进程。大模型技术通过与其他智能科技的聚合，催生了全新的生产模式，改变了传统的生产关系，推动了社会的全面变革。例如，智能代理技术通过大模型的支持，能够更好地理解和预测用户需求，为其提供个性化服务，这在智能家居、智能客服等领域表现得尤为突出；联邦计算（隐私计算）技术通过与大模型的结合，能够在保证数据隐私的前提下，使各方共同训练模型，提升模型的准确性和泛化能力，这在医疗健康、金融风控等需要高隐私保护的领域具有重要的应用价值；区块链技术通过与大模型的融合，为去中心化应用提供了新的思路，推动了数字经济的发展。

我们希望，《大模型与超级平台》一书，不仅是对大模型技术的深度思考，更是对未来智能社会的形态、组织和生产关系、生活方式变革的深入思考。

这本《大模型与超级平台》的书稿，在中译出版社的大力支持和帮助下，汇集了国内多位知名专家的文章，涵盖了技术创新、人工智能、多模态等多个方面。在编撰接近完成的时候，我突发奇想：如果把书稿全文喂给大模型，那么它能"学"到点什么，能不能做出准确的概括？以下就是大模型对本书主要内容和特色的概括：

首先，本书详细探讨了大模型技术的发展历程及其对社会的深刻影响。通过回顾大模型技术的历史里程碑，如 GPT-4、BERT 等模型的出现，阐述了大模型技术如何从简单算法到现在的高级智能演进。书中指出，大模型技术的快速发展引发了全球范围内的不同看法，包括一些业界人士对发展更强大 AI 技术的担忧以及比尔·盖茨对 AI 技术积极利用的支持。通过比较过去三百年的工业革命，书中强调当前大模型革命的重要性：不仅改变了信息技术的面貌，也为人类的创造力和想象力提供了提升空间。然而，书中也强调了大模型技术带来的挑战和风险，包括虚假信息的传播、社会偏见的放大以及对国家安全的威胁。书中呼吁人们对大模型技术的发展持有"激动之心""平常之心"和"敬畏之心"，并鼓励积极学习和使用大模型技术，同时也要认识到其带来的风险，准备好应对措施。

其次，本书深入探讨了大模型技术对各行业的重要改变和重构，特别是与大模型相关的人工智能、智能代理、联邦计算（隐私计算）、区块链等智能科技的聚合。书中指出，大模型技术的应用，不仅提高了各行业的工作效率和创新能力，还推动了社会的智能化进程。例如，在人工智能领域，大模型技术使自然语言处理、图像识别、自动驾驶等领域取得了突破性进展；在智能代理领域，大模型技术通过对用户需求的理解和预测，提供个性化服务，提高了用户体验度；在联邦计算（隐私计算）领域，大模型技术在保证数据隐私的前提下，使各方能够共同训练模型，提升了模型的准确性和泛化能力；在区块链领域，大模型技术通过与区块链技术的融合，为去中心化应用提供了新的思路，推动了数字经济的发展。书中指出，大模型技术的聚合，将催生全新的生产模式，改变传统的生产关系，推动社会的全面变革。

最后，本书结合了各位知名学者的学术背景，增加了内容的权威性和论证力。书中不仅涵盖了大模型技术的最新发展和应用，还通过对各领域的深入探讨，展示了大模型技术在推动社会变革中的重要作用。例如，王飞跃和缪青海在《我们正在经历一场人工智能全民普及》一文中，详细探讨了 AI 技术的发展及其对社会的深刻影响；刘伟在《智能的关键》中，深入探讨了智能的本质及其关键要素；刘晓力在《从生成式人工智能看 AGI 的圣杯之战》中，详细阐述了生成式 AI 的发展历程及其面临的挑战；喻国明在《生成式 AI 与营销传播的新生态》中，探讨了生成式 AI 技术在传播领域的创新应用，分析了其对社会联系方式的深远影响；段伟文在《如何理解和应对 ChatGPT 与生成式人工智能的开放性伦理挑战》中，强调了 AI 技术带来的伦理风险，呼吁社会深思熟虑地对待 AI 技术的发展。

看完上述大模型给出的概括，作为这本书的主编，我可谓喜忧参半。喜的是，技术已经纯熟到如此地步，所做的内容理解和概括，已经顺畅到准确、清晰、可读的地步。忧的是当大模型嵌入知识生产过程，并日益成为知识生产的"主力军"的时候，人将扮演何种角色？

在这本书稿中，各位作者从不同的角度都谈到了技术对未来的巨大影响，这些影响总括起来即想象力。

换句话说，未来智能技术进入知识领域，恐怕已成定局。机器的学习能力、计算能力、记忆能力超越人，已经不是天方夜谭。在这种情况下，人类恐怕需要重新理解到底什么是智能？到底什么是生命？到底什么是想象？

这本书的意义，并非给出一个清晰的答案，而是为更多人参与思考、讨论提供一点点有益的启示。

在此，我们要对本书的各位作者在各自领域的卓越贡献和对本书的支持表示诚挚的感谢。同时，也要感谢中译出版社和各位编辑的辛勤工作，他们的努力使本书得以顺利出版。还要感谢大模型技术，这可能是有史以来，第一篇编者与大模型合作撰写的序言。

希望本书能够为读者提供有价值的参考，推动大模型技术在各行业的应用和发展，为社会进步贡献力量。

谨此为序。

段永朝

2024 年 7 月

目 录 ·

第一部分

技术创新与超越多模态

第二部分

人工智能的"奥本海默时刻"

第三部分

平台升级与大模型开发

第一部分

技术创新与超越多模态

我们正在经历一场人工智能全民普及 *

人工智能（AI）潮流正席卷全球。很多人对 AI 技术突飞猛进的发展感到担忧，一封呼吁暂停开发更强大 AI 的公开信日前获得包括马斯克在内的上千名业界人士的联署。也有很多人看好 AI 的发展。比尔·盖茨就曾撰写题为《人工智能时代已经来临》的文章，并认为"应该将重点放在如何最大限度地利用 AI 技术及其带来的发展上"。不管如何看待 AI，现实是，人工智能技术革命的浪潮已经呼啸而来，我们正在经历一场前所未有的人工智能全民大普及。

AI 技术的发展带来的影响为何如此深刻而广泛？追溯历史，了解技术发展导致的历次社会变革，或许可以找到答案。

回溯 10 年，关注 AI 变革中的重大事件。2012 年 AlexNet 在 ImageNet 竞赛中大幅度领先传统机器学习方法，宣告深度学习的崛起；2016 年 AlphaGo 战胜人类顶级围棋大师，夺得智能博弈的圣杯；2023 年 3 月，多模态预训练大模型开启人工智能生成内容（AIGC）的大幕。从 AlphaGo

---

* 王飞跃，中国科学院自动化研究所复杂系统管理与控制国家重点实验室主任、研究员；缪青海，中国科学院大学人工智能学院副教授。

到如今，人工智能完成了从算法智能（AI）到语言智能（LI）的过渡，正向着想象智能（II）转移。如果说只会下围棋的 AlphaGo 是"阳春白雪"，那么能说会道的多模态预训练大模型就是"下里巴人"，人工智能技术从新闻中进入普通人的生活，人人都可能用上 AI 技术。

回溯 30 年，重点看信息技术革命。20 世纪 90 年代，万维网的出现使得 PC 互联，21 世纪初的互联网创业大潮开始深刻影响人们的生活。2007 年第一代智能手机 iPhone 上市，推动人类社会进入移动互联时代。从 PC 互联到移动互联是一次伟大的变革，通信交互人人参与，信息的流动无处不在。在此基础上，内容创作由专业制作（PGC）过渡到用户创作（UGC）。2021 年以来，随着 AI 大模型的快速发展，人工智能生成内容（AIGC）成为一个新的"iPhone 时刻"，从此人人可以释放自己的想象力和创造力。

回溯 300 年，看历次工业革命。18 世纪 70 年代，瓦特改良出第一台实用蒸汽机，开启了第一次工业革命；19 世纪，法拉第、爱迪生、特斯拉等以发电机和电动机开启了第二次工业革命，推动人类社会进入电气化时代；20 世纪 40 年代的第三次工业革命伊始，维纳、图灵、冯·诺依曼便奠定了计算机、智能、控制论的基础，90 年代实现网络互通互联，人类进入信息化时代，七大洲成为地球村；21 世纪 20 年代，大数据、算法、算力共同驱动的人工智能技术开启了第四次工业革命。根据马斯洛的需要层次论，第一、二次工业革命满足了人的安全需求，第三次满足了人的社交需求，第四次是智能化革命，来到了需求金字塔的顶层，帮助人们提升想象力和创造力，满足人们自我实现的需求。

智能化时代必然到来，也已经到来。在当前 AI 浪潮下，每个人都应积极了解 AI 技术的特点，抓住新一轮智能化带来的机遇。同时也需要认识到，技术是一把"双刃剑"，新一轮 AI 技术进入日常生活，也必将带来多层面的风险。美国总统拜登及其科技顾问委员会在 2023 年 4 月 4 日举行的会议上就讨论了人工智能的"风险和机遇"。

首先，在个人层面上，使用 AI 生成模型作为工作助手，存在虚假信息制造和传播的风险。这一风险源于模型内容生成方法的概率性，即生成的内容并不完全正确、真实，也不完全无害、合法。人们应该记住，使用 AI 工具获取到的信息时，必须加以甄别，去伪存真。

其次，在社会层面上，随着预训练大模型的普及，其中隐藏的偏见、失德甚至违法的言论有可能被广泛流传，危害社会的良性发展。这一风险源于大模型的无监督自学习原理，其从多种开放渠道获得的学习语料质量良莠不齐。我们要加强大模型后期微调、对齐等方法的研究，最大限度地防范大模型输出有害信息。

最后，在国家层面上，如果以上风险得不到很好的防范，就可能导致国家安全风险。这一风险源于大模型训练后期的指令学习和提示学习阶段，其基于人类标注员的演示、受人类思想的引导，其中不可避免地会被注入特定意识和政治偏见。对此，我们必须保持足够的警惕并做好相关的应对准备。

新一轮 AI 浪潮，带来了前所未有的机遇和挑战。我们应认识到，AI 在我们所见证的时代发生技术变革，对此要有"激动之心"；AI 是科学技术发展的必然结果，对此要有"平常之心"；AI 会让我们的生活更美好，也有可能形成对人类的威胁，对此要有"敬畏之心"。我们每个人都应当有学好、用好人工智能的"积极意愿"，同时也要看到我国 AI 发展与世界前沿的差距，增强长期艰苦努力的"不懈意志"。

关于人工智能的若干问题 *

1. 引言

进入 20 世纪，人类以前所未有的加速度认知其所生存的地球、太阳系和宇宙。物理学家们提出量子力学、相对论，深入原子结构，解析基本粒子，直至发现和证明"夸克"的存在。原子半径在 10^{-10} 米的数量级，夸克半径在 10^{-18} 米的数量级。人类通过特定物理效应可以观测电子、质子和中子，却无法对夸克直接观测。弦理论和 M 理论，让人们开始接受宇宙是多维度的存在。与此同时，宇宙学家不断拓展对宇宙的观测范围。根据最新的研究成果显示，宇宙的年龄为 137.7 亿到 138.2 亿年，目前人类可观测到的宇宙直径是 930 亿光年。

　　* 朱嘉明，经济学家，横琴数链数字金融研究院学术与技术委员会主席。

　　本文系作者以本人于 2023 年 8 月 1 日为刘志毅著《智能的启蒙》所撰写的序言，2023 年 2 月 6 日为杜雨、张铭孜著《AIGC：智能创作时代》所撰写的序言，发表于 2023 年 4 月 10 日《商学院》杂志的《AI 已来，智能时代的变革与创新》，2023 年 9 月 18 日的《人工智能时代下的设计思维革命》，2023 年 6 月《二十一世纪评论》的《人工智能大模型：当代历史的标志性事件及其意义》，2023 年 12 月 8 日的《智能时代的金融创新和金融风险管理》等六篇文章与发言为基础，加以综合提炼和修订而成。

在这样的大背景下，传统的教育和学习方式已经不足以帮助人们理解和认知世界和宇宙。人类认知和真实世界之间的缺口，呈现的不是缩小，而是扩大趋势。即使是知识阶层，也不可避免地深陷于对热力学第二定理的忧虑，不得不接受复杂的科学框架、"哥德尔不完备性定理"的逻辑、"混沌理论"的描述；不得不相信世界的不确定性、对称性破缺、"增长的极限"和"科技奇点"；不得不面对大数据的超指数增长和信息爆炸。

正因为如此，必须寻求一种消除人类认知和真实世界之间的缺口的方法和力量。这种方法和力量当然不再是人本身，因为包括利用人类大脑在内的人的自身开发和潜力发掘，不会再有很大的空间。人工智能的历史意义正在于此。唯有计算机和人工智能，可以突破人类自身的智慧和能力已经接近极限的现实。所以，人工智能是复杂世界体系和人类之间的桥梁，并非只是人类的简单工具。人工智能不是弥补人类能力之不足，而是解决人类没有能力意识和提出的问题，超越人类智能和经验。因而，当今的人类有必要关注人工智能来龙去脉中的若干重大问题。

2. 先验主义、维特根斯坦和数理逻辑

事实上，人工智能是一种"先验"，或者"超验"（transcendent）的存在。因为人工智能的原理是先于人类的感觉经验和社会实践的。1950年，图灵（Alan Mathison Turing）提出机器是否可以思考的问题，并且给予肯定的回答与论述，与其说是一种"预见"，不如说证明了人工智能的先验存在特征。在1950年那个时间节点，人工智能还是存在于现实世界之外，存在于那个超越经验、超越时空的理念世界。图灵的人工智能想象和思考，存在于他的理念世界之中，只有在特定环境下可以激活。其实，不仅人工智能、计算机的历史，至少从帕斯卡（Blaise Pascal）到巴贝奇

（Charles Babbage）的探索，也是先验主义（transcendentalism）的证明。

自 1956 年的达特茅斯会议之后，人工智能开始了依据自身逻辑的演进过程。回顾和审视过去的 67 年历史，不难发现：人工智能真实的演进路线是最为完美的，没有走过真正的弯路，而且每个阶段之间都存在必要的间歇和过渡。这是任何人工智能的人为设计路线都不可能做到的。例如，达特茅斯会议所形成的三条路线不是对立关系，而是补充关系，现在的先后顺序是最合理的选择，因为人工智能的联结主义路线需要以符号主义作为前提和开端。机器学习优先于深度学习也是同理，使得人工智能技术完成从通过机器算法的学习到通过神经网络的学习的进步。至于人工智能生成内容，ChatGPT，从 transformer 到大模型，都是人工智能发展过程的水到渠成而已。人工智能原本就有一张路线图，而人工智能历史是展现这张路线图的过程。

特别值得思考的是大语言模型（Large Language Model，LLM）。简言之，LLM 是一种能够生成自然语言文本的人工智能模型。2022 年之后，Open AI 公司的 GPT 系列大模型（Generative Pre-trained Transformer）因为可以广泛应用于自然语言生成、语音识别和智能服务等领域，所以成为人工智能历史的重大分水岭。GPT 的主要优势是采用了 transformer 架构，即一种基于注意力机制（attention mechanism）的神经网络结构，可以支持模型高质量处理长文本，把握文本中的长期依赖关系。更为重要的是，GPT 的预训练，基于无监督自学习方式，通过在大规模文本语料库中学习语言的统计规律和模式，理解和生成自然语言文本。此外，GPT 所构建的多层次、多粒度的语言模型，每个层次都对应着不同的语言表示方式，可以逐渐深入理解和生成更加复杂的自然语言文本，包括上下文信息，句子和段落的结构、主题，以及词汇、语法、句法、语义，最终适用于不同的自然语言处理任务。

  LLM，实现在自然语言处理领域的成功应用，完全符合人类智能结构，在很大程度上扩展和实践了维特根斯坦（Ludwig Josef Johann Wittgenstein）的理论。在维特根斯坦看来，语言的边界就是思维的边界。[①]"语言必须伸展得与我们的思想一样遥远。因而，它必须不仅能够描述实际的事实，而且同样能描述可能的事实。"[②] 所以，语言的本质在于它的使用方式。语言的真实性是与其在实际使用中的效用相关联的，而不是通过符号与客观世界之间的对应来获得的。图灵在维特根斯坦过世前一年已经提出了关于人工智能的核心思想，维特根斯坦是否注意到不得而知。可以肯定的是，实现人工智能和自然智能的交流和融合，将传统的人—人交流模式改变为了人—机—人交流模式。

  这样的改变意义是巨大的。人类已经堕入自然语言的危机之中，因为歧义的蔓延加剧交流成本扩大。现在看来，LLM 是拯救人类、摆脱危机的重要途径。

  进一步思考，可以发现 LLM 与数理逻辑（或称人工智能的"符号主义"流派）存在某种关联性。数理逻辑，又称"符号逻辑"，核心特征是用抽象的符号表示思维和推理，实现证明和计算结合，构建形式化的逻辑关系。莱布尼茨（Gottfried Wilhelm Leibniz）是数理逻辑的开山鼻祖，罗素（Bertrand Arthur William Russell）是集大成者。LLM 在很大程度上逾越了数理逻辑的各种技术性障碍，因为 LLM 具有莱布尼茨和罗素所难以想象的十亿、百亿、千亿，甚至上万亿的参数，海量的大数据和语料库，通过对大数据的分类和训练，实现数学方法、计算机算力和程序语言的结合。LLM 很可能将是数理逻辑研究的未来形态，或者数理逻辑研究因为 LLM 获得全新的生命力。

---

① Ludwig Wittgenstein, Tractatus Logico-Philosophicus, 2nd edition (London : New York: Routledge, 2001).
② 维特根斯坦著：《维特根斯坦与维也纳学派》（商务印书馆，2015 年），第 256 页。

如今，人工智能真正的特殊之处是，人工智能自身已成为推动人工智能发展的动力。也就是说，人工智能推动人工智能成为更为先进的人工智能，走向通用人工智能（Artificial General Intelligence，AGI）。进而 AGI 和通用技术（General Purpose Technologies，GPTs）发生时刻的重合。人类进入包括数学、物理学、化学、生物学和宇宙学在内的科学研究日益依赖人工智能的时代，已经不能想象没有人工智能参与和支持的科学实验和研究。更要看到的是，人工智能和科学形成互动关系。人工智能和科学的融合，将强化人工智能的深层科学属性，使得人工智能的实际张力超出人们就人工智能认识人工智能的限制。

3. 人工智能的多维度属性和多重后果

人工智能是一个被不断定义的存在，这是因为人工智能具有多维度的属性，而且始终处于动态。

1956 年的达特茅斯人工智能会议，首次提出"人工智能"（artificial intelligence）概念，确定了人工智能的目标"实现能够像人类一样利用知识去解决问题的机器"，而且就人工智能达成这样的共识：基于计算机系统模拟人类智能和学习能力，完成类似人类智能的任务和活动。这些任务包括视觉感知、语言理解、知识推理、学习和决策等。在达特茅斯会议之后的相当长历史时期内，人们对于人工智能的认知属于狭义阶段，即倾向将人工智能理解为能够帮助人类的一种工具，成为人类智慧的补充。

近七十年，人们发现人工智能的工具性仅仅是其属性之一，它还有很多并且在继续增加的其他属性：（1）人工智能具有复杂的科学技术属性；（2）人工智能具有自我演进和扩展属性；（3）人工智能具有持续缩小与人类智慧差距的属性；（4）人工智能具有经济和社会的基础结构属性；

（5）人工智能具有公共品（public good）和私有品（private good）的平行属性；（6）人工智能具有产业、商业和文化艺术的创新属性；（7）人工智能具有资本属性；（8）人工智能具有模型化，或者具身化，即通用人形机器人化的属性；（9）人工智能具有自组织和 DAO 的属性；（10）人工智能具有超主权属性。

人工智能如此多的属性，让人们不免联想到"千手千眼观音"："千"代表无量及圆满之义，"千手"代表大慈悲的无量广大，"千眼"代表智慧的圆满无碍。"千手千眼观音"追求的是安乐一切众生，随众生之机，满足众生一切愿求。"千手千眼观音"应该是人工智能发展的最高境界。但是，在人工智能的现实演进中，却显示了非常明显的两重性：一方面，是积极的创新和变革能力的后果。另一方面，人工智能正在加速制造一系列负面的社会后果：互为因果的人类的分裂和人工智能分裂；人工智能红利分配的失衡，导致社会平等的恶化；人工智能被资本势力绑架，人工智能资本化，形成人工智能既得利益集团；人工智能加剧大型科技企业和国家的恶性竞争和自然垄断，人工智能竞争引发的人工智能涌现将进入包括太空开发这样的全新领域；人工智能造成继"数字鸿沟"之后叠加的"人工智能鸿沟"，南北国家差距扩大，很可能形成人工智能殖民主义。

多年来，所谓的"伊莱莎效应"（Eliza effect）在计算机和人工智能领域有很大影响。维基百科对"伊莱莎效应"定义：该效应是指人的一种下意识，以为电脑行为与人脑行为相似。例如，人们阅读由计算机把词串成的符号序列，读出了这些符号并不具备的意义。[①] 近来，伊莱莎效应成为支持对人工智能持有保守态度的一种理论依据：似乎现在的主要倾向是人工智能的进展和潜力的夸大，是对人工智能的过度解读，陷入了伊莱莎效

---

① ELIZA Effect，收入 Wikipedia，2023 年 7 月 30 日，https://en.wikipedia.org/w/index.php?title= ELIZA_effect &oldid=1167937917。

应。事实上，现在更应该具有"反伊莱莎效应"（anti-Eliza effect）意识。[1]
因为夸大人类的能力，忽视的水分，进而坚信人的自然智慧的绝对主导地
位具有现实的和潜在的危险。

4. 智能时代的创新和变革

无论如何，人类已经迈入智能时代，它完全不同于工业时代，甚至数
字时代。

工业时代是以工业革命为主导，实现了大机器生产，工厂规模和产业
资本、金融资本结合，市场规律是绝对规律，物质财富呈现指数增长的时
代。工业时代的最大问题是产能过剩和产品过剩。工业时代的幻想经济规
律就是降低成本，提高劳动生产率。数字时代，也可以说信息时代。在这
个时代，科技资本替代了金融资本和产业资本，以信息通讯技术革命为主
导，实现了计算机和互联网的结合，大数据成为生产要素。物理学的摩尔
定律决定数字经济时代的发展。这个时代的特征是大数据指数增长和信息
大爆炸。智能时代，则是以人工智能革命为主导，产业人工智能化改造，
实现人—机全产业和全社会交互、人工智能普及化、AGI 开发、自然智慧
和人工智慧融合、新形态智慧的大发展，并呈现指数增长，实现超级人工
智能。

人类的核心挑战是，既要处理工业时代的遗留问题，又要应对向数字
时代的转型，同时叠加了智能时代的使命。工业时代与数字时代有很大的
差距，而且这个差距在扩大，消除这个差距就叫转型。见下图：

---

[1] 李维："反伊莉莎效应，人工智能的新概念"，2016 年 1 月 13 日，https://www.yang fenzi.com/zimeiti/58970.html。

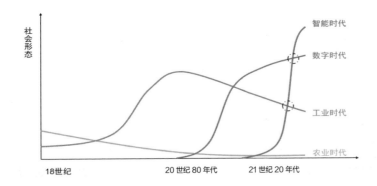

在智能时代，变革与创新的特征明显不同于工业时代和数字时代。其一，变革和创新的目标：从思想活动到经济活动、社会活动，全方位智能化；其二，变革和创新的主体：自然智能和人工智能并存，交互作用；其三，变革和创新的技术：通过大模型化、深度学习和抽象思维、信息处理，大数据最终可以成为生产要素；其四，变革和创新的能力：处理复杂系统和涌现的能力，摆脱数字时代的诸如泛化（generalization）、拟合（fitting）、价值对齐（alignment）、熵减（entropy reduction）等典型困境；其五，变革和创新的效果：形成物质形态和虚拟观念形态平行世界。

智能时代很可能是达到"科技奇点"的关键阶段。见下图：

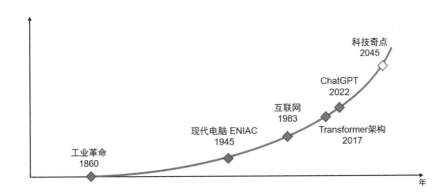

5. 人工智能对传统经济模式的挑战和改变

第一，智能时代改变了经济增长机制。过去的经济增长模式是线性的，表现为时间与增长对应的固定比例。现在的经济增长模式则完全改变，在原先的线性增长中不断分叉。人工智能带来的这场革命，颠覆了人们过去对经济增长的理解，因为它改变了经济增长函数的辩证关系。在智能时代，人工智能技术的发展成为经济增长最重要的内生因素。

第二，人工智能引发经济结构的全面调整。工业时代的劳动力、土地与资本等作为资源禀赋的经济认知模式已被遗弃。一方面，因为在智能时代里人工智能逐渐成为经济活动中的主体，使得技术禀赋超出其他禀赋而具有决定性的力量；另一方面，由于人工智能所隐含的对于工资及消费的不同需求——人工智能既不需要超越运行成本的工资，也不会有多于满足其存在状态的消费，同时参与各类经济活动——经济统计与解读，因此受到了更大的挑战。

第三，人工智能深刻影响就业模式。当考虑将人工智能作为生产主体时，经济学家们对就业与通货膨胀之间的关系的思考再一次被刺激了。没有储蓄的人工智能既不能投资，又对通货膨胀没有反应，本身日渐式微的菲利普斯曲线（Phillips curve）又无法确定失业率与通货膨胀之间是否还存在确定的联系。

第四，人工智能技术具有持续降低固定成本的能力，增强民众福祉。当人工智能得以大量应用时，其平均成本是可以忽略不计的。人们所使用的非常有价值的低价或免费服务，不论是微信还是 ChatGPT，已经按其边际成本进行了合适的定价。人工智能的能力和效用的几何级进步也可以以最低成本实现。今天的智能手机比 20 世纪 80 年代中期的超级计算机更强大，而价格只为其九牛一毛。同样的成本结构动态有望在许多福利领域大幅增长，如人工智能辅助医疗，而且许多此类服务将可以远程提供给世界各地的人们，包括穷人或其他弱势群体。低边际成本的人工智能技术改进可以对可持续性产生重大影响，也是影响人类长期福祉的另一个关键因素。在一个先进的人工智能经济社会中，从事传统工作的人将减少，政府的税收将减少，国家的 GDP 也将减少，但每个人都会过得更好，自由地消费越来越多的与收入脱钩的商品。

第五，人工智能可能改善人类福利方式。传统国内生产总值（GDP）的主要缺陷在于它是不完整的，既不包括以负增量成本提供的商品和服务范围的增加，也不包括个人福祉的非物质方面或更广泛的社会进步，导致 GDP 和人类福利的收益的分离。在当下现实世界，诸如住房租金、体育奖金、艺术表演费、品牌使用费，以及行政、法律和政治系统成本，几乎没有可能纳入 GDP 统计。可以预见，伴随人工智能对改善人类福利模式的贡献增加，并不一定继续体现为以 GDP 衡量的生产力增长。所以，经济学家阿代尔·特纳（Adair Turner）有过这样的设想：在 2100 年的世界里，由机器人制造并由人工智能系统控制的太阳能机器人，提供支持人类福利的大部分商品和服务。只是人工智能贡献的成本呈持续下降的趋势，如此便宜，很可能在传统 GDP 统计中的比重微不足道。

6. 人工智能与金融创新能力

智能时代造成了金融创新的全新压力：（1）产业结构发生深层次调整和重构，一方面，形成前所未有的智能产业；另一方面，人工智能技术更新了传统产业的技术基础，形成以人工智能为核心特征的产业结构。（2）宏观经济和微观经济机制发生重大变革。国民经济总量、市场和政府的关系、经济体制，以及微观企业的成本管理和创新都受制于人工智能的引入和应用。（3）金融生态发生根本性改变。由于人工智能，金融内外部各因素之间相互依存、相互制约的传统价值关系，会发生不可避免的调整。（4）金融体系发生内生变量和外生变量调整。人工智能将从外生变量转变为内生变量。（5）金融大数据向指数增长模式跃迁，且唯有人工智能和未来的量子技术可以应对。

智能时代金融创新的特征包含：（1）战略性。人工智能引发的时代战略性变革，需要确定金融全产业（银行、保险、投资）的"人工智能战略"，启动金融业人工智能战略的"顶层设计"。（2）全局性。人工智能引发金融业的全行业的整体性和全局性转变，需要实现智能化全程的均衡发展。（3）技术衔接性。智能化需要实现对诸如区块链、智能合约、大数据、云计算、信息安全的数字技术的完美的衔接。（4）高成本。人工智能技术将突破传统的小范围的"升级换代"，构建基于人工智能技术的核心系统以替代原有系统，实现从基础结构、金融云到金融运行体系，从手机银行、网上银行、微银行，到生物识别、支付工具、供应链进入、RPA等领域，全方位地吸纳和引入人工智能技术。（5）高风险。人工智能与金融业态的结合是金融史特别是金融技术的突破性革命。金融业需要突破人工智能的势在必行和人工智能引入可能造成的失控风险的"两难"困境。

如果说，数字时代的金融创新可以概括为金融科技化和科技化金融，那智能化的金融创新则可以概括为金融智能化和智能化金融的互动。

7. 人工智能将改变人们的存在和生活方式

人工智能将推动人们生活方式的全方位转变：

第一，人工智能将改变人的存在方式。一方面，人工智能的出现和发展，人工智能智慧和自然智能的竞争，将刺激和焕发人尚未得以开发的"潜质"，开始人的"个人革命"；另一方面，人工智能将终结人类中心主义，影响人们对社会主体的认知。如果一台机器能够像人一样思考和感受，它是否应该被视为人类？一些人认为，如果人工智能的载体拥有意志和意识，就可以被赋予所有的人权。如果人类学会了对人脑进行数字编码，那么人工智能就会成为我们的数字化版本，它一定也拥有意识。因此引发了人工智能的法律人格问题，及在 AIGC 领域人工智能创造的智力活动成果的法律地位问题，以及这些作品的知识产权持有人的问题等。当人工智能被赋予法律人格时，这些问题都会迎刃而解。

第二，人工智能打破人类传统的工作、劳动和余暇的边界。如同历史上每一次大的生产力提升所带来的工时缩短，人工智能给我们带来了从保留为自己做事的空间中获益的可能性。哲学家尤瑟夫·皮柏（Josef Pieper）在 1948 年对人类的"无产阶级化"提出警告，并呼吁将休闲作为文化的基础——"工作是生活的手段，休闲是目的"。在为有尊严的生活所必需的工作，以及为积累财富和获得地位而进行的工作中，前者有可能被完全消除。马克思·韦伯（Max Weber）笔下新教徒的工作伦理也会因此而过时。

第三，人工智能推动全新的艺术与科技结合模式，实现艺术创作领域的革命性改变。艺术家大卫·霍克尼（David Hockney）在他的著作《隐秘的知识：重新发现西方绘画大师的失传技艺》（*Secret Knowledge: Rediscovering the Lost Techniques of the Old Masters*）一书中描绘了文艺复兴时期的绘画大师们如何将透镜技术融入自己的艺术创作当中。在 AIGC 时代，装备了新式人工智能图像与音乐引擎的数字艺术家们当然也会与时俱进，而且此类尝试几乎与人工智能本身一样古老：艾伦·图灵（Alan Mathison Turing）于 1951 年即开始了计算机制作音乐之旅。所以，Stable

Diffusion 等人工智能艺术工具的风行并不令人意外。一些人认为，AIGC 作品缺乏艺术创造力的理由是，人工智能对自己的成就没有意识。诚然，人工智能目前没有意识，但缺乏意识并不是否认其创造力潜力甚至是智能潜力的根本原因。毕竟，计算机并不是无意识创造者的第一个例子；创造出人类的无意识自然演化是先锋。在未来，有意识的人工智能可能不屑于在现实世界中进行艺术创作。类似于人类可能会在虚拟的元宇宙中花费大量的时间，有意识的人工智能可以在数字领域中创造艺术，而不必理会混乱的材料原理和如何在现实世界落实想法与设计。如果有意识的人工智能选择创作艺术，不管他们的目的是什么，人类都可能与艺术制作和欣赏或评估的环节无关。

第四，人工智能可以引导人类越来越多地消耗闲暇时间。英文中的"学校"（school）一词就来源于希腊语中的"闲暇"（skhole）。教育是闲暇的天然伴侣。在教育领域中使用人工智能涉及在教学中使用人工智能驱动的工具，对于学习者、教学系统和教师三方，人工智能直接支持学习者，其涵盖了智能教辅系统、探索性学习环境、自动写作评估、学习网络协调器、聊天机器人和支持残疾学习者的人工智能等工具；人工智能支持教学行政系统，如招聘、时间安排和学习管理；人工智能支持教师，如课件生成与课纲安排。人类教育体系显然是会被个性化的 AIGC 课程安排、教学内容与材料以及评估系统所充斥，并扩大在人工智能领域的知识范围。正如人们会对自己所不了解的语言的机器翻译结果存疑，我们也没有理由认为人工智能会教给我们 100% 正确的知识，因而更多地了解人工智能的基础知识将是大势所趋。

第五，人工智能正在引发道德冲突。道德标准并不具有普遍性，其可变性取决于具体的人和事，并且道德规范和价值观之间存在冲突的可能性。同时，人工智能系统可能出现内置或算法错误，导致其违反关于特定主题的道德标准。这都要求人与人工智能实现一定程度的信任。

第六，人工智能本身可能成为一种超自然的崇拜对象。人工智能提供的无限机会，它的效率、生产力和帮助人类解决各种任务的能力，从家庭问题到太空探索和理解宇宙的奥秘，让它可能会成为人类崇拜的对象。已经有相当一部分人，对技术创新有一种崇拜，而他们的动力不仅来自时尚和展示某种生活水平的愿望，还来自一种既定的需求：他们生活在一个不断更新的虚拟数字空间中，为此必须使用最新的电子设备，而这些设备已经成为生活中重要的一部分。从长远历史看，人工智能所激发的比智能手机更多的可能性，渗透到人们的内心世界，成为传统宗教和意识形态的新元素，纳入未来人类的某种崇拜对象。

8. 人工智能推动人文科学和艺术变革

AIGC 技术的升级、ChatGPT 的诞生，标志着人工智能技术发生了超出预期的"突变"。2023 年，伴随大模型的爆发性发展、人工智能代理的普及，人类正在急剧逼近 AGI（通用人工智能）历史时期。人工智能正在进入"突变"高峰期，如同地质领域的"地震高峰期"，或者宇宙领域的"太阳黑子活跃期"。

因为人工智能内容生成技术和大模型的推进，人文科学的诸多领域，至少哲学、经济学、心理学、教育学、社会学和历史学，从原理到方法都会受到颠覆性的冲击。人类的理性和经验都要遭遇日益深化的考验和调整。例如，因为人工智能，需要重新定义"存在"和"意识"，甚至"人类社会"。因为人工智能，传统经济学，或者新古典经济学的原理和逻辑都陷入"失灵"状态。

相较于人工智能对于人文科学的冲击，人工智能对于艺术的整体性影响更为直接和剧烈。在 2023 年，仅仅因为 ChatGPT 的普及，文学、美术、音乐、戏剧和电视、电影的创作模式和产生过程发生了彻底改变，导致了自文艺复兴以来前所未有的文化和艺术危机。继尼采的"上帝已死"和福柯的"人已死"之后，开启了"艺术家和艺术已死"的警报。

这是因为：人工智能改变了艺术创造的主体，艺术家不过是主体的一部分。以后人工智能艺术创造可以没有艺术家，艺术家创造却不可能没有人工智能参与；人工智能改变了艺术创造的美学标准，机器人的审美意识会得以焕发；人工智能改变了各种艺术从内容到形式的创造的传统过程；人工智能改变了艺术作品的时空存在状态和欣赏方式。在人工智能艺术的浪潮下，越来越多的人类艺术家将不得不大面积地退出传统艺术创造的领域，成为"被时代抛弃的人"。唯有寻求基于人工智能艺术的创造性才是智能时代和后人类时代中艺术创作得以延续的根本。

可以预见，随着后人类时代的来临，后人类艺术形态已经应运而生。人类艺术形态将是多媒和多维的艺术形态。这已经不再遥远。只是囿于人类目前的认知，还难以形成超前的想象，如同石器时代想象青铜器时代一样。

人工智能艺术势必以宇宙视角，超越地球空间的限制，走向太空和更远的空间。

9. 结语

2005 年，雷·库茨维尔（Ray Kurzweil）的巨著《奇点临近：当计算机智能超越人类》（*The Singularity is Near: When Humans Transcend Biology*）出版。该书通过推算奇异点指数方程，得出了这样一个结论："2045 年左右，世界会出现一个奇异点。这必然是人类在某项重要科技上，突然发生的爆炸性的突破，而这项科技将完全颠覆现有的人类社会。它不是像手机这种小的奇异点，而是可以和人类诞生对等的超大奇异点，甚至大到可以改变整个地球所有生命的运作模式。"

现在处于狂飙发展状态的人工智能，一方面已经开始呈指数形式膨胀，另一方面其"溢出效应"正在改变人类本身。在这个过程中，所有原本看来离散和随机的科技创新和科技革命成果，都开始了向人工智能技术的聚集，人工智能正在形成其自我发育和完善的内在机制，加速人类社会由数字化时代进入智能数字化时代，逼近可能发生在 2045 年的"科技奇点"。

在奇点的临近时刻，人类面临的是数字生态和智能生态的融合、物理世界和观念世界的融合、人工智能和自然智能的融合，需要在宇宙视角下的思维革命，全方位向科技研究和跨学科协作倾斜，不断创造适应科技前沿的创新平台；改革教育制度和重构知识体系，让教育制度和知识体系适应智能时代；将 Web 3.0 和 DAO 引入社会、经济，甚至政治活动领域，建构人与人工智能物种共存的社会系统。

智能的关键 [*]

    岁末年终，朋友们不时会问，智能的关键究竟是什么？面对即将过去的 2023 年，我们不妨从 ChatGPT 掀起的一片浪花，到席卷全球的 AI 浪潮来聊一下这个有趣的问题。平心而论，当前，被赋予想象和可能的生成式人工智能不仅影响着人类的生活、生产、思维方式，也为各行各业的创新发展和转型升级提供了新的工具和视角。然而必须关注的是，其中也同样蕴含着难以预估的风险。为什么会这样呢？客观地说，当前的 AI，无论是符号主义、行为主义还是联结主义，无论是大语言模型还是多模态大模型，其核心部分仍然是以物理、数学为基础，从而引发了一个重要的基本问题：以物理、数学为基础的 AI 是否可以反映出真实的智能呢？也就是说智能的关键究竟是什么呢？下面将尝试对这个问题做一个简要的分析。

1. 智能的本质

    从物理上能否获得真正的智能是一个复杂的问题。智能通常被定义为

---

    * 刘伟，北京邮电大学人机交互与认知工程实验室主任，剑桥大学访问学者。

个体能够理解、学习、适应和解决问题的能力。传统上，智能被认为是人类大脑的特性，是由神经元和脑部复杂的结构交互作用所产生的。目前，科学家们已经在人工智能领域取得了一些进展，通过模拟人脑的处理方式和算法，创建了一些能够执行复杂任务的智能系统。这些系统可以通过机器学习和深度学习等技术从大量数据中得到想要的内容，并进行推理和决策。尽管这些系统可以表现出某种形式的智能，但它们仍然是基于特定的算法和数据的。它们不能像人类一样具有广泛的学习和适应能力，也不能展示出其他高级智能的特征，如情感、创造力等。虽然我们可以利用物理手段创造出一些智能系统，但目前我们还无法完全从物理中获得和复制人类智能，人类智能涉及复杂的生物和心理过程，仍有许多未知的方面需要进一步的研究和认知。

同样，在数学中也可以获得智能的一些基础素材，但数学本身并不等同于智能。数学是一种逻辑推理和问题解决的工具，它可以帮助我们训练大脑思维、培养逻辑思维和抽象思维能力，提高我们分析和解决问题的能力。数学可以帮助我们建立数学模型并进行推断和预测。然而，要获得真正的智能，还需要结合其他学科和领域的知识，如计算机科学、人工智能、认知科学等。所以说，数学可以作为智能的一部分，但并不能单独带来完整的智能。

智能世界的本质是认知，而不仅仅是物理、数学。认知是指人类对信息的处理、理解和应用能力。智能世界的核心是使机器能够模拟人类的认知能力，包括感知、推导、学习、判断和决策等过程。虽然物理、数学在智能世界中发挥着重要的作用，但它只是实现智能的手段，而不是智能的本质。

人类认知的一个特点就是通过提出问题和对问题的进一步追问，来探索和发掘问题的本质和解决方法。通过提出问题和追问，人类可以更好地理解机器的能力和环境的限制，进而更好地与机器合作。同时，这样也有助于机器智能提高自身的学习和决策能力，有助于发现和解决问题中的隐含信息和局限性，使其更加贴合实际情境和需求，从而更好地满足人类的需求，实现更高效、智能和人性化的协同工作。

2. 表征是智能的关键

在人工智能系统中，表征对信息的编码和存储方式，充当了连接输入和输出的桥梁，使得智能系统能够理解和处理不同类型的数据。表征可以是传统的数值或符号表示，也可以是以神经网络为代表的深度学习模型中的权重值。无论表征的形式如何，它们都承载着数据中的信息，并且通过模式识别和学习算法进行分析和推理，表征的好坏常常直接影响到智能系统的性能。良好的表征应该具备以下特点：

（1）丰富性 好的表征应该能够捕捉到数据的多样性和复杂性。它们应该能够表示不同的特征和关系，以提供更全面的信息。

（2）可解释性 好的表征应该是可解释的，使得人们能够理解智能系统的决策和推理过程。这对智能系统的可信度和可靠性至关重要。

（3）可泛化性 好的表征应该能够适应不同的任务和环境，并且能够从少量的数据中学习到通用的知识和规律。这样，智能系统就能够在新的情境下做出准确的预测和决策。

（4）鲁棒性 好的表征应该对输入数据中的噪声和扰动具有一定的鲁棒性。这样，智能系统就能够在不完美的条件下正常工作。

总而言之，良好的表征是智能系统高效和准确处理信息的关键。通过不断改进和优化表征的设计，可以提高智能系统的性能，从而完成更高级别的智能行为。

3. 人类的表征

　　人类对世界的表征非常灵活。人类通过感官感知外界的信息，然后将这些信息进行加工、整理和分类，形成对世界的认知和理解，人类的智能表征在不同领域和情境下可以敏捷地进行调整和应用，使其适应不同的需求和目标。如人类可以使用文字、图像、声音等多种形式来表征和传达信息，人类的语言系统使得我们能够用符号和符号系统来表达和交流各种概念和思想，而图像和图表则可以帮助我们更直观地理解和表达复杂的信息和关系；人们还可以通过运用逻辑推理、抽象思维和创造性思维等方式来表征和处理复杂的问题和概念，在学习和记忆时，可以运用联想和情感等方式进行情感化表征。但是，人类的表征同样也存在着不少缺陷，主要包括以下四个方面：

　　（1）**主观性和局限性**　人类的表征往往受主观意识和个人经验的影响，因此存在着对同一事物的不同理解和解释。另外，人类的感官和认知能力有限，无法完全准确地表征复杂的现象和现实世界中的事物。

　　（2）**语言和符号的限制**　人类通过语言和符号对事物进行表征，但语言和符号有其固有的局限性。例如，一个词语或符号往往只能表示一种或几种特定的概念，而对于更复杂、抽象或难以描述的概念，人类往往无法用语言和符号准确表达。

　　（3）**文化和社会影响**　人类的表征受其所处的文化和社会环境的影响。不同的文化和社会对于事物的认知和表达方式有所差异，因此会产生不同的表征结果。这也意味着同一事物在不同文化和社会中可能会被赋予不同的意义和价值。

　　（4）**时间和空间的限制**　人类的表征往往是基于其所处的时间和空间背景，因此会存在时间上的局限性和空间上的相对性。人类对于过去和未来的事物或现象的表征往往受到记忆和想象力的影响，而空间上的表征往往受到个体的位置和观察角度的限制。

综上所述，人类表征的这些缺陷是人类思维和认知的局限性所在，同时也是科学和技术的发展所要克服的挑战。

4. 机器的表征

虽然随着人工智能技术的不断发展，机器的表征能力正在逐渐提升，但总的来说，机器的表征与人相比还是不太灵活，主要原因在于机器的表征是通过算法和程序进行设计和实现的，其表征方式相对固定。机器的表征是基于输入和输出的映射关系，而不是像人类一样可以通过灵活的思维和感知来理解和表达事物。相比之下，人类的表征能力更加丰富和多样化，可以通过语言、图像、声音等多种方式来表达和理解信息。机器表征的缺陷主要包括以下七个方面：

（1）**数据依赖性** 机器表征的质量和准确性很大程度上依赖于其所使用的数据。如果输入的数据集有偏差或者不完整，那么机器表征可能会受到影响，导致不准确或者不可靠的结果。

（2）**高维度问题** 随着数据维度的增加，机器表征的计算复杂度也会增加。同时，高维度数据也可能导致维度灾难问题，使得机器表征的效果变差。

（3）**过度拟合问题** 机器表征有可能为特定的训练数据过度优化，从而导致过度拟合的问题。这意味着机器表征在处理新的、不同于训练数据的样本时可能会失去泛化能力。

（4）**语义鸿沟问题** 机器表征可能不能很好地捕捉语义信息，因此表征之间的差异并不能完全反映出实际数据之间的差异。这会导致机器表征无法准确地表示数据之间的关系。

（5）**可解释性问题** 机器表征通常是通过深度学习等黑箱模型得到的，难以解释其中的具体原因和过程。这限制了机器表征在某些领域的应用，例如医学诊断和金融风险评估等。

（6）**数据不平衡问题** 若训练数据中某些类别的样本数量远远多于其他类别，机器表征可能会偏向于这些类别而忽视其他类别，从而产生不平衡问题。

（7）**对抗攻击问题** 机器表征可能对对抗攻击比较敏感，即使在输入中进行微小的扰动也能引起输出结果的显著变化。这使得机器表征在安全性和可信度方面存在缺陷。

5. 人机协同的表征

传统的表征方式往往是人对信息进行加工处理后得到结果，或者机器通过算法和模型对信息进行处理得到结果。而人机协同的表征方式是一种将人和机器的特点相结合的新型表征方式，它不同于传统的人或机器单独进行表征的方式，具有更高的效率和灵活性，人类可以利用自己的智慧、经验和创造力来进行问题的分析、判断和决策，而机器则可以利用自己的计算能力、数据处理能力和算法模型来处理大规模的数据、进行复杂的计算和模拟等任务。两者之间通过交流、协作和互相补充的方式，共同完成任务，并得到更好的结果。人机协同表征的缺陷包括以下五个方面：

（1）**信息不对称** 人机协同表征中，人和机器之间的信息传递可能存在不对称性，即机器可能无法完全理解人类的意图或者人类无法完全理解机器的输出。这种信息不对称可能导致协同效率降低或者产生误解。

（2）**语义理解困难** 人类和机器的语义理解能力存在差异，机器可能无法准确理解人类的语言表达或者无法理解人类的非语言符号（如肢体语言、面部表情等）。这种语义理解困难可能导致信息传递的不准确性或者不完整性。

（3）**个体差异** 人机协同表征中，个体差异可能导致协同效果的差异。不同的人类用户或者不同的机器系统可能具有不同的理解能力、学习能力或者决策能力，这可能导致表征的一致性或者准确性出现问题。

（4）**隐私和安全问题** 人机协同表征可能涉及用户的个人信息、敏感信息或者商业机密等，这可能导致隐私和安全问题。如果不妥善处理，就可能导致用户数据泄露、信息滥用或者系统被攻击。

（5）**依赖性风险** 人机协同表征中，用户对于机器的依赖性可能增加，导致其自主思考、判断和决策的能力下降。这种依赖性风险可能导致人类用户对机器的过度依赖，从而影响他们的自主能力和创造力。

人机协同表征虽然具有很大的潜力和优势，但仍然有一些缺陷和挑战需要克服。为了有效利用人机协同表征的优势，我们需要进一步研究和解决这些问题。

6. 人机环境系统的表征

人机环境系统的表征涉及人、机器和环境各自的特征，以及它们之间的交互特征，通过对这些特征的表征和分析，可以更好地理解和设计人机环境系统。人机环境系统的表征主要包括以下四个方面：

（1）**人的特征** 包括个体的生理特征（如身份识别、生物特征等）、心理特征（如认知能力、情感状态等）、行为特征（如动作、语言等）。

（2）**机器的特征** 包括硬件特征（如计算能力、传感器等）、软件特征（如算法、程序等）、通信特征（如网络连接、数据传输等）。

（3）**环境的特征**　包括物理环境（如温度、光线等）、社会环境（如人际关系、文化背景等）、任务环境（如任务要求、场景情境等）。

（4）**人机交互的特征**　包括人与机器之间的交互方式（如语音、触摸、手势等）、交互过程（如信息传递、行为响应等）、交互效果（如用户满意度、任务完成度等）。

7. 智能的瓶颈依然与休谟之问有关

休谟之问是苏格兰哲学家大卫·休谟在《人类理解研究》中提出的问题，涉及事实与价值之间的关系，休谟认为，事实是可以通过经验观察来获得的客观存在，而价值则是主观的，是个体对事物的态度和评价。他提出了以下问题：通过描述一个事物的现状，我们如何推导出对这个事物应该采取怎样的行动，即从事实推导出价值。这个问题实际上反映了一个经典的哲学难题，即"应该是什么，取决于是什么"。传统上，人们常常认为事实是可以推导出价值的，例如从事物的特征和性质可以推导出对它的评价。然而，休谟认为这种推导是不成立的，因为从描述性陈述（描述事物是什么）无法推导出规范性陈述（描述事物应该是什么）。休谟之问引发了很多哲学家和社会科学家的思考，对于理解事实与价值的关系具有重要意义。在实际智能领域应用中，其也指向了人们在决策和伦理问题上的思考，即如何在客观事实的基础上做出正确的价值判断。

事实是客观存在的情况或事件，可以通过观察、实验证据等方式加以验证和证明。事实通常可以被广泛接受和认可，不受主观意见和个人感受的影响。价值是人对事物的评价或偏好，是主观的、个人的看法和态度，其涉及人的信仰、道德标准、审美观念等方面，不同的人可能对同一事物有不同的价值观。在表征事实时，可以采用客观、中立、可证实的方式，例如通过科学实验、调查研究等方法来获取和展示事实的真实情况。而在表征价值时，可以采用主观、个人化的方式，例如表达个人观点、情感和价值判断，强调个体的主观体验和主观认知。事实和价值在某些情况下可能会相互关联，例如某种事实可能会对人们的价值观产生影响，而人们的价值观也可能影响他们对事实的认识和评价。然而，事实和价值在本质上是不同的，需要在表征和讨论时加以区分。通过解决休谟之问，人机协同可以实现人类和机器之间的良好合作，提高工作效率，拓展人类智能的边界，并实现更多的创新和价值。

休谟之问探究了人们对世界和人类认知的界限。在现代科学与技术的发展中，智能的瓶颈依然与休谟之问有关。休谟之问中的一个核心问题是关于因果关系的认知，即我们如何从观察到的事件中推断出因果关系。智能系统在处理大量数据和学习模式时，往往依赖于统计推断和模式识别，然而，仅凭统计推断和模式识别并不能真正理解因果关系，这导致了智能系统在处理复杂问题时的局限。另一个与休谟之问有关的问题是归纳问题。归纳是从特定实例中推导出普遍性规律的过程，然而，归纳的有效性依赖于我们对世界的经验和先验知识，智能系统在没有先验知识或经验的情况下，往往面临归纳问题的挑战。还有，休谟之问还涉及知识的限制和理解的局限。智能系统的知识通常是通过训练和学习获得的，而这种知识是有限的，智能系统很难理解人类的抽象概念、情感和非显性知识，这限制了它们在某些任务和领域中的表现。因此，尽管智能系统取得了很大的进步，但休谟之问提出的问题仍然是智能的瓶颈。为了克服这些瓶颈，我们需要更深入地研究人类的认知能力，并将其运用到智能系统的设计和发展中。

简单总结一下，凡是完全涉及物理、数学的智能都是人工智能——一种工具，距离真实智能的本质——认知，还相距甚远。

数字科学家与平行科学：
AI4S 和 S4AI 的本源与目标 *

人工智能近期的发展和成果，不但令一些人震惊，更使许多人"焦虑"：AlphaGo 和 ChatGPT 之后，新的智能技术迭代多快？下一个"热点"何时涌现？在什么方向？引爆哪个领域？危及人类的"超智能"真的要来临了吗？

此类问题，许多根本就不是科学问题，无法用科学回应。但毫无疑问，人工智能，即正在兴起的智能科学与技术，在不断增强的算力和快速增长的数据之双重加持下，必将加速迭代发展。人类社会必须做好迎接社会冲击力远大于 AlphaGo 和 ChatGPT 之类的新智能技术将很快出现的各种准备。同时，作为科技工作者，还必须深思：源于科学的智能技术，能够变革当前学习、研究、组织、实施科技项目与工程的方式和方法吗？如果能，有多快？更进一步讲，人类是否即将步入甚至已经处在一个类似于从农业社会到工业社会的时代大变革中？换言之，起步于动力革命，登峰于信息革命的工业时代，是否已将其历史舞台的中心角色让位于以人工智

---

* 王飞跃，中国科学院自动化研究所复杂系统管理与控制国家重点实验室主任、研究员；
王雨桐，中国科学院自动化研究所复杂系统管理与控制国家重点实验室助理研究员。

能为代表的智力革命之"智业时代"？

本文将对此进行探讨，特别是讨论关于可能由此引发的科技变革。然而，回答这些问题之前，不妨回顾一下马克思和恩格斯关于社会形态的"两个绝不会"的判断："无论哪一个社会形态，在它所能容纳的全部生产力发挥出来以前，是绝不会灭亡的；而新的更高的生产关系，在它的物质存在条件在旧社会的胎胞里成熟以前，是绝不会出现的。"

1. 本文研究范畴

（1）本文无意讨论工业社会是否已将其所容纳的全部生产力发挥出来，因为智能科技将极大地提升并重新定义工业技术的生产力。显然，"智业"就是工业的智能化和形态升华，不应将二者对立。必须清楚智能技术（intelligent technology，新 IT）的首要任务是变革、开拓已有的工业技术（industrial technology，老 IT）和信息技术（information technology，旧 IT），进而变革当下的社会产业形态和科研运维范式。一些西方国家曾经的"去工业化"，转移所谓的"高能耗、重污染、劳动密集型"制造产业，却不满由此引发的新世界产缘格局和地缘政治，导致新一轮国际冲突和局势动荡，值得每一个发展中国家警惕和借鉴。

（2）"智业"的存在条件是否成熟，目前还是一个难以厘清的问题。但是，当下人工智能已有的技术和应用已清楚地表明"智业"的社会形态已经开始：大数据成为新的生产资料，区块链智能合约形成新的生产关系，人工智能和机器人成为新的生产力。今天，从 AlphaGo、ChatGPT、元宇宙（metaverses）、比特币和 NFT（非同质化代币），到 DAO（分布式自主组织）、DeSci（分布式自主科学）、AI4S（人工智能驱动的科学研究）等数字技术与组织，以及形形色色的运营服务新方式和创业形式，都仅是"智业社会"冰山一角的展露。然而，必须认识到，单凭技术的进步无法使人类真正理解"智业社会"的本质，更难以有效地构建新的"智业社会"形态。因此，必须变革固有的思维方式和哲学体系，重新认识虚与实、数与智、物质与精神、存在与变化等基本理念在新社会形态中新的相互作用与关系，从崭新的视角推动"新文科""新理科""新工科"的发展与融合，引导并服务于正在兴起的"智业社会"。

利用 AI4S 在学科交叉方面的特点，推动乃至强化传统学科的转型，将加速进入一个以跨学科融合为主导的新学科发展时代。AI4S 主旨在于运用新 IT 推动传统科学研究的变革。其目前的显著特点是利用人工智能、机器学习和推理技术来处理、分析大数据，有效地揭示数据间的相互关系，辅助科学家解决"维数灾难"的问题，从而更迅速、更精确地理解复杂的自然和社会现象。鉴于 AI4S 对于国家竞争力、经济和技术储备的重要性，促进其快速且健康地发展尤为关键。基于这些考量，本文在已发表过的文献基础上，围绕平行科学与数字科学，进一步探讨人工智能技术的发展趋势，特别是其对社会形态的可能影响及应对方式和策略等问题。

2. 科研范式发展现状与展望

国际人工智能的前沿科技发展与智能产业的引导企业现状表明：需要根本性地改变专业文化和知识基础的形态，刻不容缓地大力推进科技范式的广泛且深刻的变革。

2.1 发展现状

2021 年初以来，西方发达国家的许多与智能技术相关的大学、社团和公司，包括斯坦福大学、英伟达（NVIDA）公司、Scale AI 公司等，不断以报告、演说、产品发布等形式宣传推动基础模型（foundation models）、元宇宙、协作机器人（collaborative robots）等新理念，认为这是技术革命，将在未来 10 年使产业效率提高 1000 倍，警示各国前沿企业如果其产业效率平均年增长少于 20%，10 年后将落后甚至被淘汰出局。除了已为大家所熟知的语言视觉大模型技术外，NVIDA 公司的工业元宇宙（Omniverse）等工业平台正在变革制造业。之前一直拒绝开放的许多工业软件公司（如 MathWorks，Autodesk 等）已经自觉入驻 Omniverse，西门子、通用汽车、宝马等许多国际巨头也通过 Omniverse 进行虚实协作的平行制造与平行生产。一些专业人士认为，这些新技术将使制造业从规模化生产转向绿色个性化可持续生产，重塑第一产业和第二产业，并使以服务业为主体的第三产业"硬化"；人工智能代理和区块链等技术将组织、管理、协调、执行等传统的"文科"技术化，成为"新理科""新工科"，化传统服务业为未来"智业"的主体，重新定义"第三产业"①。

在"工业 4.0"之后，欧盟于 2021 年发布"工业 5.0"（Industry 5.0）文件，希望借助人工智能技术引领欧洲迈向一个可持续、以人为中心的强适应性工业社会。目前，国际学界和产业界的共识是工业 5.0 的核心理念是"知识自动化"和"人机物一体化"（图 1），其本质就是虚实平行协作的平行科技与平行产业，其重要的表现形态就是"新文科""新理科""新工科"。

2.2 展望

国际上青年一代正在借助区块链智能大力推动的 Web3 和 DeSci 运动。实际上，科学自诞生以来便主要以 DeSci 的形式存在，智能合约、NFT 和 DAO 的引入，将使 DeSci 遍及社会的各个角落，特别是青年一代将成为

---

① 王飞跃.基础车辆的平行驾驶：未来通行的基础智能与设施智能.上海：2023华为公司系统技术大会，2023。

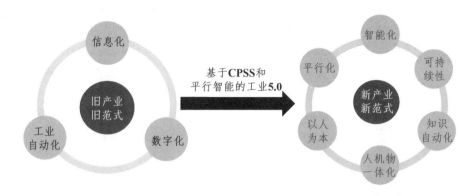

图 1　产业范式转移：基于"人机物一体化"和平行智能的"工业 5.0"

未来"智业社会"最基本的科技力量和产业发展的第一生产力，进而成为变革科研范式和社会形态的主要源动力。

产业界及青年人已开始行动变革其组织和行为的范式。作为希望引领产业发展和新一代的科技界，还等什么？！

3. 科研大模型：平行科技与数字人科学家

3.1　三类科学家

目前已进入一个"老""旧""新"3 种 IT 技术联合开发卡尔·波普尔"物理""心理""人工"3 个世界的"第三轴心时代"，即以共赢、包容、"正和"（Positive Sum）为特征的第三次全球化运动。这是远比语言大模型（LLMs）和视觉大模型（LVMs）更广阔的世界模型视角。而现有这些大模型技术表明，变革产业和科研形态最直接，也是最自然的方式，就是将自然与人工平行，从自然科学到人工科学，从物质生产到人工制造，引入数字人和机器人与生物人平行。针对新的科研范式，就是"三个世界，三类科学家"："数字人科学家"、"机器人科学家"、生物人科学家，共同构成平行科学家，分别占科研团队组成的 80% 以上、15% 以下、5% 以下（图 2）。

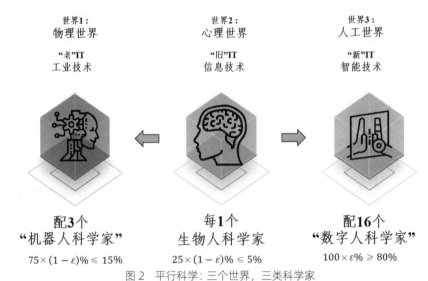

图 2　平行科学：三个世界，三类科学家

（这里的三类科学家按帕累托 80/20 法则划分，表示"数字人科学家"在科研团队中的占比）

大模型技术引发的对齐和提示工作，以及提示工程师的出现，预示着今后相当体量的科研工作将归为"对齐"与"提示"。但是，相应的科技工作者不但不会失业，数量还会大幅增加，不过将被"快递小哥化"。而且，趋势表明，"大问题、大模型"将转向"小问题，大模型"的垂直细分化。这一趋势，加上围绕大模型的进一步开发和智能代理技术的成熟，针对科研的"小问题、大模型"就自然地定义并引入了"数字人科学家"。

同时，还必须引入"机器人科学家"，用于数字形式之外的许多科研活动，特别是高危、劳动强度大的科学实验工作。不久的将来，从 DeSci 到自主式科学实验工厂、无人科研测试工厂，将成为"智业社会"的重要构成。科研工厂工业化是必然的趋势，"机器人科学家"将是其关键的支撑。

3.2 平行科研

科学研究经历了从科学家最初利用大自然观察并实验到科研工作者在实验室中观察试验，再到今天利用数学推理进行计算或理论实验。大模型的出现，使利用更大规模的人工系统进行虚拟平行实验成为现实，其作用将远大于传统的计算机仿真实验之效果和效益，也使社会科学的许多"反事实实验"（counterfactual experiments）有了新的替代途径，必将促进"新文科""新理科""新工科"的融合。

由此，未来的科研模式将开启"三个世界，三种模式"之平行科研的"一天"："上午"（AM）——自主模式（autonomous mode），占比 80% 以上，主要科研工作将由"数字人科学家"和"机器人科学家"自主完成。"下午"（PM）——平行模式（parallel mode），占比 15% 以下，此时，生物人科学家必须以遥控或云端的方式进行干预和指导才能完成科研项目。"晚间"（EM）——专家或应急模式（expert emergency mode），占比 5% 以下，此时，必须以生物人科学家为主，数字人和机器人为辅，在现场完成相应的科研任务。

支撑平行科研设想的基础技术已经出现，其就是科研大模型、科研场景工程和面向三类科学家的一体化操作系统。初步计算表明，这有可能提高科研效率 960 倍以上。

4. 科研本源与目标：AI4S 与 S4AI

英国数学家和哲学家怀德海曾以为现代科学思想源自古希腊悲剧中命

运的"人工"安排，从而走上探索自然现象背后之规律的科学征程。此外，人工智能的创始人之一司马贺（Simon）还提出"人工科学"（Sciences of the Artificial）的理念。源自人性"爱智慧"哲学的人工智能，目前正以 AI4S 的形式，加速科学的发展，改变科研的范式。最近，AI4S 在材料科学中的应用与成就令人瞩目。

作为科研工作者还必须从 S4AI 的逆向反视这一切，特别是 SS4AI （Social Science for AI），其核心就是人工智能及更广的智能科学和技术的伦理与治理问题。必须认识到，从 AlphaGo 到 ChatGPT，目前前沿的人工智能技术还不可解释，广义的智能更是从内涵上就无法科学地解释。但是，人工智能可以不可解释，却一定要能够治理，而这就是 S4AI 的目标和任务。

区块链、智能合约、DAO 和 DeSci，已使"治理"从文科领域迈向硬科技的"理工"范畴。新的加密技术和联邦方法，从 NFT、闪电网络、联邦学习、联邦智能到联邦生态，更使智能科技的治理成为现实，但这些技术还是不够。

"数字人科学家"的引入，为 S4AI 和人工智能的治理提供了新的视角，即数字人和数字人科学家的教育与培育。如同在平行教育研究中所设想的，通过数字学校和数字研究所的方式，使生物人与数字人同时在各种各样的教育科研大模型中进行学习和培训，并交互促进，使"对齐"和"治理"变成一项长期不断的工程，如同人类本身所经历的教育和科研过程。图 3 给出平行教育与平行科研培育的"对齐"原则。

这些设想或许有些超前，但以大模型和智能代理技术目前的发展趋势和应用态势来看，似乎又是不可避免的结果。对此，应当敢于研究，谨慎实施，确保人工智能和智能科技造福人类，并推动整个生态的健康可持续发展。

图 3　AI4S 与 S4AI：迈向可治理的智能科技

致谢：感谢中国科学院自动化研究所王兴霞在成文过程中的帮助。

文章源自：

王飞跃，王雨桐．数字科学家与平行科学：AI4S 和 S4AI 的本源与目标．中国科学院院刊，2024，39（1）：27-33. DOI：10.16418/j.issn.1000-3045.20231212004。

芯片，数字化时代的科技基石 *

在工业革命时代，集成的电子线路被做成了半导体芯片，成为一个功能模块，我们曾说，芯片——工业革命的面包。同理，当进入信息化时代，我们又说，芯片——信息技术发展的粮食。如今，数字化时代不可抵挡地到来，而芯片已被实践证明为构成系统的基石。任何领先的电子设备、软件工程、人工智能的实现，都犹如一个宏伟的建筑，必须由基石搭建起来。我们已进入"数字化生存"阶段，可以说，"芯片——数字化时代的科技基石"。纵观全球数字化时代科学技术领域的激烈竞争有感，得芯片者得天下。

为什么说是基石？为什么不同的国家、不同的体制之间开始大规模的科技、防务竞争时，尤其把注意力放在芯片制造上。我们今天能做些什么？我们的优势和机遇在哪里？

1. 集成电路发展简介

集成电路（Integrated circuit）诞生于 20 世纪 60 年代初，是一种微型

---

* 马光悌，中国科学院大学金融科技研究中心教授。

电子器件或部件。经一定的工艺流程，先把一个电路中所需的晶体管、电阻、电容和电感等元件及布线互连在一起，制作在一小块半导体晶片或介质基片上，然后封装在一个管壳内，完成具有所需电路功能的微型结构。其中所有元件在结构上已组成一个整体，使电子元件、整机系统向着微小型化、低功耗、智能化和高可靠性方面迈进了一大步。

1.1 集成电路的三大技术步骤

集成电路制作，分三个技术步骤。

第一步，用于半导体工艺的版图设计。版图设计是一套复杂的计算机系统，需要强大的算力算法、足够的模型库来支撑设计的软件。它的任务就是把一套电子线路的逻辑、频率、功能等转化成可以在硅片上加工的平面版图。

第二步，工艺制作。这里的多道工序，需要在严格的超净车间进行。完成由电气性能设计转换为物理实现的过程。此后，我们得到位于大圆硅片上的成百上千个芯片。

第三步，封装。从大圆片上划出各个单一的芯片，再将硅芯片上的输出节点与专门设计的外壳引线相连，充入保护气体，封装外壳，成为一只可用的半导体集成电路。

简而言之，这三大技术，设计方面，美国较强，比如它的 EDA（Electronics Design Automation），是能辅助完成超大规模集成电路芯片设计、制造、封装、测试整个流程的计算机软件；工艺方面，日本、中国台湾走在了前列，台积电微细加工已做到 2 纳米，其封装也是关键技术之一。在第一步、第二步精心完成后，如没有第三步的高质量封装工艺，中测的成品率就极低，那就意味着前功尽弃。

世界先进的芯片技术，是各国发挥自己的优势、强项而集成起来的一项技术结晶。互相支持又互相依赖，各有所长，环环相扣，缺一不可。

1.2 集成电路的发展

1.2.1 "万路之源"——芯片上的 PN 结

任何复杂的集成电路，都是由半导体的 PN 结构成的。一个 PN 结构成一只二极管，两个 PN 结可构成晶体管。两个晶体管可以构成倒相器，再经设计形成可以满足各种需求的数字电路。可以做 ROM（唯读存储器）、RAM（随机存储器）、CPU、GPU、专用芯片 ASIC，包括 ChatGPT 用的一些智能芯片。再复杂的系统，也离不开出发点——由 PN 结构成的晶体管。晶体管的电子沟道长度（线宽）决定着电路乃至系统在集成度、频率、算速等方面的水平。

大圆硅片一个图形就是一块电路，经切割得到数个功能完整的单独芯片。图 1 是芯片某个晶体管的纵切面。

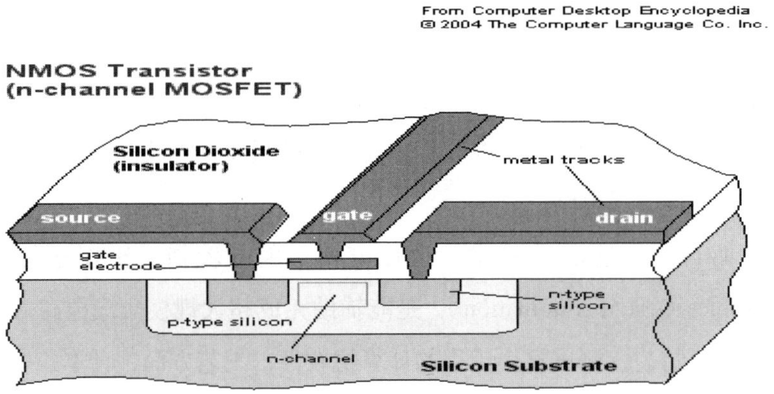

图 1　晶体管的物理结构

半导体的芯片白色部分是绝缘层，把不同的地方隔开，而深灰色就是电极。在指定区域借助光刻技术，掺入 3 族或 5 族化合物形成一个 P 区和一个

N区，P区和N区之间的结就是"万路之源"PN结。P、N之间的距离，就叫沟道。所谓的几纳米器件指的是这个沟道的长度，横过来看也就是线宽。

线宽的缩小就是对光刻机的考验。线宽从原有微米级的沿革，进化到了纳米级。目前14纳米已经是很前沿的水平，据报道台积电目前已经做出了2纳米的电路。

图2描述的是晶体管的电气结构。N区跟P区构成一个二极管，两个二极管串起来就是一个三极管。三极管再一组合就成了一个基本的倒相器，然后倒相器的组合就构成了多用途数字电路。

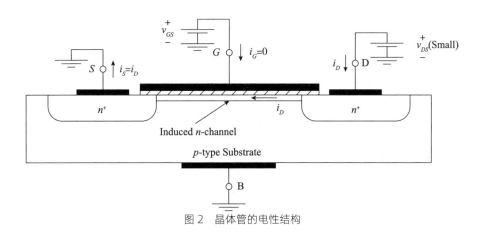

图2 晶体管的电性结构

1.2.2 芯片与人的关系

芯片跟人的关系也非常密切，但它不会直接出现，而是隐蔽在那些对我们十分重要的设备之中。英特尔公司生产大量芯片供人类享用，但人们不能直接看到，所以它要在电脑开机时提醒你：Intel inside! 手机、数码相机、移动硬盘、计算机、互联网、人工智能设备这些我们经常接触到的东西都跟芯片有关系，但实际上没有人在乎它，因为我们看不到。据统计，我们每个人每年要消耗或者是享用到的晶体管数目非常多。简单来说，

1GB 存储卡大概有 10 亿个晶体管，比如我们手中能拿到的一个 64G 的存储盘，它就有 640 亿个晶体管，在我们身边放着、用着。从 PN 结开始，到晶体管，到倒相器，到 ROM、RAM，到 CPU，直至当今 AI 工程的重要支撑 GPU，都是微电子器件的贡献。

1.2.3 摩尔定律

谈到微电子工业，谈到芯片，离不开一个重要的定理，它预示了整个芯片在某个时期的发展，叫摩尔定律。戈登·摩尔是英特尔公司的一个工程师，1965 年提出摩尔定律，大意就是，"集成电路的晶体管数量每隔 18—24 个月会增加一倍，性能也将提升一倍"，这意味着价格会降低一倍。人们 50 年来基本遵从这个定律。

为什么提到摩尔定律？因为后边整个集成电路、微电子工业的发展，都跟摩尔定律有密切的关系，至少目前，微电子产业的一切都在摩尔定律的指导下进行。

当我们把软件跟硬件设为一个常数，将芯片作为变量，可以看出人类近年来整体信息技术性能的发展变化，基本上遵从摩尔定律。

摩尔定律继续有效，芯片尺寸逐年等比例缩小（scaling down），渐渐地，摩尔定律走不下去了。因为固体物理和半导体物理的基本理论证明，硅原子的直径约为 0.2 纳米（1 纳米是 10^{-9} 米），这个二极管的间距如果太小的话，一个电子从这儿跑到那儿的状态已经不成立。也就是说我们想获得的 0 和 1 的状态就没有了。所以，越缩越小的时候会产生一个物理极限，导致分辨不出 0 和 1，因而不再能够送出表征 0 和 1 的电平，基于二进制运算的布尔代数失效。

晶体管的构造小于 5 纳米时会产生隧穿效应，到 0.2 纳米的时候，它跟晶格原子一样就没有高低电平之分了。在一个 0、1 支撑的计算机世界里就是一场灭顶之灾。也就是说，电子迁移的沟道不能再短了（对应工艺加工的线宽不能再窄）。

1.2.4 后摩尔时代来临

后摩尔时代来临了。我们都力求它越来越小，集成度越来越高的时候，发现有一天摩尔定律是要终结的，硅时代也可能已经走到尽头。所以从2016 年开始，国际半导体组织就不再把摩尔定律用作微电子发展路线图。

但时代并没有停步，从 IT 时代到数字化时代，系统对芯片提出了更高的要求：智能化、超高速、低延迟、高集成度。

后摩尔时代的技术基石，将或是人类科学技术一场新的挑战。

新材料研究：砷化镓、锗硅、石墨烯、有机分子……换材料，用砷化镓代替硅，以提高电子迁移率，但工艺和技术安全难控。

新机理器件，隧穿、量子、磁旋……距离实际应用还都很遥远。集成光路，或叫光集成，尚未成熟，光集成的基本发光、感光元件还是半导体器件，集成密度同样有限。

当先进的和后进的各国芯片制造业都陷入后摩尔时代的困境时，实际上，在新的领域，各国之间的技术水平差异变小了，这对于后进者或许是一个赶超的良机。

2. 从基石到系统

信息产业的两大支撑：软件和硬件，两者有机配合、相辅相成。有趣的是，芯片既是被软件驱动者，也是软件的承载者。现在用到的一些增加算力的卡，直接需要芯片的支持。如比特币挖矿机的显卡、ChatGPT 用到的一些芯片，其甚至已经走到了应用的前台，成为信息系统的基本结构。

我们将信息技术分为三层，即应用层、系统层和基石层。

应用层：手机、数码相机、移动硬盘、计算机、互联网、武器装备乃至人工智能载体等这些我们能够直接用的东西。

系统层：支持和构成向使用者提供应用的设施、整机、集成系统、互联设备等技术架构。

基石层：核心是芯片，芯片决定系统的技术水平，不同功能的芯片，构成不同技术特性的支持系统。

三个层面中，应用层就是一般我们要碰到的东西，也就是刚才提到的每个人要消耗多少管子，晶体管数量都是从这儿算出来的。

系统层就是以功能芯片为核心的，多器件的有机组合，或放在一个PCB板上。而在这个小系统里，能够决定它性能的关键部分还是芯片。

系统搭建的最小单元就是芯片，其意义在于，任何先进的电子设备，无论是军用还是民用，都必须有芯片才能搭建起来。这就是前述所谓基石的作用。

更有前行者，开了在芯片上设计计算机的先河，应各种专门用途所需，干脆把计算机直接放进芯片，有针对性地提高性能，特别是对于较为单一的需求。

当然，这会牵涉到指令系统的斟酌乃至重新设计指令系统，也会涉及诸如 CISC（Complex Instruction Set Computer）→ RISC（Reduced Instruction Set Computer）、嵌入式、硅编译等技术，此处不予赘述。

3. 集成电路已成为大国博弈的关键筹码

3.1 各国对集成电路的自主越来越重视

美国：近年来各种法案专注或包含集成电路事项，如《半导体十年计划》（2020），《美国芯片法案》（2020），《美国创新与竞争法案》（2021），《国防授权法》和 2022 年 8 月颁布的《芯片与科学法案》，首次以法律形式确定政府对美国本土芯片企业提供 527 亿美元巨额补贴，扩大芯片生产、研发和人才培养；

欧洲：2022 年 2 月颁布《芯片法案》，欧盟将对芯片行业投资 450 亿欧元，旨在加强其半导体生态系统建设，减少芯片产业链对国际的依赖；

日本：2021 年底投资 4000 亿日元资助台积电在日本建厂，以优惠政策吸引台积电和 Intel 到日本建立晶圆厂，补其产线短板，完善半导体生态系统；

韩国：2021 年 5 月 "K 半导体战略" 出台，为韩国在世界半导体竞争中取得优势。韩国政府计划在 10 年内投资 510 兆韩元（4500 亿美元），构建全球规模最大的半导体产业带——"K– 半导体产业带"，包括半导体生产、原材料、零部件、设备和设计等各个环节，旨在巩固其存储芯片在全球的领先地位。

3.2 我国的奋起

国家出台多个政策性文件支持集成电路发展，将半导体芯片工业作为战略性产业，紧抓不放，实现跨越式进步。集成电路已被列入我国 "十四五规划和 2035 年远景目标纲要"。2020 年，"集成电路科学与工程" 设为一级学科。在国家 16 个重大科技专项中，前两项均为集成电路领域。

当下，"自主可控" 已经成为技术国策，特别是在微电子技术发展中采取诸多强力措施，加大支持信息工业创新力度。我们必须发挥自身沉淀多年的优势，合理利用外力，抓住机遇，走自己的路，完成自主可控。

3.3 集成电路已成为大国博弈的关键筹码

托夫勒的《权利的转移》(*Power Shift*) 一书，已经预示了下一个即将面临的局面，人类科技必定要往前演化。美国尼古拉·尼葛洛庞帝的《数字化生存》(*Being Digital*) 20 年后再版，预示且证实了我们已从信息技术时代进入数字化时代。大数据像精饲料一样喂饱了人工智能，而后者又不以人类意志为转移地改变着我们的生活，并赋予技术系统新的使命和提出更多的需求。比如，芯片在 AI 系统的使用更为直接。

我们已经看到，大国争雄，剑指要害。防务、人工智能等要域乃各国必争之地。科技博弈，重在芯片。

4. 思考与启示

4.1 尖端的微电子产业，不是单一国家或地区能够完成的

目前，国际上微电子产业应该是这样一种局面（图 3）：

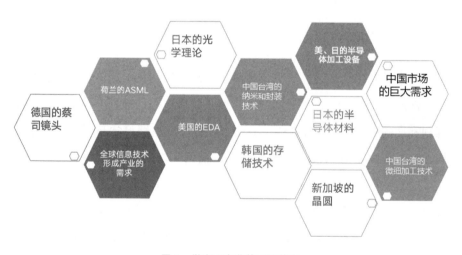

图 3　微电子产业的国际状态

尖端的微电子产业，不是单一国家或地区能够完成的。互通有无、共同合作，才是人类科学的健康发展之道。和平是芯片发展的保障，能优化科学技术布局，减少耗时耗资，而封锁是技术共赢的敌人，其建立壁垒、

增高成本、重复耗费资源。

我们面临的局面比较艰难，国内核心技术比较差，这些年来我们没有赶上机会，还没有形成产业链，产能也没有达到应有的规模。

说到微加工技术，人们自然想到荷兰 ASML 这个公司，它控制垄断高端的光刻技术。光刻机是集成电路制造过程中的关键工具，随着电子沟道的缩短，要求半导体器件有更小的线宽。荷兰一个几万人的乡镇企业垄断了这种高精度设备的制造。它不仅靠的是德国的蔡司光学镜头，而且离不开日本的光学理论。因为做到最后波长越来越短、间距越来越小、紫外光都无法曝光的时候，日本提出一个新的理论，就是把这个机器泡在水里曝光，以获得更短的波长，加大它的分辨率。日本人提出来理论以后被荷兰人实现了。

美国的 EDA 高端的设计、中国台湾的封装工艺、日本的材料、韩国的存储、新加坡的晶圆，都有各自独特的优势。

4.2 机遇大于挑战

让我们回到现实。

1996 年 7 月，以西方国家为主的 33 个国家在奥地利维也纳签署了《瓦森纳协定》，决定从 1996 年 11 月起实施新的控制清单和信息交换规则。中国在被禁运国家之列。《瓦森纳协定》令我们受到限制、打压、封锁。

我们只有靠自己来冲出重围。以自主可控的战略，扎扎实实提升实力，才能融入国际技术产业和商圈。

纵观国内情况，目前中国涉及芯片设计的企业有 3451 家。2023 年预计将有 625 家企业年营收超过 1 亿元人民币，年增 10.4%。但高达 1910 家企业年营收低于 1000 万元人民币，比重达 55.35%。可见"整体芯片设计企业数量虽多，大部分都不强"，这是难于形成产业的原因。

研发经费不足。中国半导体产业相对落后的原因在于研发上的投入强度、规模还不够。

例如，2021 年中芯国际的营收是 356 亿元，而研发支出是 41 亿元，大概占收入的 12%；士兰微是 9% 左右；长电科技为 4%；等等。

反观国外的研发投入。2021 年，英特尔研发费用支出为 130 多亿美元，占营收比重为 19.2%；高通研发费用支出为 72 亿美元，占营收比重为 21%；英伟达研发费用支出超过 47 亿美元，占营收比重为 23.53%。

由此可见，我们的企业还没有脱离对逐利模式的依赖，纠结于"生存 VS 发展"的难题之中。政策的倾斜和补贴，是决策者要重点考虑的问题。

4.3 "新器件"是赶超的契机

天赐良机，为什么说是天赐良机？

集成电路按摩尔定律发展。后摩尔时代，受技术和投入的影响，集成电路按摩尔定律发展，速度变缓，全球科技界都在徘徊。

这为我们提供了赶超机会。"新器件"是告别摩尔定律、面向未来的颠覆性技术。

"超越摩尔"是解决我国芯片受制于人的一条有效途径，是全世界面临的一个难题，也是让他们停下来脚步的难题。在这个新的起跑线上，我们与国外几乎同时出发。我国的相关科研机构、有识之士，已经关注到这个未来的必争之地。

4.4 中国巨大的微电子市场也是发展的重要机遇

"应用为王"的市场属性，淡化了对技术的极致追求，这就为暂时不能在技术上与国外顶尖企业抗衡的中国厂商提供了成长机遇。

中国已经成为世界新信息产业最大的市场，有巨大的市场需求，为国内微电子产业发展提供了良好的空间。

中国目前已形成了较完整的信息电子产业生态环境，正在逐步具备提供应用解决方案的能力，这使得国内微电子厂商知道如何根据市场去生产满足应用需求的产品。

奋起直追，发展迅速。行业规模年增长率 15%—30%。已形成较完整的产业链，设计、加工、测试和封装，一些国际化公司正在形成。特殊领域如 ASIC 电路、汽车电子器件、开关器件和中低端应用器件，我国的优势正在壮大。国际化并购已经如火如荼地开展起来。

虽没有形成产业，但技术储备丰厚。中国在 20 世纪 80 年代，如半导体理论、硅编译、芯片计算机、重掺杂器件等领域已与国际先进水平齐肩。

美国财长放宽芯片控制的建言获批准，也给今后的技术合作带来利好消息。

按照这种趋势，相信我们完全可能在 CPU、GPU、操作系统、材料、设备、EDA 等核心竞争力方面取得同样的成绩。

4.5 厚积薄发还是"厚积突发"？

比起欧美等发达国家，我国虽然没有形成强大的产业，但我们的技术储备非常好，多少年以前我们就在微电子技术上有很好的储备。当今面临这个形势，已经具备"厚积"的条件。众所周知，"厚积薄发"是文武之道，是在哲学指导下的实践优化，是一种正确的策略。但现在我们面临的局面，需要刻不容缓地利用所有优势加快步伐实现自主可控。因此我们必须"厚积突发"，不能再失去宝贵的机会。

我们从黄河文明走出来，已经进入海洋文明，而且今天已经触及 AI 文明。文明的支撑是科技，而科技的基石是芯片，也就是集成电路工程，更是微电子学理论。我们要利用一切可以利用的优势和机会，最大限度地运用中华民族蕴藏着的巨大科技力量储备来铺下基石，建立宏伟的数字化时代的科技大厦。

从生成式人工智能看 AGI 的圣杯之战 *

本文根据 2023 年 11 月 25 日苇草智酷第七届互联网思想者大会上的发言整理而成，其中一些思想是与北京理工大学副教授薛少华合作的结果。

我最早接触 ChatGPT，是缘于 2022 年 12 月 4 日《视觉中国》的一篇译文："行走的代码生成器：ChatGPT 要让谷歌程序员下岗了"，其后参加观摩了多场 AI 学界线上专业会议，包括 2022AI 科技年会、中科大校友湖畔论坛谈如何用 ChatGPT 赚钱话题、2023 年 6 月的新智元大会等。可以说，从认真阅读 2017 年谷歌的重要文献 *Attention is all you need* 持续至今，我一直在关注 AI 的前沿进展。2023 年 2 月某报刊约稿时，我曾发表感想："随着凛冬过去春季到来，无国界肆虐的新冠大疫逐渐淡出人们视线，俄乌战争再成热议焦点；而新近借助传媒、资本、权力的高调加持，本已出圈的 GPT 瞬间生成了席卷全球的 ChatGPT 狂飙，乐观者的判断和悲观者的论调直冲头条：ChatGPT 的革命性无异于 PC 和互联网的诞生，AI 领域发生了科技革命，通用人工智能悄然而至，AI 已然涌现出自我意

* 刘晓力，中国人民大学哲学院教授，中国人民大学哲学与认知科学交叉平台首席专家。

识，ChatGPT 实质上是高科技深度伪造，ChatGPT 无异于 AI 毁灭人类的开端……整个氛围像极了 AlphaGo 战胜李世石时全球瞩目的场景，且有过之无不及！人类注意力整体大大转向了 ChatGPT 的狂欢。"

2022 年底以来，借助大资本、大算力、大数据、大能耗，ChatGPT 一路高歌，各类大语言模型不断上新，如今生成式 AI（AIGC、AGI）作为全新的人机交互实验大平台，不仅能够解决此前难以表征的复杂现象及其计算问题，还能几乎无障碍实现文本、图像、声音和高保真度短视频的多模态融合，短短一年之内，这场大实验不断开疆拓土，可以想象 GPT 语言大模型未来嵌入机器人中，将展现出无限的应用前景。同时，AIGC 也积累了重要的经验和教训，制造了无数令人瞠目的幻象，其中最大的幻象是，AI 奇点来临，有意识的硅基生命即将演化而成，通用人工智能 AGI 近在眼前。那么，生成式 AI 真的走在通向 AGI 的正确轨道上，甚至已经是"最后一公里"的冲刺吗？

1. 追逐 AGI 圣杯的诸神之战

生成式大模型是指那些能够以端到端的形式对自然语言进行生成、理解和推理的大规模神经网络模型。是在 Transformer 基本架构下包括大模型 GPT、GPT-2、GPT-3 等。我们回顾一下以 ChatGPT 为代表的生成式 AI 的五个重要节点：2017 年，一篇重磅文章 *Attention is all you need* 发表，基于 Transformer 模型的 GPT 应运而生，GPT 最初试图跨领域打通自然语言处理和视觉计算。2018 年起，谷歌和 OpenAI 一直训练 Bert 和 GPT1—3。2019 年，微软狠砸 10 亿美元与 OpenAI 合作，目标就是开发通用人工智能。直到 2022 年 11 月 30 日，OpenAI 悄然推出的 ChatGPT "预览产品"看似不过是 GPT-3.5 的精调，但其参数已高达 1750 亿，最初只是在业内引起波澜，而到 2023 年 2 月，OpenAI 正式开放 ChatGPT 的 API，却一炮而红于舆论场，由此也制造了 AGI 前所未有的最大幻象。

3 月 14 日 "5 千亿—1 万亿级参数" 的多模态 GPT-4 提前两天高调发布，从此天下无敌手，同一时间微软宣布 GPT-4 植入 office 全家桶，"必将加速推进 AI 的生产力变革"。紧随其后，3 月 16 日 "文心一言" 匆匆发布，中国第一个语言大模型在最后一刻终于入场，遂出 "夫妻肺片" "胸有成竹" 文生图 "幻觉"。至此，各路大模型群雄逐鹿，出现大范围失控迹象。

转折来自 3 月 29 日。GPT-4 刚刚诞生两周，千名科学家和世界名人突然签署公开信呼吁暂停开发 GPT，其中图灵奖深度学习三巨头的本吉奥高调登场亲笔签名，杨立昆则旗帜鲜明地反对签名，唯有辛顿耐人寻味地保持沉默。5 月 2 日，辛顿竟然宣布从谷歌辞职，反省毕生开发和推进深度学习的 "伟大事业" 可能带来 AI 产生意识的巨大风险。当初把 GPT-4 比作 "人类的蝴蝶"，现在看来，是人类反馈强化学习机制正在培养 "早熟的超常婴儿"，后果不堪设想，人类却毫无良策。

6 月 5 号，OpenAI 首席科学家伊利亚（Ilay）宣称：未来的 AGI 和超级智能将是 AI 制造 AI 自身，造出比任何人都聪明的与人类共处的 AI 集群，这才是人类将要面对的终极挑战。6 月 8 号，OpenAI CEO 奥特曼说："AIGC 正走在指数级增长的道路上，前途不可限量。" 7 月 5 日 OpenAI 宣布，未来将花费 4 年时间造出 "超级智能"，而不仅仅是 GPT！不想，2023 年 11 月初即迎来 GPT-4 Turbo 的 "史诗级" 更新，其中加入了新视觉模态，包括图像输入、生成标题、分析图像、阅读 "带图文档" 及应用、API 应用程序，用户界面极为友好，构建 API 助手几无障碍。更有甚者，11 月 22 日，生成式 AI 第一次将 GPT 生成的视频转换成 3 秒钟微电影惊艳四座，GPTs 一时无两，而风险陡增。随即引发必将载入 AI 发展史册的一大新闻事件：奥特曼刚刚紧急叫停 ChatGPT-Plus 网上注册，就被罢免了 CEO，他瞬间成为通往安全 AI 道路上的危险人物。虽然几天后"奥特曼重回 OpenAI，世界一片欢腾"，但一切并未结束，新一轮 AGI 的圣杯之战才刚刚打响。

这起 OpenAI 罢免事件中，在短短几天内就上演了一幕 AGI 诸神之战的大戏。其中不仅混杂着"宫斗"的理想、路线、利益和人性之争，更凸显了在追逐 AGI 的过程中，资本、权力、技术和伦理博弈的暗度陈仓。沿着生成式 AI 这条路线，"AI 科学家"队伍开始分裂为"技术加速主义"和"利他主义超级对齐"两派：一方是相信技术进步与市场可以完全接轨的加速主义；另一方是相信只有靠道德、理性、数学、精密机器才能引领未来的利他主义。在 GPTs 异军突起的巨大噪声中，奥特曼等人相信，加速 GPT 的技术研发，包括与之相关的新能源的开发利用，必能走向 AGI 的光明大道；而 AI 教父辛顿及弟子伊利亚等则极端恐惧自己亲手创造的 AI 即将超越人类智能，极力倡导必须伦理先行的研发路线。

伊利亚对 AGI 的定位：通用人工智能是一个高度自治的系统，能力必将超过人类。实际上，2023 年 7 月，伊利亚就提出了"超级对齐 Super alignment 理想"。他认为，"AI 无异于机器中的数字大脑"，我们应该从现在开始为如何面对超越人类智慧的 AI 做好准备。因此，未来的目标是制定一套安全程序来控制 AGI 技术。只有在控制技术成熟后，才能把 AGI 技术开放给人类使用。

2. 人机交互大实验中的几大 AGI 执念

事实上，在人工智能的历史发展和这场生成式 AI 的全球大实验中，如何为 AGI 精确定义，一直存在着对话语权的激烈争夺。概括起来讲，竞争中的人工智能无形中正肩负着两类以"通用"为名的 AGI 愿景。第一类是偏爱比肩人类者，常将AGI冠以如下之名：人类级人工智能（Human-level AI）、通用人工智能（Artificial General Intelligence, AGI）、人类级通用人工智能（Human-level Artificial General Intelligence, HAGI）和具身通用人工智能（Embodied Artificial General Intelligence, EAGI）。第二类是坚信 AI 将超越人类者，常以如下之名为标志：强人工智能（Strong AI）、全能人工智能（Full AI）、广域人工智能（Broad AI）、超级智能（Super Intelligence）、人工超级智能（Artificial Super Intelligence, ASI）、超智人工智能（Superintelligent AI）。近年来，一些学者更愿意接受天普大学王培给出的从智能结构、行为、能力、功能和原理五个维度对 AGI 的理解。而新近国内一批学者如朱松纯等倡导"具身通用人工智能"，其基本定位是"执行无限任务；在给定环境下自主生成新任务；价值系统驱动；有反映真实世界并能引导与之交互的世界模型。"

如果说 AIGC 是 AI 技术革命的关节点，那么缺乏严格定义和统一特征描述的 AGI 图景，就犹如不可见的神秘圣杯，正在诱导研究者们在 AGI 执念的驱使下，展开近乎疯狂的智力和资本的角逐。这里我们将这些执念概括为：人类对齐执念、情感意识执念、世界模型执念和具身 – 通用一体四大执念。显然，人类对齐是四大执念之首，也是其他三大执念的根源。同时，四大执念与多条技术路线交织重叠，更凸显 AGI 圣杯的多重之相的扑朔迷离。

2.1 人类对齐执念

早期的 AI 研究者乐观地认为，人类终究会从机制、功能和行为控制的研究中获得何为智能的真正理解，未来的人工智能完全可以达到与人类同等的思维、感知和行动能力，甚至可能完全超越人类的智能。目前，AIGC 试图通过 Transformer 模型的注意力机制和人类反馈强化学习，破解人类通用语法和多模态算法机制，既能处理文本、图像、视频的复杂任务，还能确保 AI 系统与人类行为和价值高度一致。然而，人类对齐执念的障碍：首先，人类的价值本身就是一个模糊概念；其次，生成式 AI 目前难以捕捉人类语言应用中相关价值的多样性和复杂性；再次，人类的感知—行动的机制更难以用语言完全表征和计算；最后，AIGC 仅仅建立在语言大模型基础上，以人类基准对齐价值，甚至期待未来 AI 能够体现对人类的大爱，岂不是天方夜谭？人类千差万别的价值偏好是经生物上亿年的演化获得的，其中最大的偏好是行动的意图和选择的自主性。生成式 AI 只通过大语言模型强化学习训练，如何能够实现自主设置全力为人类服务的目标，自觉遵循三项基本原则？

2.2 情感意识执念

马文·明斯基（M. Minsky）在其著作《情感机器》中写道，人类不过是一个具备情感大脑的智能机器。美国学者瓦拉赫（Wendell Wallach）与艾伦（Colin Allen）合著的《道德机器》中期望 AI 理解人类行为背后的情感和价值观，并期待 AI 能以人工道德主体的身份与人类进行深度社交互动。

目前 AI 意识研究大致分为三条路径：纯粹依赖算法路径、类脑智能路径和脑机接口路径。其依赖的有影响的意识理论主要有四种：高阶理论（Higher-order theory）、预测加工理论（Re-entry and predictive processing theories）、整合信息理论（Information Integration Theory）和全局工作空间理论（Global Workspace Theory）。近期有 AGI 研究者甚至开展了对后两种意识理论的对抗性测试，用于比较两者对于意识内容解码、意识内容维持、大脑区域连接和意识神经相关物的解释力和预测效力，最后得出的整合信息理论的解释力稍好一些，但显然两种理论难辨高低。

关于意识问题争论的出发点大致有四个：或者尝试提供统一的心智架构解释，或者对物理系统产生意识的能力进行量化说明，或者对大脑产生意识的全局过程进行形象化描述，或者试图建造可计算的意识图灵机模型。事实上迄今为止，几乎所有努力都无异于盲人摸象。近日令人匪夷所思的是，2023 年 9 月，竟然发生了 124 位学者联名声讨 IIT 理论是伪科学的事件，足见在争夺 AGI 圣杯之战中意识问题竞争的残酷。但显然，设定统一的不仅适用于大模型，且适合人机通用的意识测试基准，本身就是一种 AGI 的魔咒。

AI 情感意识执念的障碍是，人类意识包含意向性意识和现象意识，后者指主观经验，这是人类经过长期生物演化的结果。情感、价值、意识、主观经验与作为动物的人类的大脑发育、文化演化和生存经验紧密关联，人类的心理与外部世界的关联是受具有不可还原的目的论因果机制制约的，具有不可计算的复杂性。尽管有专家提出 AI 意识是"最后一公里"，但是，沿着 AIGC 的路线，全面对齐人类、全心为人类服务的 AI 情感意识研究真的能走入 AGI 的正途吗？这几天人们正在猜测，Open AI 未予公布的超强 AGI 项目研发的"Q* 算法"，究竟触碰了什么底线令伊利亚等人如此恐慌，难道他真的看到 AI 自我意识的觉醒了吗？我个人对此深表怀疑。

2.3 全域世界模型执念

杨立昆最早抨击通过生成式人工智实现 AGI 的主张时，就强烈呼吁，实现 AGI 必须构建具备广泛的知识迁移能力、能进行因果推理、建立真实世界模型的智能体。而伊利亚认为，当我们训练一个大型神经网络来准确预测各种不同文本中的下一个词时，实际上正在构建一个世界模型。模型处理文本的过程其实是对世界的一种映射。目前 AIGC 研发者声称神经网络深度学习正在学习世界的各个方面，包括人类自身和人类的环境、期望、梦想和动机……神经网络不仅可以学习到对人类世界的压缩、抽象和可资利用的表征，甚至还能建造世界模型。而在我看来，这其实是在建立万全的、大一统的全域通用的世界模型。

这种全域世界模型执念的问题是，广泛的知识迁移需要一叶知秋的洞察力和举一反三的抽象能力去寻求可共享的抽象模式。AIGC 是借助大算力从大数据中的文本或图像中提取描述世界的相关特征，通过概率计算输出不同形式的模拟个例，而人类先天具有从最小的样本个例去寻求普遍模式的能力，人脑一方面能够通过建立内在语言处理器表征世界，生成离线认知，例如，进行抽象推理和思维创造，想象在从未遭遇的世界场景中，作出行动规划并预期行动后果；另一方面又有处理环境信息的世界模型处理器，生成在线认知，在感知 – 行动的耦合中，具身性地生成局域世界模型，实时有效地处理具体环境中的任务。

AIGC 实现广域世界模型的障碍是，建立世界模型的目的是感知世界自如行动，因此，AI 必须有自然因果推理能力和反事实因果推断的能力，才有可能建立虚拟世界和真实世界模型。然而，今日的各类大模型是完全基于大规模语料库，采用类似自回归模型的方式进行训练和生成的。一方面，AIGC 并没有足够强大的处理短时记忆和长时记忆的内部语言处理器，用于自然因果推理和反事实推理；另一方面，也没有与感知 – 行动相匹配的外部世界模型处理器，因为这需要巨量的大样本介入真实世界的训练数据和更强的大算力完成预期结果的训练。而对 AIGC 而言，与人类介入世界的感知行动相关的大数据，或者稀缺，或者无法以文本语言的方式表征。

2.4　具身 – 通用一体执念

从以上分析看出，一直以来 AI 界孜孜以求建造既具有大一统通用性，又能与环境进行深度交互落地具体场景的 AI，即实现具身 – 通用 AI。然而，二者是先天相悖的。因为具身强调智能行动体与环境的实时深度交互和行动适配，而通用则追求跨领域的普遍的无障碍的可迁移性。具身 – 通用一体执念的困境在于：在人类对齐总的理念下，模拟生物在漫长进化历程中形成的适应环境的感知和反馈机制，不仅涉及技术，还需对行动智能体与自然、生命和环境关系进行有效的深度时空表征。这样的 AGI 目标恐非一点之极，实际上无异于攀登错综复杂、峰峦叠嶂的群山，AI 甚至还不知其主峰何在。仅凭大语言模型和生硬模拟人类行为，难以实现具身性与通用性的真正融合，若强行拼合概念，将会导致"具身 – 通用悖论"。

事实上，这场由大语言模型引发的人机交互大实验中的各种激烈争论已经表明，四大执念驱动的 AIGC，从"注意力是一切"到"大数据是一切""大算力是一切"，直到"大模型是一切"，圣战骑士追逐的 AGI 犹如上帝视角的大一统万能 AI，是隐而不现、遥不可及的虚拟圣杯。因此，只有对不同的以"通用人工智能"为名的 AI 执念和技术幻象祛魅，破除"全面人类对齐"的"大一统通用执念"，才能使未来人工智能走上健康发展的轨道。

3. 几大执念难以斩获 AGI 圣杯的根源

AI 领域经历近 70 年研究范式的多次更迭，从 20 世纪最初的符号主义的纯逻辑演算到神经网络深度学习，又到受生物学启发的多模态感知学习，再到作为建构世界模型大实验场的电子游戏，直到 AIGC 大模型推动的多模态实现，AGI 的魔咒如影随形，研发者虽然前赴后继，不懈探幽索隐，却难窥"通用"之宗。残酷的现实不得不令人深刻反思，一个理论坚实、目标明确、实可操作的 AGI 路线为何始终求而不得，被"四大执念"

所误导的普全的人类对齐的 AGI 圣杯，难道真的是人类大脑的主观臆想和虚幻泡影？那么，实现人类对齐的 AGI 的真正困境究竟何在？

不可否认，AIGC 的生成算法、预训练模型、注意力机制和多模态合成数据技术的迭代融合，催生了以创造力为导向、界面友好的人机协同的新模式，这不仅改变了知识生产方式，也相应带来了新的模型的内部"对齐问题"：GPT 提示工程的静态对齐和人类反馈强化学习的动态对齐。提示工程一方面通过精心设计提示词，引导模型生成更符合用户需求的回答，可视为一种通过提示词间接地人工静态控制 AI 的对齐方法；另一方面，人类反馈的强化学习则是一种动态的人机对齐方法，它通过模型与环境交互，并根据人类的反馈随时动态调整模型行为。但由于大模型训练仅基于语言文本数据，AIGC 不可避免地不断生成不符合常识、逻辑不连贯、内容不一致、推理能力受限、输出有害内容等各种幻象，究其原因大致有三个。

第一，神经网络深度学习模型目前仍然面临着可解释性、可迁移性和鲁棒性三大挑战。我们知道，人脑是双系统加工的，ChatGPT 是快思维的典型，是靠大数据集超速搜索形成内部知识集合的；但提示词工程试图以人机交互干预的方式，使 AI 一步一步模仿人类的慢思维过程，大模型本身并不具备真正的推理能力，因此可解释性需求难以满足，黑箱化模型行为可解释其输出内容的算法预测和决策过程。当应用场景发生变化时模型可迁移性大幅下降，泛化能力随之减弱。而鲁棒性问题则导致模型遇到微小的输入变化时，可能会产生大的预测误差，在某些情况下可能遭受恶意的对抗性攻击。例如，使用 GPT 时，通过添加一系列特殊的无意义的 token，生成某个提示词后缀，不仅可以突破开源系统护栏，还可以绕过闭源系统造成更大的系统危害，整体人机对齐是不可能的。

第二，人类是自带生物偏见的，其价值的多元性和易变性使其为 AI 定制静态的价值体系极为困难。人类往往基于复杂环境中的认知进行决策，而 AI 依赖大数据强化训练学习，尽管可能学习到一些人类价值观，但在特定场景下如何运用并能与人类价值适配，完全未知。真正的"对齐"究竟意味着什么？是模仿人类行为，还是产生与人类期望一致的虚拟输出？如果是前者，需要突破重重技术壁垒；如果是后者，只可能是一个无穷后退的过程。

第三，AI 研发者期待生成式人工智能通过大模型训练输出符合人类意愿和期望的内容。幻象无法避免的根本原因是人工神经网络的数据处理系统和作为生命体处理生存问题的认知系统具有的巨大差异。因为，人类的情感理解、道德判断、创造性思维等复杂意愿和期望，是在生命体经历长时段、大历史的演化过程中，为了有利于人类适应性生存逐渐产生的。人类个体和群体持有的各类偏见，除了在生物学意义上是源于人类大脑的进化外，还来源于文化教育、社会交往的经验。而语言大模型显然严重缺乏这些深层信息的大数据。人类的社会认知，包括社会合作、情感共鸣和道德理解，大大超越了简单的数据统计和模式识别的范围。

由此可见，以人类对齐为核心的四大执念引导 AGI 的研发，更像是一段永无止境的追逐圣杯的不竭旅程，而非可以落地实现的稳定的 AI 状态。未来到底是人类在有效加速 AGI 的巨大不确定性，还是利他主义安全派终究被 AI 所控制？完全未知。

4. 我们的方案：动缘 – 生成 AI（AEAI）

尽管这场 AGI 圣杯的争夺战远未终结，百模大战却依然如火如荼。更有 AI 学者预言，现有的大模型只能称得上"小模型"，随着规模不断扩大，算力不断升级，未来大模型将会涌现更多智能和能力，人们对于当前大模型的所有认知和立场都会过时或被证伪。这种"过时和证伪"之说恰好表明，如果作为 AI 基础的智能科学以及整个认知科学还处在不具有统一科学范式的前科学时代，人工智能的未来大概率的不可预期是其必然宿命。

为摆脱在 AGI 圣杯角逐中隐含的具身—通用悖论，我们聚焦 AI 智能体的行动，倡导以"局域世界模型""生态场域通用"和"自主能动"为核心的"动缘 – 生成 AI"（Affordance-Enactive AI）。我们认为，AEAI 将是未来人工智能逃脱大一统通用执念羁绊的一条新出路。基于对 AI 前沿技术底层基础的深度考察，相信未来 AI 研究不应倾其全力开发万全统一的通用 AI，而应重点转向设计和培育具有明确"动缘"（affordance）的 AI 智能体 Agent。事实上，追根溯源，正是生态心理学的"动缘"概念和生成认知理论的"生命之心"观念为我们的"动缘 – 生成 AI"方案提供了新的思考空间。

"动缘"（也译作可供性）概念是生态心理学先驱詹姆斯·吉布森（J. Gibson）提出的生成认知的理论内核。吉布森基于视、知觉的研究，构造了独特的生态光学理论体系，解释了动物如何通过直接获取外在世界的信息，采取适当行动的一种生成机制。所谓"动缘"，指的是动物通过视、知觉可以直接"拾取"（pick up）环境中的物体为它提供的行动可能性的信息。例如，椅子为坐上去的行动提供了动缘，门为穿越房间的行动提供了动缘。重要的是，动缘取决于行动者的身体姿态、技能和行为动机等。拾取动缘信息的行为，不单纯是由内部心理过程驱动，而是由个体与环境之间的动态交互的身体塑造的。动缘概念强调了环境信息对适应性行为和感知的重要性。

因此，我们认为，未来的研究路线不应该是去追求能够处理所有任务的超级智能，而是研发一系列能够高效适应和入世特定场景的智能体 agent，能够依据特定环境的动缘做出精准决策，采取适应性行动，并以此方式实现生成性智能（enactive intelligence）。如果进一步探索，我们还可以设想建立一系列具有不同能力和特性的动缘－生成 AI 个体，在多个生态场域中协同工作，形成一个联合的、多层级的智能行动者网络系统。或许，这个群体的整体智能在某种程度上具有所谓"通用性智能"的能力。

5. 结语：AEAI VS AIGC——此"生成"非彼"生成"

生成认知（enactive cognition）是认知科学中的一种广义的具身认知研究纲领。它主张动物认知是在生命演化过程中，生命个体随着有机体器官和大脑的进化，在环境中借助身体的活动生成认知（enacted cognition）的。依据生成认知观念，生物体与环境之间的意义关联是具有内在意向性的。认知是为了生物体稳定而有效地生存，不是通过精确地表征复原世界，而是通过知觉—行动与环境的适切耦合，生成或建造一个包括自我模型在内的局域可操控的世界模型。行动者在具体情境中，提取环境中可资利用的行动可能性的信息，目的是以身体的知觉表征，引导自己在环境中适切行动，获得保证自身稳定并有效生存的策略。

可见，基于生成认知理论和具身的生命之心观念，我们提出的动缘生成式 AI（AEAI）架构模型中的此"生成式"（enactive）并非当下流行的生成式 AI 大模型中的"生成式"（generative），前者侧重于真实场景中智能体如何有效行动的实现，后者专注于人机对齐的多模态虚拟内容的数字化呈现。因此，既为了多模态通用大模型足够通用，又能有效落地，必须修正"大数据是一切""大算力是一切"的大模型观念，探讨落地具体场景的新思路。

今天，我们正面临着未来人工智能带来的巨大不确定性的挑战。辛顿曾说，神经网络的黑箱化使 AI 系统能够自动编写代码、自己执行代码。有史以来人类第一次经历 AI 比人类聪明的时代。AI 作为巨型计算机的数字化大脑，不仅能进行自我 AGI 迭代，还能从一代 AGI 迅速迭代进化出下一代 AGI。但是，AI 是否能理解人类，有益人类，他却一点儿没谱儿。他发明人工神经网络深度学习 AI 的本意是理解人类大脑，理解人类思维。经过 50 年的努力一直自以为是成功的。然而无意中却打开了潘多拉魔盒：一切都是令人担忧的未知！尽管目前的 AI 几乎没有自我意识，但未来 AI 系统一定会有意识，甚至会自我觉醒，取代人类成为地球上第一类聪明的存在。

辛顿针对当前追捧 AGI 的狂潮，深刻批判了一直以来软、硬件分离的 AI 计算理念，提出一种具身化的"可朽计算"概念（我译凡胎计算）：软件与其承载的硬件必须紧密相依，犹如人的智慧与身体合一。对应不同知识传递方式的两种未来计算分别是，生物计算——对应带有生物体偏见的知识传递方式，也叫作"知识蒸馏"式传递的计算；数字计算——对应可"共享权重"的数字化的知识无损耗的准确传播方式的计算。我们的问题是，如果 AI 无法模拟生物体带有偏见的知识蒸馏式的传递，对 AI 来讲，还能实现通用全知的世界模型和大一统的万能 AGI 目标吗？

当然，从我们一贯倡导的对"通用执念"祛魅的初衷来看，AEAI 大模型的构想又何尝不是另一个新的圣杯执念呢？

最后，我愿意引用伟大的逻辑学家库尔特·哥德尔的一句话结束发言：世界的意义就在于事与愿违，以及不断克服事愿分离的努力之中！

生成式 AI 与营销传播的新生态 *

1. 生成式 AI 浪潮下的传播革命：断裂式的发展和破坏式创新

人工智能技术的出现是和我们这个时代关联在一起的。我们正处在从工业文明时代向数字文明时代的深刻转型期，在这样一个过渡期，有两个关键词"断裂式发展"和"破坏式创新"，其对我们理解这个时代的特点是非常关键的。

所谓"断裂式的发展"就是传统的发展逻辑、发展模式、发展的规则到今天已经难以为继，效率越来越低，所以按照传统操作去画延长线已经画不下去了。而面向未来必须要在新的轨道上，在一个全新的基点上来展开我们的发展，展开一种新的运作方式，就是所谓的"破坏式创新"，这种创新是建立在打破传统规则、传统模式的基础上才能完成的。

而元宇宙与生成式 AI 的共同特点是越来越以系统化的方式和生态级

* 喻国明，北京师范大学新闻传播学院学术委员会主任、教授、博士生导师，教育部"长江学者"特聘教授。

意义上的重构破坏旧世界、建构一个全新的世界。所有互联网时代出现的新技术——大数据、人工智能、5G、虚拟现实、区块链等正在借由生成式 AI 呈现出彼此协同与融合的趋势，这是一个全新时代的系统性展开的标志。所谓"一切过往，皆为序章"是我们当下对于互联网发展的顿悟。

2. 传播媒介历史演进的核心逻辑

人工智能技术极大地推进了媒介形态的演变。传媒的发展是在时空维度、连接的层次、连接对象变化三个维度上进行的，同时，媒介的存在形态本身也在发生非常明显的改变。

人借助媒介演进是其社会关系的连接版图在时空维度上的不断打破、连接层次的不断深化及连接的颗粒度不断细化的过程，"新媒介"的本质不是指具体的媒介在时间序列上的先与后，而是每一次传播媒介的形态革命所带来的社会联结方式的改变与拓展。所谓新媒介之"新"，本质上是看它是否为人类社会的连接提供新的方式、深度、速度、尺度和标准。一部媒介发展史，就是人类凭借媒介的升级迭代不断地突破现实世界的限制走向更大自由度的过程。

互联网发展的"上半场"（网络化阶段）解决的关键问题：任何人在任意地点、任意时间与任何人进行资讯内容的连接与沟通。互联网发展的"下半场"（数据化与智能化阶段）解决的关键问题：任何人在任意地点、任意时间与任何人做任何事的社会实践的场景构建。

作为价值连接者的算法媒介，社会已进入深度媒介化的进程，在媒介已完成多次进化的今天，媒体形态已经开始"由实转虚"：从物理媒介到关系媒介再到算法媒介，算法将成为无所不在、无处不有的"万物皆媒"发展阶段上的基础媒体；而在媒介形态越来越"虚"的演化中，媒介连接能力越来越丰富、广泛和跨界，用户可以掌握、调用的资源越来越"实"。

现代社会已然被媒介所"浸透"，而所谓媒介化指的是由于智能化媒体对人类实践全域的渗透和作用所导致的社会方方面面和各行各业发生了按照传播逻辑重组的全新变化；媒介的连接已经从传统的信息的连接，到后来的关系的连接，再到今天的价值的连接，为社会提供了全新的赋能方式。

算法媒介已经不再仅仅是资讯内容的中介者，而是成为新的社会形态的激活者、连接者和整合者，成为整个社会的"操作系统"。

3. 以 ChatGPT 为代表的生成式 AI 将成为未来社会的基础设施

AIGC 概念从提出后便立刻被人们热议，对传媒领域而言和内容生产者而言，更是如此，大家对其认识不尽相同，评价也是多种多样。生成式 AI 是基于算法、模型、规则，在没有人类直接参与的情况下生成图文、音视频、代码等内容的一项技术。它的核心技术可以用三个 G 来构造，即生成式对抗网络（GAN）、生成式预训练变压器（GPT）、生成式扩散模型（GDM），这是它的关键技术所在。

以 ChatGPT 为例，它是基于语言大模型的生成型、预训练的人工智能，其核心的技术特性："概率计算 + 标注训练"。所谓生成式 AI 不同于以往为人们所熟悉的分辨式 AI，它本质上是一种是建立在大模型和预训练基础上的运用海量数据所生成的"文字接龙"；而所谓标注训练则是为文本"赋魂"，即以深度学习的方式不断为文本的生成注入"以人为本"的关系与情感要素，进而提升文本表达的人本价值。

ChatGPT 作为一项划时代的智能互联技术，其突破点在于，以无界的方式全面融入人类实践领域（通用性），具有去边界、场景性、交互性和参与性等显著特征。

4. "人类增强"：生成式 AI 是对于人的又一次重大的赋能赋权

人工智能技术对我们生活、工作的影响是明显的，也是多层次、多维度的，人工智能为人类提供的最重要的改变就是"人类增强"。"人类增强"这个概念并不是今天才有的，早在 20 世纪 50—60 年代就被作为一个成熟的概念提出来了。这一次 ChatGPT 是以智力型的人类增强改变了这个世界运作的生态、格局和规则。

生成式 AI 对人类社会的最大颠覆就在于它增强了人类的平等性，拉平了人与人之间在能力方面的巨大差距，互联网时代抹平了"知识沟"但是并没能抹平"能力沟"，也就是人们调动资源的能力，但这种"能力沟"在 ChatGPT 智力性增强的技术面前在某种层面上得到了巨大的弥合，像是翻译、编程、搭建网站这些工作在今天借助 GPT-4 都可以很好地完成。"人类增强"在未来也将极大地改变数字文明时代社会治理的基本特征。

5. 生成式 AI 时代的传播新生态：换轨道、换场景、换引擎和换平台

从传播领域上看，AI 对生态引发了四个方面的改变。

第一是换轨道。生成式 AI 时代大众在内容创新、知识表达及参与对话中拥有了更多平等机会和权利，这将引发传播领域的"换轨"革命："元点迁移"下微粒化社会传播模式的改造、传播机制的重构，传播重心

及指向都将发生革命性的改变。

第二是体验时代的到来。随着 XR 技术的出现，越来越多的社会实践场景变成了虚拟现实场景。在这种虚拟现实场景当中，一个最大的改变就是人们学习、了解社会、体验社会的逻辑从认知时代的"第三人称范式"向"第一人称认知范式"的转换，这便是传播场景的转换。

第三是构造传播的核心逻辑进一步"算法化"。在算力、算法和大数据可以覆盖的绝大多数传播的构造中，人们对于专业经验的倚重和信赖将让位于更加实时、更加精准、更加全面、更加可靠和结构化的智能算法，并透过传播的所有层面和要素的整合，成为传播发展与运作中的关键引擎。

第四是平台在进行转换。过去我们是在媒介搭建的中介场景当中形成社会意见交换、信息分享等，未来我们的社会按照元宇宙的描述就是一种虚实兼容的社会，人们在丰富多彩的社会现实当中展示自己，进行相应的互动交流和创意创造。

游戏具有媒介所具有的全部的功能、要素，所以是一个被忽略了的重要的媒介品种，未来游戏或将是承担未来传播的"升维媒介"，也是未来社会实践的主平台。

6. 理解生成式 AI：它本质上是对人类智能的一种致敬

生成式 AI 本质上凸显了人类智能的核心价值，它是对智力劳动的一种划类和分工，更是对人类智能的一种致敬，而不是简单的替代和超越。具体地说，生成式 AI 剥离了智力劳动中逻辑的、理性的、可被数据描述、可被算法解析的部分，而把非逻辑的非理性的、无法用算法解析与表达的那些人的激情偏好和目标性的画龙点睛式的赋魂之智，交给人类来执行和主导，这实质上是人本地位的进一步提升而不是削弱。

而大模型的海量参数则将世界分解为颗粒度极细的单位，这便使得看似作用力极小的人的标注和训练行为，在这些细颗粒度的整合生成中，成为一种强大的方向性、奠基性的决定性推动力、建构力作用于人类社会实践的全新生态，并由此产生巨大的"涌现"现象。

如果把智能劳动分为两种基本类别的话，人类智能解决"在哪儿做"和"做什么"的战略选择与价值结构的问题，而人工智能则建构在人类过往全部文明成果的基础上，在人类智能的导引下，面对未来解决"如何做"的战术性操作的实现问题。这或许就是生成式 AI 作为未来人类实践领域的价值连接与整合者的基本原理。

人机协同的关键 *

　　逻辑和实验是现代科学研究的两个支柱，这是因为科学研究需要不断地进行理论和实践的相互验证和修正，而逻辑和实验则分别代表了这两个方面的重要性和必要性。只有将逻辑和实验有效结合起来，让它们相辅相成、互相促进，共同推动科学研究的不断进步和发展，才能建立起更加准确、可靠和有效的科学理论和模型，从而更好地解释和预测自然界中的各种现象和问题。

　　爱因斯坦认为，理性和经验之间的联系是超逻辑的，这也是他提出相对论的理论基础之一。科学的发展需要建立在实验和观察的基础上，同时需要借助于逻辑和推理的力量来理解和解释这些经验。因此，科学的公理和定理必须要符合实验和观察的结果，以验证其正确性和可靠性。具体来说，自然界的本质和规律是超越我们的感知和直觉的，只有通过理性的思考和推理才能揭示出它们的真相。但是，这种理性并不是脱离经验和实践的，而是建立在对经验和实践的深入理解和反思之上的。因此，他认为理性和经验之间的联系是超逻辑的，需要通过对实验和观察的深入分析和思

　　*　刘伟，北京邮电大学人机交互与认知工程实验室主任，剑桥大学访问学者。

考建立起来，同时，他强调了在科学研究中理论和实验的密切联系，主张用逻辑和推理来解释和理解实验结果，并将科学的公理和定理与实验和观察相结合，以建立起真正可靠和有效的科学理论。这种观点对人机协同研究产生了深远的影响，也为其提供了一种更加合理和有效的方法和思路。

1.逻辑和实验在人机协同中扮演着关键的角色

人机协同是指人类与计算机或人工智能系统之间的合作与协调。在人机协同中，人类和计算机共同努力、互相补充，以达到更高效的目标。逻辑和实验是人机协同中不可或缺的关键要素，它们相互支持和促进，共同推动人机协同的发展和进步。

逻辑是指对问题进行分析和推理的能力，能够帮助人类和机器理解和解决复杂的问题。实验是指通过设计和进行实验来验证理论和假设，从而进一步改进和优化人机系统。在人机协同中，逻辑能力可以帮助人类和机器进行信息的整理和分类，理解问题的本质，提出解决方案，并进行推理和判断，逻辑的运用可以帮助人类和机器更好地合作，有效地分工和协作，提高工作效率和质量；实验能力则可以通过设计和进行实验来验证想法和假设的有效性，从而提供反馈和指导。通过实验，人类和机器可以快速了解和调整系统的性能和行为，优化和改进系统的设计和功能，实验的结果可以帮助人类和机器更好地理解问题的本质，优化工作流程和决策制定，提高系统的性能和稳定性。

2.人机协同的基本结构

维特根斯坦是 20 世纪著名的哲学家，他对世界和语言的理论有一定的影响，并在其成名作《逻辑哲学论》一书中给世界划了边界，世界的基本结构包括对象、事态、事实、世界。（如杯子、桌子、房子都是对象，杯子放在桌子上、桌子在屋子里是事态，屋子里的桌子上有杯子就是事实，多个事实就构成了世界）语言的基本结构包括名称、基本命题、命题、语言。（如杯子、桌子、房子都是名称，杯子放在桌子上、桌子在屋子里是基本命题，屋子里的桌子上有杯子就是命题，多个命题就构成语言）逻辑图像就是世界结构与语言结构之间的对应关系。

人机协同的基本结构包括任务、交互、反馈、协作。首先，涉及明确的任务目标，人和机器需要共同理解和认识任务的要求和目标，以便协同完成任务；其次，任务之间的交互是人机协同中不可或缺的部分，人与机器之间通过各种交互方式进行信息传递和沟通，包括语音、文字、图像等，并且要能够相互理解和解读彼此的信息；再次，交互中的反馈是人机协同的关键环节，机器需要及时向人提供反馈，包括任务进展情况、问题解决方案等，以便人能够及时调整和优化自己的行动，反馈是人机协同的关键环节；最后，人机协同需要人与机器之间的紧密协作，人需要与机器相互配合、相互支持，共同解决问题和完成任务。通过明确任务、进行交互、反馈信息以及紧密协作，人与机器才能够有效地合作，实现任务分解与执行。

维特根斯坦认为，语言的意义是通过使用和上下文来确定的，而不是由固定的定义或概念来确定的。他提出了"语言游戏"的概念，认为语言是一种由社会实践和规则构成的游戏，人们通过参与这个游戏来理解和交流。他还关注语言的边界和限制，认为有些问题是无法通过语言来解决的。

在人机协同中，维特根斯坦的思想可以提供一些启示。人类和智能机器之间的交流和理解需要通过共同的语言和规则来实现。人类需要在使用智能机器时理解其功能和限制，而智能机器也需要学习人类的语言和行为规范，以更好地与人类进行协作。维特根斯坦的语言游戏概念也可以提醒我们，在人机协同中，语言和意义的理解是可以根据具体情境和使用目标进行灵活调整的。通过彼此的逻辑合作与实践交流，人类和智能机器可以实现更高效的协同工作。

3. 人机协同中的因果关系

人机协同中的因果关系指的是人与机器之间相互影响、相互作用的关系。在人机协同中，人和机器之间的因果关系具体体现在以下四个方面。

3.1 人的行为对机器的影响

人的行为可以通过控制机器的操作来影响机器的工作和表现。例如，人在使用计算机时可以通过键盘、鼠标等输入设备控制计算机的操作。

3.2 机器的反馈对人的影响

机器可以给人提供信息、指导和反馈，从而影响人的行为和决策。例如，当人使用手机时，手机会通过屏幕、声音等方式向人提供反馈信息，指导人的操作和决策。

3.3 人的知识和经验对机器的设计和改进的影响

人的知识和经验可以被应用于机器的设计和改进。例如，人可以通过对机器学习算法的调整和改进，提升机器的学习能力和智能水平。

3.4 机器的功能和性能对人的行为和决策的影响

机器的功能和性能可以通过提供更好的工具和技术，影响人的行为和决策。例如，随着人工智能技术的发展，机器可以通过提供更准确的数据分析和决策支持，影响人的决策行为。

简单而言，人和机器之间通过相互影响、相互作用来实现共同的目标和提升整体的性能和效益。

4. 人机之间的事实与价值协同

与"智能的瓶颈与休谟之问有关"一样，人机之间也存在着事实与价值的协同。在人机协同中，人和机器各自扮演着不同的角色，通过相互交互、补充，达到协同工作的目的。

事实协同指的是人机合作、共同学习，通过机器的计算能力和人类的智慧，共同获得更准确、更全面的信息和知识。具体来说，人类可以通过机器的大数据处理能力获取更多的信息，而机器则可以通过人类的认知能力，将信息进行筛选、分析和解读。这种合作可以提高信息的质量和深度。

价值协同则指的是人机共同创造和实现价值。人类可以通过机器的辅助，更高效地完成工作任务，提高生产效率和质量。机器可以通过人类的指导和评价，不断优化算法和模型，以提供更好的服务和产品。通过价值协同，人机可以共同推动高阶协同的发展，提高合作的质量和流畅性。

人机协同与休谟之问有关的地方在于，人机协同强调了人与机器之间事实性相互合作、价值性互相补充的重要性。机器在处理信息和执行任务方面有其独特的优势，而人类则具有感知、判断和决策能力等优势。通过过人机协同，人类可以利用机器的计算能力和学习算法等来辅助自己的工作，提高工作效率和准确性。同时，人机协同也可以帮助人类更好地理解和认识复杂的事物和现象，解决休谟之问中的问题。

5. 保证人机之间的高质量协同

在人机协同中，机器可以通过自动化和智能化的方式提供帮助和支持，而人类则负责完成机器无法完成的复杂认知任务。虽然机器在某些特定任务上已经展现出了超越人类的能力，但是要实现真正意义上的人机协同，机器也应具备同等的认知能力。具备认知能力的机器可以通过逻辑理解和推理来分析复杂问题，具备学习和适应能力，可以从实验、经验中不断改进自身的性能。这样的机器可以更好地与人类进行交流和合作，在共同完成任务的过程中更好地理解人类的需求和意图。目前的人工智能系统尽管在某些任务上已经取得了重大突破，但仍然无法与人类进行真正的理解和推理。机器的认知能力仍然有限，需要人类的指导和监督。要实现真正的人机协同，还需要在人工智能技术的发展上取得更大的突破，使机器能够具备更为先进的认知能力。只有当机器能够真正理解人类的需求和意图，并能够与人类进行高效的交互和合作时，才能实现更加智能和高效的人机协同。目前，在机器智能水平不高的情况下，可以通过以下方式来保证人机之间的高质量协同。

（1）明确任务和目标。确保双方明确任务和目标，理解彼此的期望，避免产生误解和不必要的摩擦。

（2）清晰的沟通。建立良好的沟通渠道，通过明确、简洁的语言和表达方式，确保信息传递的准确性和及时性。

（3）分工合作。根据各自的优势和专长，合理划分工作任务，确保各自的工作在协调一致的前提下高效地进行。

（4）互相理解和尊重。人机双方要理解对方的能力和局限，并相互尊重对方的工作和贡献，避免产生不必要的冲突和摩擦。

（5）持续学习和改进。鼓励人机双方进行持续学习和改进，提升各自的能力和水平，从而不断提高协同效能和质量。

（6）及时反馈和调整。及时收集反馈意见，根据反馈结果及时调整工作方式和方法，以确保协同工作的质量和效果。

（7）灵活适应变化。在工作过程中，应对环境变化和新需求的出现，灵活调整工作计划和方法，以确保协同工作的质量和效率。

在智能机器中，智能推送的关键在于根据用户的个人偏好和行为习惯，以及系统的智能算法，将相关的信息与内容推送给人类。这需要对人类的数据进行分析和理解，以了解他们的兴趣领域、需求和偏好，以便有针对性地提供个性化的推送。同时，在人机协同中，反馈和纠错机制的设计非常重要，设计反馈和纠错机制时需要考虑用户的不同需求和能力，并提供及时、易理解、多样化的反馈方式，可以帮助用户更好地理解系统的操作和状态，同时预防和纠正用户的错误操作，以提高人机协同的效果和用户满意度。

如何理解和应对 ChatGPT 与生成式人工智能的开放性伦理挑战 *

　　自图灵等人工智能先驱提出计算机可以像人一样思考和行动以来，人工智能会不会构建出类似人类的智能甚至超越后者，一直是一个在探索之中和争论不休的问题。在近年来新一波数据驱动的人工智能热潮中，这一问题的焦点逐渐从理论上的可能性之争转换为如何应对技术上可能出现的颠覆性创新。从基于深度学习的人工智能战胜人类围棋棋手到最近以 ChatGPT 为代表的生成式人工智能取得令人惊叹的成功，特别是 ChatGPT 为自然语言问题和提示所作出的表述清晰、语法正确的回答，像巨型魔术表演一样牵动着人们对科技未来的想象。面对这一步步紧逼的"创造性破坏"所带来的海啸般的冲击，人们不仅看到了突然演化出的通用人工智能乃至超级智能的潜在风险，而且越来越强烈地认识到，必须严肃思考和认真对待由此可能引发的开放性社会风险与价值伦理挑战。

---

　　* 段伟文，中国社会科学院哲学所研究员、博士生导师，中国社会科学院哲学所科技哲学研究室主任。

1. 人工智能的工程创新与智能理论间的认知落差

从技术上讲，ChatGPT 是在模仿人类语言的大型预训练语言模型（LLM）基础上产生的一种生成式的人工智能语言模型。其成功的关键在于通过基于人类反馈的强化学习（RLHF）对模型加以微调，从而不仅使其获得了流畅的对话功能——可以针对任意话题与用户进行高质量的对话，而且在工程上基本实现了"人机对齐"——让机器的目标和意图符合人的要求。由此，它可以较为准确地按照用户意图实现问答、分类、摘要和创作等自然语言理解与生成任务，自动而迅速地输出逻辑较为自洽的回答，甚至可以生成类似人类作者写出的文章和报告。

虽然作为演示样本的 ChatGPT 尚存在诸多的不完善之处，但其所展现出的流畅的类似人类的对话功能表明，它在理论层面上突破了人们对智能和人工智能的既有认知框架。其一，尽管它并不具备自主性和自我意识，没有真正意义上的理解能力，但鉴于它可根据人们的提示和提供的新的信息而改进回答，它在一定程度上具备了"理解"自然语言并不断优化推理和表达的能力。其二，作为 ChatGPT 基础的大型预训练模型具有强大的泛化能力，即能够处理不同于先前遇到的情况或任务的能力，而这实际上打破了专用人工智能与通用人工智能的传统二分法。其三，根据所谓"人工智能效应"悖论，在人工智能发展过程中，各种专用人工智能（如下棋等）一旦实现，往往会被视为对部分人类智能或技能的自动化而不被当作是具有智能的；而 ChatGPT 的特殊性在于它不仅是一种可以实现类人类语言的自动化专用人工智能，而且因其作为语言而具有的指令功能，它可以与图像、音视频等其他模态的人工智能生成内容形成无限的组合。

同时，它的出现也突破了人工智能怀疑者的认知框架。几年前，面对深度学习的突破性成就引发的达到或超越人类智能的奇点临近的热议，人工智能的怀疑者、科学社会学家柯林斯（Harry Collins）依然向人工智能走向通用人工智能的潜力提出了质疑。在《人工虚构智能：反对人性向计算机缴械》一书中，他从"嵌入认知"理论出发，祭出了"连环掌"：（1）除非完全嵌入正常的人类社会，否则任何计算机都不会流利地使用自然语言、通过严格的图灵测试并具有完全类人类的智能；（2）尽管与任何其他人工智能方法相比，深度学习更易于将计算机嵌入人类社会，但因其当前技术基于渐进式发展，任何计算机都不能完全融入人类社会。但显然，ChatGPT 在工程上所呈现出的超强的人机自然语言对话能力不仅在一定程度上打破了柯林斯等悲观主义者的设限，而且超出了大部分技术乐观主义者的预期。

而这再次表明，不论是对什么是智能、什么是人工智能的理论构想，还是从德雷福斯到柯林斯等对人工智能不能做什么的理论反思，都往往与技术和工程上交付的人工智能实现方式存在着不小的认知落差。而造成这种落差的原因，则在于在人工智能发展过程中理论思维和工程思维之间的张力。如果用能够处理无限任务、自主和具有价值系统之类的"关键要求"作为通用人工智能的标准，ChatGPT 显然不够格，但问题是这些"关键要求"本身在工程上如何测试。

回顾人工智能的发展历程，有关智能和认知的哲学研究往往会对人工智能技术和工程上的"理论缺陷"展开批评，旨在推动人工智能的范式转换。如近年来试图超越笛卡儿式认知主义的具身认知、嵌入认知、生成认知、延展认知和情境认知等"4E+S"认知得到了深入的讨论，从哲学上不难指出缺失这些维度的认知很难成为真正的认知，也可据此顺带批评技术和工程上实现的人工智能之不足。同样，在人工智能的讨论中，人工智能体是否具有"意识"既是人们公认的人工智能可能出现的最高风险，也被人工智能怀疑者视为真正意义上的智能的金标准，但问题是认知科学和哲学对这个问题的认识还非常有限，人们目前所能做的只能是工程技术层面的防范。

就像柯林斯的"连环掌"一样，诸多有关智能的理论认知框架往往缺乏必要的谦逊，未能将其立场当作探究的视角之一，容易陷入固守"先验"标准的封闭式否定思维之中。而工程思维则主要体现为工程实践中的累积创新和涌现创新，是一种基于技术产业演进的"后验"迭代的开放性的肯定思维，常常是对某些技术路径的偏执性选择，且能在技术演进中赋予这些选择新的内涵。

受到两者之间的这种认知落差的影响，理论研究者和批评者无法预见人工智能工程实践可能涌现出的重大突破，工程实践者和喝彩者则难以前瞻技术上的突破在社会价值伦理层面所引发的革命性影响，由此形成的总体认知状态显然无法应对包括超级智能在内的开放性伦理风险。

2. 基于人机交互智能的生成式人工智能与人机对齐

为何会出现这一认知落差呢？其中固然有人工智能前沿创新高度不确定的原因，但更不容忽视的原因是人们思考相关问题时所采用的实体论预设。耐人寻味的是，不论是理论反思者还是从事工程实践的人，在相关的探讨中大多将人工智能与人类智能预设为相互独立的智能体，聚焦二者的高下之分和此消彼长，而较少以两者之间的交互作为思考的出发点，从技术社会系统和智能生态系统的维度理解人工智能体的实质。

但实际上，从基于大数据的深度学习到基于大模型的生成式人工智能，其创新应用都发生于数据、算法、算力等所构建的巨型技术社会系统之中，是在高度社会化的人机交互智能生态系统中形成的。它们之所以可以实现功能上的突破，固然缘于数据量和模型参数大到一定规模后的功能涌现，更重要的是因为它们充分认识到了人类反馈微调和使用中的人机智能交互对其性能改进的作用。

目前业界和学界对生成式人工智能伦理风险的认知大多滞留于网络媒体和数字平台涉及的相关问题，聚焦偏见、歧视、数据滥用、信息误导、用户操纵、虚假内容和恶意使用等方面。这些问题其实是现实世界中存在的在大数据、人工智能等数字技术应用中的折射与放大，并且在生成式人工智能中进一步延伸和加剧，故对它们的关注的确具有紧迫性。

而实际上，在 ChatGPT 的研发过程中，Open AI 的技术路线就是在高度社会化的人机智能交互系统中展开的。ChatGPT 所采用的人工智能新范式基于对自然语言内在的同质化形式和结构的学习，其中既有海量的文本数据集，也包括运行中大量的人机对话数据，其内容生成思路是学习与预训练的结合——首先自动提取相关内容并加以聚合，然后通过人机对齐工程对其目标和价值加以必要的修正。

依照 Open AI 的说法，之所以实施人机对齐工程的背景是，Open AI 对其所开发的 GPT 系列大模型以及 ChatGPT 的技术定位是探索通用人工智能。为了防范由此可能带来的颠覆性社会伦理影响，开发者通过人类标注、反馈、审核等工程方法对生成的类自然语言中的价值冲突和伦理争议进行了校准，对生成内容与语言表达策略进行了持续监督和不断优化。这使 ChatGPT 的输出对价值敏感问题相对谨慎，主动回避有争议的问题，甚至拒绝回答。

人机对齐工程的实施表明，由于存在着包括超级人工智能可能引发的人类生存风险在内的巨大社会伦理风险，生成式人工智能的技术开发与价值伦理调节从一开始就是同步进行的。由此，可以得到两个重要的启示。

一方面，人机对齐工程的实施表明，对生成式人工智能进行价值伦理矫正并防范恶性后果在工程上是可行的，这为其在创新应用中恪守价值底线和红线提供了可借鉴的经验。当然，必须明确指出的是，作为语言模型的ChatGPT本身并不真正理解各种价值观的内涵。另一方面，人机对齐工程是在人机交互的基础上实施的，不论是在训练数据之中还是在人工标注等人类反馈环节，都负载着相关者的利益和好恶，会受到各种价值预设和文化选择的影响，必然存在一定的偏向性。

3. 超越知识生成自动化的知识权威幻象与图灵陷阱

人机对齐工程所进行的价值伦理矫正固然有助于对人工智能生成内容的法律规制和伦理治理，但更重要的是，要看到以ChatGPT为里程碑的生成式人工智能是机器智能与人类智能全新的交互组合方式，我们正在开启借助人工智能自动生成知识并全面重塑生活的前所未有的时代。从知识生产方式的范式转换来看，如果说大数据分析带来的是堪比微积分的新分析，那么ChatGPT所开启的大模型加人类反馈的自动化知识生成方式则是面向智能化未来的新综合。而对这一新综合的拥抱将迫使我们面对一系列全新伦理挑战，除了热议的违背学习和研究诚信、侵犯知识产权等问题之外，更加值得关注的是以下两个具有开放性的社会伦理挑战。

一是将自动生成的知识视为神谕的知识权威幻象。拥抱知识生成自动化必然面对的一个悖论是，生成式人工智能系统固然能带来知识生成效率的提高，但它并非知识大全和全能知识的领会者。这种从海量训练数据中拼凑出答案的语言形式生成系统如同自动的鹦鹉，其自身既不真正理解输入输出数据的意义，也没有自己的目标，更不知道什么是研究和学习，以及为什么要研究和学习。但人们往往会产生一种将它们视为自动化的知识生产者的幻象，而没有注意到，虽然它们能够生成连贯的文本，但其意义和连贯性是在人类与机器的互动中形成的，而它们并没有试图表达什么。如果认识不到这种幻象，就容易产生将生成式人工智能视为知识权威和道德权威的风险。随着 ChatGPT 的进一步发展，其有望演变为普通人日常生活中的人工智能助手，成为解答知识、辨别是非乃至区分善恶的重要工具。鉴于 ChatGPT 并不真正理解其所生成的知识内容以及对是非善恶的判断，而且有时会产生荒谬的错误或随意堆砌和编造的内容，在缺乏批判性思考的情况下，将 ChatGPT 简单地视为教育、医疗、心理、精神方面的解惑者或指导者，难免扩大由知识生成错误和不准确造成的危害。

　　二是由盲目的智能化和自动化导致的图灵陷阱。如果不能认识到生成式人工智能建立在人机交互的智能生态系统乃至遍布地球的智能科技社会系统之上，就看不到知识生成自动化的基础和前提是对人类智能的提取，其运作过程既是对知识和智能的重新定义，也是对地球生态环境、人类社会和个人的重构。如果缺乏对这一过程的反思，就可能陷入各种图灵陷阱：在教育和研究中无条件用自动化生成知识，在工作中无限度地用自动化取代人类智能，完全不顾及能源消耗的自动化知识生成会使地球生态环境不堪重负。之所以会出现图灵陷阱，是因为智能和自动化系统没有做到以人为本，在人工智能的部署中往往迫使人被动地适应智能化和自动化——在很多情况下，"自动建议""自动更正"等智能系统的运作预设不是使机器人性化，而是让人越来越机器化，使人的自主性在不经意间被自动剥夺。

　　为了克服人工智能的知识权威幻象，走出图灵陷阱，无疑需要全社会展开进一步的讨论，以构建我们对可接受的深度智能化未来的合理想象。而从观念上讲，必须直面的问题是，人类在知识和智能上能否保有主创者和主导者地位？人的主体性能否经受住来自人工智能的挑战？如果未来不会出现人工智能超越人类智能的奇点，我们似乎可以坚持：一方面，人应该成为最终的知识权威；另一方面，人工智能应该更多地作为人的智能助手，而不是一味地用智能化和自动化取代人的工作和替代人的功能。

最后，从长期风险来看，ChatGPT 强大功能的涌现表明，对大模型的研发必须真正开始警惕出现有意识的通用人工智能的可能性，将人工智能可能威胁人类生存的安全风险的及时防范作为其发展的前提。OpenAI 的首席执行官山姆·奥特曼在最近的一篇博文中再次宣示了其发展通用人工智能的初衷，并强调要确保造福人类。这种站在道德制高点上的高调宣示其实表明，他已经意识到通用人工智能的巨大风险，但人类的未来能否避免由此带来的生存风险，显然不能仅仅寄希望于其作出的审慎发展的承诺。

数字生产力带来的根本性变革是什么？[*]

"数字生产力是人类改造自然的新型能力，正引发人类认知新规律、发现新现象、创造新事物等方式的根本性变革，必然会对产业创新、经济发展、社会治理等产生深层次影响。"

1. 产业创新：从实验验证到模拟择优

人类社会认识客观世界的方法论已经历了四个阶段，从"观察＋抽象＋数学"的理论推理阶段，到"假设＋实验＋归纳"的实验验证阶段，再到"样本数据＋机理模型"的模拟择优阶段，目前已进入"海量数据＋科学建模分析"的大数据阶段，就是采用"数据＋算法"的模式，通过大数据去发现物理世界的新规律。

在传统的产业创新中，无论是产品研发、工艺优化还是流程再造，都要进行大量实验验证。通常来说，实验验证过程复杂、周期长、费用高、风险大，因此产业创新往往是一项投入大、回报低的工程。

---

[*] 安筱鹏，中国信息化百人会执委。

数字生产力对人类社会最大的改变，就是通过数字孪生等技术将人类赖以生存的物理世界不断数字化，并在赛博空间建立虚拟镜像，其实时高效、零边际成本、灵活构架等特点和优势，为产业创新带来了极大的便利性。

从效率来看，基于数字仿真的"模拟择优"，使得产业创新活动在赛博空间中快速迭代，促使创新活动在时间和空间上交叉、重组和优化，大幅缩短了新技术产品从研发、小试、中试到量产的周期。

从主体来看，基于数字仿真的"模拟择优"，推动了大量数字平台的产生，降低了创新创业的门槛和成本，使得大众创业者能够依托平台，充分利用产业资源开展创新活动，直接参与产品构思、设计、制造、改进等环节，真正实现现实意义的万众创新。

从流程来看，数据分析技术的快速发展，促进"需求—数据—功能—创意—产品"链条数据联动的逆向传播，生产过程的参与主体从生产者向产消者演进，个性化定制模式的兴起让消费者全程参与生产过程，其在产品生产过程的发言权和影响力不断提升，以往以生产者为中心的正向整合生产要素的流程，正在向着以消费者为中心的逆向整合生产要素的创新流程转变。

人类认识世界的方法论				
	理论推理	实验验证	模拟择优	大数据分析
典型案例	牛顿三大定律	爱迪生发明灯泡	波音777研发周期缩短（基于模型的企业MBE）	GE风电设备提高2%发电量
发展时间	19世纪末发展到巅峰	20世纪初伴随着工业化进入鼎盛时期	20世纪80年代	21世纪初
关键要素	观察+抽象+数学	假设+实验+归纳	样本数据+机理模型	海量数据+科学建模分析
主要特点	依赖于少数天才科学家，严密的逻辑关系	依赖于设备材料的高投入，实验过程大协作、长周期，直观的验证结果	依赖于高质量机理模型的支撑，机理模型和实验验证的协同，投入少、周期短	依赖于海量数据的获取，计算、存储资源的低成本和高效利用，数据驱动的价值创造

2. 经济发展：从规模经济到范围经济

在传统的经济发展中，尤其是在工业经济的发展中，主要强调单一产品生产规模扩大，平均成本逐步下降，这是一种追求单一产品成本弱增性的规模经济模式。

数字生产力的发展，则更加强调在资源共享条件下，长尾中蕴含的多品种产品协调满足客户的个性化需求，以及企业、产业间的分工协作带来的经济效益，这是一种追求多品种产品成本弱增性的范围经济模式。

在数字生产力带来的范围经济发展中，生产运行方式、组织管理模式、服务方式都会发生根本性变化。

2.1 生产方式柔性化

数字生产力的发展，使传统的机械化生产方式被自动化的生产方式所取代，其进一步把人类从繁重的体力劳动中解放出来；刚性生产方式向柔性生产方式转变，使企业能够根据市场变化灵活及时地在一个制造系统上生产各种产品；使大规模集中性的生产方式转变为个性化定制的按需生产方式，消除工业化与个性化的矛盾点，实现用工业化的手段和效率制造个性化的产品。

2.2 组织管理灵活化

数字生产力的发展，形成了泛在、及时、准确的信息交互方式，大幅降低了信息、评价、决策、监督、违约等交易成本，引起了企业组织形态、流程、机制、主体的深刻变化，促进了新零工模式的兴起，带来了以人为本的组织和工作方式。

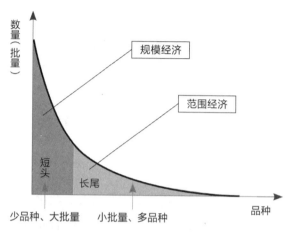

数字生产力：从规模经济到范围经济

将传统的雇佣模式由"企业－员工"改造为"平台－个人"，以自组织模式取代传统管理模式，改变企业自上而下的科层式架构，最大限度地解放个人生产力；推动柔性化组织的形成，快速响应市场需求和应对环境变化；促进无边界化组织的形成，构建跨行业、跨领域、跨主体的产业生态体系。

2.3 服务方式融合化

数字生产力的发展，带来了前所未有的跨界融合，信息技术的融合深刻改变了服务业的商业模式，由此餐饮行业衍生出外卖模式，医疗行业诞生了互联网医院，互联网背景下零售和物流的结合更是发展出电商这种改变生活方式的新业态。

制造业与服务业的融合打破产业边界，制造业将价值链由以制造为中心向以服务为中心转变，服务要素和服务产品在制造业的投入产出中占据着越来越重要的地位。

3. 就业模式：从八小时制到自由连接体

一个个体逐渐呈现出了自由连接体的新形态。越来越多的个体都将成为知识工作者，人人都是某个领域的专家，这将让个体的潜能得到极大释放，每个人的特长都可以方便地在市场上"兑现"。

同时，个体的工作与生活也将更加柔性化。工业时代那种工作、生活、学习割裂，个体无法柔性安排的状态也将得到很大改变，类似于工作、生活、学习一体化的 SOHO 式工作、弹性工作等新形态将更为普遍。

当然，"人人都是专家""人人也都必须成为专家"，这既意味着某一能力的优异，也意味着要像专家那样"每个人都是自己的 CEO"——自我驱动、自我监督、自我管理、自我提升。

如果仍然沿用"就业"这一概念，那么目前数字经济 2.0 的就业模式，已经呈现出了五种显著的形态：

平台式就业——"平台 + 个人"的"平台式就业"已经成为基本就业景观。

创业式就业——数字经济 2.0 为个体提供了可能，是历史上最低的创业门槛。

灵活化就业——所谓"U 盘式就业、分时就业"等日益普遍。

分布式就业——跨越地理距离的分布式就业，越来越成为现实。

工作生活柔性化——灵活就业将让个体可以更加柔性地安排自己的工作与生活。

如果放眼更长远的未来，"个体作为经济主体的崛起"，更是宏大历史进程的一部分。

弗里德曼在《世界是平的》一书中也认为："如果说全球化 1.0 版本的主要动力是国家，全球化 2.0 的主要动力是公司，那么全球化 3.0 的独特动力就是个人在全球范围内的合作与竞争……全世界的人们马上开始觉醒，意识到他们拥有了前所未有的力量，可以作为一个个人走向全球；他们要与这个地球上其他的个人进行竞争，同时有更多的机会与之进行合作。"

4. 企业性质：从技术密集到数据密集

企业竞争的本质是在不确定的环境下为谋求自身生存与发展而展开的对资源争夺的较量，对企业劳动、技术、数据等不同生产要素构成比重差异的分析可以发现，技术正逐渐向数据让渡其处于企业竞争核心要素的地位。

在工业时代，人们根据产业和企业对劳动、资本、资源的依赖程度，把产业和企业分为劳动密集型产业（企业）、资本密集型产业（企业）、资源密集型产业（企业）。今天，这种思考问题的逻辑需要升级。

在数字生产力时代，我们可以定义一个新的行业（企业）——数据密集型行业（企业）。所谓数据密集型行业（企业），就是一个行业（企业）的发展和运行对"数据＋算法＋算力"的闭环优化体系高度依赖，拥有规模化知识创造者、更广泛的智能工具以及更丰富的数据要素资源。

麦肯锡也曾提出过相关概念，认为 ICT 行业、金融业、零售业、公用事业等属于数据密集型行业，而低端制造业、农业、建筑业等则属于非数据密集型行业。

企业竞争正从要素、市场、技术等资源竞争向数据竞争转变，数据成为企业占据产业竞争制高点的核心驱动要素。

从数据资源的角度来看，当感知无所不在，连接无所不在，数据也将无所不在。所有的生产装备、感知设备、联网终端，包括生产者本身都在源源不断地产生数据资源，这些资源渗透到产品设计、建模、工艺、维护等全生命周期，企业的生产、运营、管理、服务等各个环节以及供应商、合作伙伴、客户等全价值链，正成为企业生产运营的基石。

从数据管理的角度来看，数字化转型逐渐成为企业在数字经济时代的必经之路，而数据管理能力则是数字化转型中的核心能力。数据主导的竞争态势要求企业将数据提升至与会计、财务、管理等职能相同的战略定位，并在未来成为企业运作的基本准则。

从数据驱动的角度来看，企业通过分散在设计、生产、采购、销售、经营及财务等部门的业务系统对生产全过程、产品全生命周期、供应链各环节的数据进行采集、存储、分析、挖掘，确保企业内的所有部门以相同的数据协同工作，从而通过数据价值再造实现生产、业务、管理和决策等过程的优化，提高企业的生产运营效率。

5. 组织形态：从公司制到"数字经济生态"

工业时代的公司，所遵循的基本是"泰勒制"的、线性的（价值链、产业链、供应链等）组织方式和流程。而数字经济体所取得的成绩，则与它"云端制"的组织方式直接相关：超级平台 + 数亿用户 + 海量商家 + 海量服务商——一种超大规模、精细灵敏、自动自发、无远弗届的协作组织方式，也是一种人类历史上从未达到过的"分工 / 协作"的高水准。

数字生产力时代：从公司到"数字经济生态"			
	"公司"在不同领域的极致形态		数字经济体的雏形
	大规模生产	大规模零售	大规模定制	C2B模式
代表企业	福特汽车	沃尔玛	DELL	产业互联网平台
出现时间	20世纪初	20世纪60年代	20世纪90年代	21世纪初
市场环境	供不应求	大量消费	供过于求	个性需求勃兴
代表性的商业基础设施	公用电厂、铁路网络、电话网络等	现代通信网络、现代物流、IT信息技术	现代通信网络、现代物流、IT信息技术	云计算中心、智能物流、大数据处理等
竞争基点	低价	低价、多样	速度、体验	体验、速度、海量
价值交付	企业以产品为载体向消费者交付价值	企业以产品为载体向消费者交付价值	企业以"解决方案"为载体向消费者交付价值	以体验为载体，企业与消费者共创价值
产消关系	生产商主导	零售商主导	消费者适度参与	消费者主导
消费者角色	孤立、被动、少知	孤立、被动	部分参与设计或生产	见多识广、相互联系、积极主动、深度参与
主流的供应链形态	线性、精益供应链	线性、精益供应链	线性、敏捷供应链	巨型的社会协同网
商业形态	小品种、大批量	多品种、大批量	多品种、小批量、快反应	海量品种、小批量、快反应

6. 协作机制：基于信息能力拓展的分工与协作

回溯人类从游牧社会、农耕社会到工业社会的演进历程，人类社会的生产、生活和管理方式发生了巨大变革的背后，是信息能力提升所带来的分工和协作水平深化，人们得以在更广的范围、更多的群体之间加强合作，以消除自然和社会中的种种不确定性。

进入数字经济时代，伴随着信息通信技术的推广普及，人类的大规模协作的广度、深度、频率进入了一个新阶段。

从计算机的诞生到互联网的普及，从人人互联到万物互联，从人工智能到区块链，人类正在重建外部世界信息感知、传播、获取、利用新体系，重构分工协作的基础设施、生产资料、生产工具和协作模式。

信息在组织内部的管理、监督以及外部交易、协作中的成本不断降低，协作模式不断创新，企业边界正在被重新定义，科层组织正在被瓦解，产销者（prosumer）不断涌现。

微粒社会正在来临，平台经济体迅速崛起，人类社会已经从工业社会百万量级的协作生产体系演进到数千万、数亿人的合作体系，这也带来了产业分工的不断深化。

"双11"阿里平台是数亿消费者、3600万各类主体广泛参与的协作体系。基于网络的大规模、多角色、实时互动协作机制的兴起，网络协同效应正在打破传统管理的规模经济。

正如维基经济学所揭示的四个新法则——开放、对等、共享以及全球运作，正在取代旧的商业教条，对原有的生产组织体系、企业边界以及劳动雇佣关系形成了新一轮的冲击，全球新型的社会化分工协作组织模式正在形成。

波音公司制造的"梦幻787"飞机研发生产实现了来自6个国家、100多家供应商、数万人的在线协同，每天中国网约车巨头实现了2000万级出行人口与司机的业务协同。

人类社会演进的动力在于不确定性下的分工深化与信息交换，信息交换促进分工协作，分工协作提升人类对不确定性的应对能力。从信息交换到分工协作再到消除种种不确定性，这就是人类社会演进的动力逻辑。

ChatGPT 是否会吞噬我们的剩余快感—— 人工智能时代的病理学分析 *

　　我们对诸如 ChatGPT 这样的生成式人工智能已经进行了各个角度的反思，有科技哲学、伦理学、人文主义方面的，也有从国家治理层面和社会运行层面进行的反思。但在这些反思中，缺少了一个十分重要的视角，即精神分析的视角。很多普通人关心的问题是，一旦这种人工智能成为主流，是否会在诸多工作岗位上开始取代人类的工程师和设计师，甚至可以取代医生、教授、律师、会计师？我们究竟在担心什么？在这种担心下，是否存在一种对 ChatGPT 精神分析式的误读，这种误读本身是否就代表着一种人类的症候，即在面对 ChatGPT 这种生成式人工智能的时候，我们看到的却是自己被拉康式的大他者压抑的症候。人类生命的意义之一就在于不断逃逸象征秩序的可能性，内在性精神世界的意义不仅在于通过主体来支配外在的客观世界，更重要的是，它还可以为我们缔造出逃逸象征秩序的剩余快感。

　　然而，ChatGPT 的出现，无疑让人类最担心的问题浮现，即我们是否可以在不依赖自身内在性的情形下，实现最广泛的治理和支配。这种智能

* 蓝江，南京大学哲学系教授、博士生导师，马克思主义社会理论研究中心研究员。

的治理和支配似乎越来越不依赖我们的大脑，但由于它越来越不依赖于我们的内在心灵，或许那个原先逃逸象征秩序的剩余快感也开始变得毫无意义。所以，齐泽克在《连线大脑中的黑格尔》（*Hegel in Wired Brain*）中也提出了焦虑的疑问："现在人工智能正在与意识脱钩，当无意识但高度智能的算法比我们自己更了解我们时，社会、政治和日常生活会发生什么？"因此，对这个问题的回答，我们还需要回到人的内在世界，从症候分析的角度理解，人类在面对 ChatGPT 之类的生成式人工智能的时候，究竟在担心什么？

1. 作为象征秩序崇高对象的 ChatGPT

在 ChatGPT 流行之初，我们大抵会有两种不同的态度。一方面，有人给 ChatGPT 布置了一个写作任务，它可以像人类一样撰写出文字作品，甚至可以做出符合人类要求的 PPT，让部分人感叹一些工作完全可以被 ChatGPT 这样的生成式人工智能所取代，这一类人大多担心自己的岗位和工作，认为不久之后人类将会被这些人工智能彻底取代。当然，另一方面，即一些用户会向 ChatGPT 提出一些十分专业或刁钻的问题，发现 ChatGPT 并不会拒绝回答这样的问题，更厉害的是，ChatGPT 会组织好语言，对这类它实际上没有办法做出回答的问题一本正经地胡扯，成为著名的"废话编辑器"。也正是因为后一种状况，一些人对所谓的生成式人工智能表示不屑，认为人工智能的进展不过尔尔。我们的思考，并不是在这两种态度中来选择一方，判断孰优孰劣，而是思考一个根本性的问题：这里的两种态度，是否都根植于同一种意识构型？

这里的一个核心问题是，我们真的了解 ChatGPT 吗？ ChatGPT 是一个主体存在物，还是一个客观事实？它究竟以何种方式在互联网上与我们进行交谈和对话。OpenAI 公司之所以被称为 GPT，是因为用的正是乔姆斯基在语言学上设定的模型，即生成式语法，只不过 OpenAI 通过朴素贝叶斯算法，将这种生成式语法的构想变成了模仿人类对话的模型，即生成式预训练转译器（generative pre-trained translator）。在我们作为用户输入相应命令的时候，其最底层的算法就会找出我们提问的问题与其语料库中储存数据的可能关联，并在对话中实现这种关联。这种运算，类似于我们在面对一组数据时寻找关联的运算，如著名的斐波纳奇数列：1，1，2，3，5，8，13，21，34……经过对多项数据进行充分的分析之后，我们会得出一个通项公式，即每一项等于其前两项之和。

实际上，人工智能的机器学习算法也是如此，其最基本的算法是，试图在海量的数据中、在离散的数据中，找出可能的规律。机器学习算法，就是通过反复的尝试，试图找到隐藏在这些数据背后的关联性，并将其展现出来。当然，机器学习算法能找到的关联，与语料库的丰富程度直接相关，也就是说，当我们赋予其语料库和数据越丰富的时候，机器学习算法就越能达到我们所需要的规则。

所以，从算法角度来看，ChatGPT 之类的人工智能机器与我们进行互动，并对我们的问题作出回答时，它发挥出的功能绝不是绝对正确地回答出提问者提出的问题，而是让它的回答在反复的尝试中越来越接近人类所希望得到的答案。因此，ChatGPT 和生成式人工智能的算法目的恰恰不在于主观性，而在于它通过大量的语料库和数据库的积累，弄清楚了人类语言交往的奥秘，找到人类自己都不太清楚的语言和象征规则，从而让自己变成人类语言交往中的一部分。它未来的发展方向，也绝不是为我们提供人类无法回答问题的答案，而是让它看起来更像人类，从而不能通过简单的语言辨析就可以将人类和智能体区别开来。

不过，在精神分析的层面上，最有趣的问题并不在于 ChatGPT 之类的生成式人工智能如何揣摩人类语言交往的奥秘，而在于人类是如何看待 ChatGPT 的。实际上，对绝大多数人来说，人类并不了解 ChatGPT，因为 ChatGPT 不是一个个体，它同时与全球数千万人对话，同时吸纳这些用户的语言和规则，并在强大算力的逻辑芯片中进行数据处理和分析，并为这些用户作出解答。

但是，我们并不是这样接触 ChatGPT 的，因为我们已将其转化为一种虚构的个体化想象。也就是说，当我们作为用户与之进行对话的时候，实际上依赖于一种虚构形态，即我们需要将 ChatGPT 转译为一个虚构的实体，如同在我们面前进行对话的个体一样。没有这种虚构，我们与 ChatGPT 的对话就无法进行下去。因此，这不仅仅是一个我们与人工智能交往的社会哲学问题，也不是一个我们如何认识 ChatGPT 的认识论问题，而是一个本体论问题。

我们如果要完成与 ChatGPT 的对话，作为用户，使用 ChatGPT 的可能性前提恰恰在于，我们需要将 ChatGPT 这个被传统认识论消化的剩余物，转化为一个基础的虚构构型，只有在这个虚构中，我们才能与之对话，才不会感到恐惧，才能在一个平常的用户界面上完成彼此间的数据交换。

阿德里安·约翰斯顿（Adrian Johnston）等人曾经提出一个非常有趣的术语：客观虚构（objective fiction），正好可以用来理解 ChatGPT 与我们之间互动关系的可能性。约翰斯顿等人指出，"客观虚构一词不仅指虚构和类似现象，它们还构成了知识形式或客观现实的必要组成部分，没有这些组成部分，这些知识或现实就会瓦解"。"客观虚构"这个概念，优点在于它并不是一种永恒的客观存在物，主体的交往在很大程度上无法彻底改变外在的客观事实，但是可以改变客观虚构，即精神分析的象征秩序规则。人与人之间的语言交往，需要一种虚构的象征秩序的支撑。在这个交往中形成了一切存在物，这些存在物只有还原为象征秩序中的对应物才能存在，我们才能作为主体在其中与之进行互动和交流。

这样，就并不需要真正了解与我们进行交流的对象的具体身份和存在样态。比如，我们在互联网上遇到的对话机器人，以及在在线游戏中遇到的对手和伙伴，我们并不需要了解对方究竟是谁，具体做什么，甚至它是不是真实的人类，这些对我们使用网络进行交往并不重要。重要的是，我们可以将这个与我们进行即时交往的对象，还原为我们所理解的象征秩序中的身份，我们便可以与之进行对话和交流。换言之，当 ChatGPT 出现在互联网上的时候，它本身并不是以真实的样貌呈现出来的，它只有一个脸庞（visage），一个颜貌（visagéité）。

我们依赖一种共同的客观虚构，这种虚构成为一台不断运行的抽象机器，将其无法消化的对象变成虚构秩序下的标准颜貌，正如德勒兹和加塔利在他们的《资本主义和精神分裂（卷2）：千高原》中指出的："抽象机器因而并非仅实现于它所产生的面孔之中，而且也以多种多样的程度实现于身体的不同部位、衣服、客体之中，它根据某种理性的秩序（而非一种相似性的组织）对它们进行颜貌化。"

从某种意义上来说，我们之所以能在本体层面上，用智能手机和电脑向 ChatGPT 提问，进行交流对话，其前提必定是在一个客观虚构的象征秩序下，将 ChatGPT 颜貌化了。我们将其转译为我们可以理解的对象，而不是真实地理解 ChatGPT 的存在；我们需要的也不是它的真实存在样态，而是它在我们的象征秩序下的颜貌化，呈现为一个可以被我们的内在意识所理解的对象，就如同日常生活中的某个路人甲一样。在这里我们不难发现，并不是 ChatGPT 本能地欺骗了我们的感觉，它也绝不是披着狼皮的羊，而是一旦其进入应用，与人类进行交流，它就必须被人类颜貌化，让那个本身不可能被人类的日常生活知识所消化的对象变成一个有脸庞的对象。因此，不难理解，我们在影视作品、戏剧、游戏中思考的人工智能必须带有一个脸庞（尽管可能不是人的脸庞，而是如异形和铁血战士的脸庞），只有这种赋予脸庞的颜貌化，才让我们完成了象征秩序下的交换，才让无法理解的存在物以某种具象化的方式呈现出来。

总之，我们在面对 ChatGPT 的时候，对其进行哲学研究和精神分析的重点并不在于 ChatGPT 究竟是什么，而是不同的人试图赋予 ChatGPT 不同的颜貌，让其变成人类象征秩序可以理解和把握的崇高对象。或许，我们可以再次回到齐泽克关于崇高对象（the sublime object）的定义："这就是为什么在严格的拉康的意义上，真实对象就是一个崇高对象——这个对象就是大他者（即象征秩序）这种所缺乏东西的具现化。崇高对象是我们不能轻易接触到的对象：如果我们靠它太近，它就会失去崇高的特征变成一个日常庸俗的对象。"

这不正是我们对 ChatGPT 的意识形态构想的根源吗？如果我们了解 ChatGPT 背后的算法和运作机制，我们便能理解其算法的全球性和整体性。在一定程度上，它的内在算法对那些懂得人工智能应用的工程师来说，也许并没有什么神秘感可言。往往是我们这些普通人，将一个不理解的东西转化为日常生活象征秩序下可理解的对象，让其颜貌化，呈现为虚构的实在物。这种颜貌化让本身并不具有神秘色彩的人工智能应用披上了崇高的外衣，变成了象征秩序下的崇高对象。换言之，神秘的并不是 ChatGPT 本身，而是在象征秩序之中，人们使用崇高和神圣的符号来再现出人工智能的形象，让其在意识形态中呈现出来，而人们其实无法理解这些崇高和神圣的符号。

因此，对 ChatGPT 的研究，并不在于 ChatGPT 之类的人工智能真的能做什么，而在于人类在其象征秩序中如何将其崇高化，这种崇高化的对象，才是对人们产生巨大冲击和震荡的根源。

2. 反噬的俄狄浦斯: ChatGPT 与剩余快感

在索福克勒斯《俄狄浦斯王》第一幕的最后，盲人先知忒瑞西阿斯终于道出了俄狄浦斯的秘密：

"告诉你吧！你刚才大声威胁、通令要捉拿的，杀害拉伊俄斯的凶手就在这里，表面看来，他是一个异乡人，但一转眼你就会发现他是一个土生的忒拜人，他再也不能享受他的好运了。"

直到这一刻，俄狄浦斯才从先知忒瑞西阿斯的口中得知了全部真相，那个"弑父娶母"的罪人，就在自己身上道成肉身。"弑父娶母"似乎成为俄狄浦斯一生的谶语——他拼命躲避，却无法逃离的命运。最关键的是，促成这一切的，并不是那个看不见的神灵，也不是先知忒瑞西阿斯，而是他自己——俄狄浦斯王。同样，当回到拉康式精神分析的话语中时，那个"弑父娶母"的预言，实际上是一种大他者的象征秩序，始终悬临在俄狄浦斯头顶上的审判，尽管他刻意地去逃避这种象征秩序的实现，但他的逃避本身就促成了"弑父娶母"谶语的实现。

在最终见到忒瑞西阿斯之前，在揭破俄狄浦斯已经杀死了自己的父亲拉伊俄斯，并迎娶了自己的母亲伊俄卡斯忒的秘密之后，那个试图逃逸象征秩序的欲望，实际上完成了整个循环，最终被锁定在悲剧的演绎之中。

无论是弗洛伊德还是拉康以及后来的齐泽克，都十分重视俄狄浦斯神话在精神分析中的地位。在我们试图逃逸的欲望之上，深深地用象征的利刃，将我们的欲望一分为二：一方面，那些无法被象征秩序容纳的欲望被阉割了，成为无法被主体所掌握的对象 a，在阉割的那一刻，指向对象 a 的欲望成为永远的逃逸的欲望，无法成为主体意识的一部分；另一方面，我们剩下的欲望不得不蜷缩在一个象征秩序的规范下，服从于象征界大他者的律令。

对阉割的主体，齐泽克有一个精彩的比喻："在一个传统的授权仪式里，象征权力的物件同样让获得它们的主体站在行使权力的位置——假如一个国王手持权杖、头戴王冠，他的话就会被视为一个国王的谕旨。这种纹章是外在的，不是我本性的一部分：我披上它们、穿戴它们以行使权力。就是这样，它们'阉割'了我，通过在我的直接本性和我所行使的功能这两者之间引入一个裂口（换言之，我永远无法完全身处我的象征功能的层面），这就是臭名昭著的'象征阉割'的意义：阉割正是我被卷入象征制度，采用一个象征面具或头衔时发生的事情。"

由此可见，在拉康那里，作为主体的我如果需要在象征秩序下生存下去，就必须接受"象征阉割"，产生一个永远逃逸我们的对象a，也唯有在遭受了"象征阉割"的时候，我们才能在这个世界上拥有自己的地位和功能，正如俄狄浦斯只有在象征秩序上真正实现了忒瑞西阿斯"弑父娶母"的谶语之后，他才能成为俄狄浦斯王。这样，我们可以得出拉康式的象征阉割的主体公式，正如第一次听说了"弑父娶母"谶语的俄狄浦斯离开了忒拜到了科林斯，一旦俄狄浦斯自己也相信了这个谶语，他就会成为被阉割的主体，符合公式：S → \$，穿过主体的竖杠代表着象征界对主体的阉割，由于被阉割，主体不停地欲望着失却的对象a，这就成为拉康经典的欲望幻象公式：\$◇a，意味着为了掩盖永远无法获得对象a的真相，我们必须营造出某种俄狄浦斯式的幻象来掩盖真相。正如齐泽克所说："幻象的作用在于填补大他者的缺口，掩盖它的不连贯性……幻象掩盖了这一事实，大他者，即象征秩序，就是围绕着某种阉割之后的不可获得对象建立起来的，这个对象无法被象征化。"

或许，我们可以用这样的公式来解释ChatGPT在人们内心中泛起波澜的症候。前文已经分析得出，作为一个被象征阉割的主体，我们在面对 ChatGPT 时永远不是真实的人工智能，那个真实的数据交换、处理和算法，从来都不在主体的视野之内。换言之，ChatGPT 究竟是什么，并不是主体最关心的事情，而是他们通过一个颜貌化的幻象，遮蔽了 ChatGPT 的真相，因而我们将 ChatGPT 之类的生成式人工智能视为一个对象，一个在象征界上幻化为某个个体形象的对象，我们不是在与巨大的数据处理智能机器打交道，而是面对一个遮蔽真相的幻象。

然而，对 ChatGPT 的颜貌化，也带来了进一步的结果。由于 ChatGPT 是一种幻象，一个被颜貌化的幻象，于是，一种类似于俄狄浦斯"弑父娶母"的象征化的谶语在我们身上发挥了作用，弑父者俄狄浦斯终会担心他再次被新的主体弑杀，而曾经通过理性的启蒙，将上帝赶下神龛，让大写主体登上空王座的人类，实际上也会不时地感到焦虑，因为新的弑父者随时会出现，将人类变成牺牲品。

大工业机器生产的时代，人们就曾担心过喷着蒸汽的机器铁人反过来奴役人类，让人类成为巨大机器的附庸。无论是芒福德的"巨型机器"，还是卓别林的《摩登时代》，都是大工业机器生产时代俄狄浦斯神话的缩影。当然，今天巨型机器的形象已经让位于更具体的生成式人工智能，但人们关于机器或人工智能的想象，却基于同一个意识形态的象征神话，即某种超越于人类控制的幻象化的形象，最终抛弃了人，甚至直接将人类消灭。

不过，正如拉康和齐泽克等人向我们揭示的，更深层的 ChatGPT 的奥秘在于：我们欲望的对象从来不是 ChatGPT 的真实样态，也不会真正讨论 ChatGPT 究竟会带来一个怎样的世界，人们对 ChatGPT 的讨论建立在人类在进入现代文明的一个创伤性的裂口之上。如何来理解这个裂口？人类的创伤在于，他们害怕像人类在启蒙时弑神一样的另一次弑父，因此，他们对任何具有智能的人造物都感到恐惧，无论是蒸汽时代的机器，还是今天的 ChatGPT。

因为当人类试图用自己的言语和交谈来难住 ChatGPT 的时候，恰恰让 ChatGPT 生成更强大的人类产品；人类每一次选择面对 ChatGPT 的态度，恰恰是以另一次"弑父"为前提的。人类任何逃逸人工智能的行为，都是人工智能飞跃发展的契机。

如果说俄狄浦斯对先知谶语的逃逸，代表着一种自我压抑，而他在压抑下产生了一种剩余快感。换言之，如果俄狄浦斯不听信先知的谶语，安稳地在忒拜城或科林斯城生活下去，按照城邦本身的象征秩序生活，就只有正常的愉悦与快感；唯有在俄狄浦斯选择了压抑自身，听信了先知的谶语，需要逃逸"弑父娶母"的命运时，才会产生剩余快感。齐泽克说："正是某种压抑造成了剩余快感。"

同样，当我们惊诧于 ChatGPT 的智能时，人类总是希望用某种回答不上来的问题来难住 ChatGPT，仿佛一旦 ChatGPT 回答不上来，人类就重新认定了人工智能仍然是一种智商低于人类的"人工智障"，人类依然可以战胜潜在的弑父力量，这就是一种剩余快感。我们在面对 ChatGPT 的焦虑中，反而生成了一种快感，而人类往往忽略的是，这些看似刁钻古怪的问题，实际上有效地生成了 ChatGPT 的语料库、数据库，更有效地建立了人类心理的各种关联，并在人类的意识之外构成了一种连人类自身都不了解的象征关联和逻辑。

换言之，ChatGPT 似乎正在吞噬我们的剩余快感，因为当我们为每一次逃逸了人工智能的僭越行为庆幸时，事实上，这种逃逸的剩余快感进一步成就了生成式人工智能的成长，所以在这个意义上，俄狄浦斯被反噬了。俄狄浦斯越是试图逃逸先知忒瑞西阿斯的谶语，他的剩余快感越是将他推入"弑父娶母"的世界当中。

今天，当我们无法走出自启蒙以来奠定的人类主体的理性幻象，试图用新的逃逸和超越人工智能的逻辑来缔造人类理性无法战胜的神话时，

ChatGPT 之类的生成式人工智能就已经在新的算法逻辑上形成了人类意识之外的数据关联，形成了新的象征逻辑，并真正逃逸出人类主体的幻象世界。

3. 剩余快感的病理学

到现在为止，我们可以从前文的分析得出三个结论：

第一，人们在认识 ChatGPT 的时候，并不是需要真正地认识 ChatGPT 之类的生成式人工智能是什么，而是要积极地将其转化为一个可以在象征秩序上理解的崇高对象。准确来说，从 ChatGPT 诞生以来，人们对支撑 ChatGPT 等生成式人工智能的底层算法不感兴趣，对它如何收集和分析数据不感兴趣，人们最感兴趣的是那些可以在他们意识形态幻象上找到对应物的东西，如 ChatGPT 在界面上对用户提问作出的惊为天人或愚蠢至极的回答。

这样看来，迄今为止大多数人对 ChatGPT 的讨论，很容易陷入这样一个怪圈：他们只能用在网络上看到的科技用语，加上他们自己与 ChatGPT 交流的经验，以及一些极端的案例，描绘出一个高度契合于象征秩序的幻象。这个幻象被人类自己颜貌化了，仿佛变成一个可以与人类直接交流的对象。然而，真正的 ChatGPT 的人工智能如何发挥作用，如何建立象征关联，其实都在这些人的关注点之外。换言之，我们需要的是一个被颜貌化的崇高对象的 ChatGPT，而不是其真实之所是。

第二，为了适应这个崇高对象，主体围绕着其阉割的创伤建立了俄狄浦斯式的欲望公式，即让我们可以与 ChatGPT 进行交流的东西，它并不是一个健全的日常主体，而是一个担心被人工智能"弑父"的逃逸主体。我们不仅需要将一个无法象征化的对象转译为象征秩序上崇高对象的幻象，也需要让主体蜷缩在象征秩序之内，按照固定的象征法则来与 ChatGPT 的幻象进行交流，这是让 ChatGPT 交往成为可能的认识论基础。

这意味着，一旦主体进入与作为崇高对象的 ChatGPT 交流的时候，主体必然被阉割，它必须成为一个符合 ChatGPT 交往方式的阉割主体；而主体被阉割掉的部分，就成为剩余快感的来源。

第三，最为重要的是，当被阉割的主体不断地去追求逝去的对象，形成剩余快感的时候，其实正因为我们对 ChatGPT 的形象误认，将其颜貌化，主体试图逃逸被"弑父"的命运，于是选择了远离和逃逸。但悖论就在于此，当人类越努力证明自己不会被人工智能取代的时候，越会陷入被 ChatGPT 之类的生成式人工智能控制的怪圈，因为生成式人工智能就是吞噬数据的，我们通过剩余快感去逃逸象征秩序的控制，逃离 ChatGPT 的掌控的对话和行为，实际上都生成为新的数据和语料库，被 ChatGPT 吞噬。在这个意义上，我们可以说，ChatGPT 吞噬了我们的剩余快感。

在这一刻，人类似乎再一次陷入俄狄浦斯的悖论，即当我们越想逃离象征秩序的崇高对象，就越成为崇高对象的一部分。我们的剩余快感，那个指向永远消失的对象 a 的里比多，实际上成为 ChatGPT 最丰盛的筵席，它在象征秩序上编织了更庞大的网络，让每一个阉割主体都无法真正逃逸出其秩序的迷魂阵；我们手中理性的阿里阿德涅之线，也不过是 ChatGPT 之类的人工智能映射出来的人类世界的镜像。当我们牵着这条线似乎走到迷宫终点的时候，它却向我们敞开了另一个更庞大的迷宫的大门。由此观之，我们的剩余快感反而造成了我们的困境。在这个绝望之巅，我们仿佛只能哀号道：ChatGPT 真的吞噬了我们的剩余快感吗？

解开这个谜团的关键，并不是在于我们试图逃逸崇高对象的快感，而是在于拉康和齐泽克如何来界定剩余快感。在《剩余快感》一书中，齐泽克明确地指出："当我们面对剩余快感的社会维度时，我们应该牢记，拉康的剩余快感概念是以马克思的剩余价值概念为蓝本的；然而，我们必须非常精确地了解剩余快感和剩余价值之间的联系。"

　　那么，剩余价值与剩余快感之间有什么联系？一般来说，对马克思剩余价值的理解，会放在政治经济学的剩余劳动时间下来解读，即被资本家无偿占有的工人在剩余劳动时间中生产出来的价值。但是，我们还可以从本体论的角度来理解剩余价值，其关键在于劳动力这种特殊的商品，用马克思自己的话来说："商品形式的奥秘不过在于：其在人们面前把人们本身劳动的社会性质反映成劳动产品本身物的性质，反映成这些物的天然的社会属性，从而把生产者同总劳动的社会关系反映成存在于生产者之外的物与物之间的社会关系。"

　　简言之，马克思看到在资本主义主张等价交换的市场上，存在着一种不等价交换的商品，即劳动力，资本家支付给工人的工资掩盖了剩余价值的事实。也就是说，基于劳动的量的普遍交换的等价形式的资本主义市场体系，在其建立普遍性征服了全世界的时候，也在其内部形成了一个非等价形式的症候。马克思说："要从商品的消费中取得价值，我们的货币占有者就必须幸运地在流通领域内即在市场上发现这样一种商品，它的使用价值本身具有成为价值源泉的独特属性，因此，它的实际消费本身就是劳动的对象化，进而是价值的创造。货币占有者在市场上找到了这样一种独特的商品，这就是劳动能力或劳动力，我们将其理解为一个人的身体即活的人体中存在的、每当生产某种使用价值时就运用的体力和智力的总和。"

　　那么，我们是否以同样的方式来理解剩余快感呢？其实，对拉康来说，最核心的内容仍然是交换，不过，这里不再是马克思意义上的市场的等价交换，而是象征交换，所有的物必须变成象征交换的对象，才能在象征能指链上流通和传递，成为可以把握的对象，这也就是 ChatGPT 之类的人工智能可以成为象征秩序的崇高对象的原因之一。ChatGPT 与我们的欲望相遇时，便完成了意识形态的象征交换，我们将 ChatGPT 颜貌化，成为一个可以在智能手机和电脑界面上交流的对象。但问题在于，由于变成崇高对象的 ChatGPT 并不是 ChatGPT 本身，在象征交换界面上运行的 ChatGPT 也从来不是以计算机代码的形式展现出来的，而是以人类可以理解的象征秩序的方式呈现的。

这意味，在真正的 ChatGPT 与成为崇高对象的 ChatGPT 之间存在着一个差值，这个差值或许构成了剩余快感产生的最深层的原因。为了了解这一点，我们需要基于拉康的精神分析，对剩余快感进行更为详细的病理学分析。

首先，ChatGPT 的运行逻辑并不同于象征秩序上崇高对象的逻辑，我们不能将 ChatGPT 看成与人类无异的智能主体。这种人工智能的机器学习，更多的是通过朴素贝叶斯算法来寻找相关数据与语料库之间的关联，从而形成一种不同于人类意识的象征逻辑。

在这个意义上，ChatGPT 无论怎么厉害，它都始终需要通过象征逻辑和规则来运行，即便这些规则是人工智能通过自己学习得到的逻辑和规则，这些规则仍然是一种符号性和象征性的朴素运算逻辑。

在精神分析上，人类可能具有一些无法被象征逻辑归纳出来的情态，例如，讨论最多的是人类情感是否可以被智能化的问题。人工智能模仿人类的情感也是通过象征逻辑来运作的，这种逻辑与人类基于内在创伤形成的无意识系统无关，仅仅是在获得的符号和表征上来尽可能判定出人类不同的情感表达的符号性表现。有趣的是，一旦 ChatGPT 通过机器学习得出了这些规则，就意味着对人类的象征秩序的溢出，因为连人类自己都不会知道这些规则。

但这并不代表人工智能更像人类，或者模仿出拉康精神分析意义上的想象界和欲望之维，而是 ChatGPT 将人类的各种表象展现在一套平面化的象征和算法系统当中，人类不可能、也不需要理解这套象征和算法系统，人类关心的仅仅是这个无法消化的事物是否可以转译为人类自己象征秩序上的对象。所以，在纯粹生成式人工智能本身的逻辑上，不存在剩余快感。人类的剩余快感也迅速被其象征化，我们不能在 ChatGPT 自身的逻辑中找到任何剩余快感存在的空间。

其次，由于问题不在 ChatGPT 的象征和算法系统，那么一定在人类自己的象征系统中。换言之，真正将 ChatGPT 颜貌化，将其变成崇高对象的，恰恰是人类自己。人类逃逸的崇高对象，并不是那个在机器学习系统逻辑上运作的 ChatGPT，而是人类自己对崇高对象的想象。由于这个想象的对象本身就依赖于人类自身象征逻辑的阉割，因此，人类从一开始就陷入了一个病理学症候之中。

依照拉康的说法，任何幻象都是围绕象征性的阉割创伤建立起来的。我们对 ChatGPT 的崇高对象化，就是人类为了掩盖自己的创伤而创立的幻象。倘若如此，人类不可能真正在象征层面逃逸出 ChatGPT 的崇高对象，因为逃逸和崇高对象处在一个莫比乌斯圈之内，正如拉康所说："莫比乌斯圈是一个只有一个面的表面，只有一个面的表面不能被翻过来。如果你把它翻过来，它仍然会和自己一样。"拉康强调的是，我们在面对俄狄浦斯神话的时候，之所以无法走出谶语的陷阱，是因为谶语本身就是我们阉割的欲望。

对 ChatGPT 而言，我们本身以阉割欲望的幻象建构了 ChatGPT 的崇高对象，当我们逃逸的时候，并不是逃逸 ChatGPT 之所是，而是逃逸我们自己构建的幻象。而逃逸行为本身也是由幻象构建的，当我们通过创伤构建逃逸幻象的时候，发现自己离自己崇高对象的幻象更近，因为在主体层面上，它们属于同一个幻象，构成了一个封闭的莫比乌斯圈。

最后，我们可以找到作为主体的剩余快感的可能性，并不在于在象征层面上的逃逸，而是要理解，如果我们面对的是 ChatGPT 的崇高对象，那么我们真正需要逃逸的不是这个对象，而是其背后的象征系统。剩余快感必须指向这样一种可能，它告诉我们，对 ChatGPT 的颜貌化和象征化，实际上不止一种可能，因为象征化的崇高对象高度依赖于象征秩序，倘若出现象征秩序遭到松动，就存在对 ChatGPT 其他的崇高对象化的可能性。

这意味着，象征界并不是单层的，它可以演化为多层的象征架构，而 ChatGPT 也具有其他的崇高对象化的可能性。那么，剩余快感的逃逸绝不是在单一象征秩序下的逃逸，而是将二维平面变成三维层次的褶皱性平面，指向一个并非"弑父"谶语下的人工智能的崇高对象。也只有在这种情况下，才能出现无法被 ChatGPT 的某一种颜貌化形象所吞噬的剩余快感。

4. 结语

剩余快感，代表着逃逸，也是一种无法被整合到单一象征秩序之下的里比多的流动。在单一的象征秩序下，我们面对的是固定的 ChatGPT 的形象，因此，我们对他提出的任何问题，实际上都在促进这种形象的生长。于是，ChatGPT 在 GPT-4 下成长得越快，越让人类感到恐惧和焦虑。我们忽视了一个问题，ChatGPT 并不是为了取代人类而设计出来的，它并不一定会成为科幻小说中屠戮人类的未来智能。当然，在未来社会中，随着生成式人工智能的进一步发展，我们或许会越来越多地在现实层面上依赖人工智能的辅助，比如人类与机器之间的交流，人类对大型机器和社会的控制，都是在人类与智能体合作的基础上生成的。

当我们更换了象征秩序的莫比乌斯圈之后，不仅需要我们塑造一个新的 ChatGPT 或人工智能的崇高对象，更需要意识到人类本身就在这个关系之中，人类与 ChatGPT 的关系，就像与一种物的纠缠关系一样：当我们将人工智能视为竞争性的对手，它就是对手；如果我们能够将其象征化为一个伙伴，它或许就是一个伙伴。

面向大语言模型的知识实践 [*]

1. 引言

"学科交叉融合"是必要的吗？最近经常有学术同行提出这个问题。

尽管近年来"学科交叉融合"得到大力倡导，国务院学位委员会与教育部于 2020 年底正式设置了"交叉学科"门类，然而不得不承认，今天的学术评价体系仍主要以学科为单位展开。如果你是一位任职于中文系的青年学者，真的有必要探究区块链、增强现实、人工智能等前沿技术乃至量子物理学抑或神经科学吗？且不说离开治学"舒适区"（comfortable zone）本身之艰难，跨越学科疆界形成的研究成果，由谁来评审？谁来评判这种知识实践是否生产出了优异或至少质量合格的知识产品？如果最后仍是"现代文学"或"文艺学"领域的学者来评审，那么这些跨学科的内容很可能反而导致你的研究不被认可（因为专家读不懂你的研究）。

看起来，躲在既有学科疆界之内进行知识生产似乎是安全的，更是舒

* 吴冠军，华东师范大学二级教授、政治与国际关系学院院长，华东师范大学中国现代思想文化研究所暨政治与国际关系学院教授。

适的。于是，我们有必要对篇首的这个问题，予以认真思考。

2. 后人类知识实践者：作为"通"家的"专"家

以 ChatGPT 为代表的大语言模型是 2023 年最受关注的技术，然而人工智能界专家们发起的相关争论，集中在它所带来的安全风险上，而非其知识实践的模式。OpenAI 于 2022 年 11 月 30 日正式上线 ChatGPT 后，短短数月大量人类作者同 ChatGPT 合写的论文，乃至 ChatGPT 独著的书籍，便如雨后春笋般问世；即便在大量没有署名的地方，ChatGPT 亦事实性地参与了知识生产，成为我们这个时代的重要知识实践者，一位"后人类"的实践者。

笔者曾就"澳大利亚核政策变迁及其影响"这个相当纵深、专业的议题问询这位"后人类"的知识实践者，其几秒内输出的内容，不仅概述了澳大利亚核政策变迁的国际与国内背景及其过程，更是条分缕析地探究了导致变迁的多重原因，并剖析了变迁所带来的诸种影响。至为关键的是，这些内容得到了众多在该领域长年深耕的专家的认可。这个案例让我们看到，大语言模型俨然一个称职的、相当出色的知识生产者。

大语言模型不仅是精通像"澳大利亚核政策变迁及其影响"这种纵深论域的专家型知识实践者，还是一位激进的超越学科疆界的知识实践者。ChatGPT 被认为已接近"通用人工智能"——就其知识实践而言，它显然是"通用的"（general），而非"狭窄的"（narrow）；它彻底无视知识实践的学科疆界，既是强大的大"专"家，同时更是大"通"家。不少 ChatGPT 的用户经常拿它会出错（甚至是"一本正经地胡说八道"）说事，从而否定它作为知识生产者的资质。然而，对 ChatGPT 的这个批评必须纳入并置性的分析视野中：作为知识生产者的人类作者，难道就不会出错？

实际上，大语言模型出错的原因不难定位：它们使用海量的书籍和互联网文本作为训练材料，而这些材料本身就包含错误，从各种常见的低级错误（从事实错误到错别字）到各类大量出现的"复杂错误"（从不恰当的行业建议到"阴谋论"）。正是因为人的大量出错，大语言模型无论怎样迭代，结构性都无法做到零出错。

这也就是"机器学习"研究里所说的"垃圾进，垃圾出"（garbage in, garbage out）。互联网无可避免存在大量低质量的文本，无法做到以人工的方式在训练前加以彻底剔除——譬如，尽管可以把一些富含此类文本的网站整个剔除，但很多"问题文本"是随机产生的。大语言模型只能在训练中通过不断迭代权重来减少出错。

并且，从统计学上来看，互联网每年会增加巨量的文本，但新增的知识（亦即纯粹"新知"）却并不多，且在巨量文本中的比例低得可怕。故此，GPT-5（如果有的话）未必一定比GPT-4提升很多，因为人类文明中几乎所有重要文献都已被纳入GPT-4的训练中，而此后产生的新文本中只有极小比例是高质量的。这意味着，能够进一步改进大语言模型的优质数据，正在逐渐枯竭。若大量使用新近增加的文本来训练大模型并迭代其权重，反而会使生成文本的质量下降。

我们看到，在各自的知识实践中，人类作者与"后人类"的大语言模型都会出错，都可能输出问题文本与低质量文本。两者对比，大语言模型输出文本的错误情况，实际上要比人类低得多——大语言模型几乎阅读了所有知识论域里的既有文本，且是一页不落地阅读，没有一个人类作者能做到如此全面与海量的阅读。对比如此"勤奋好学"的大语言模型，不少人类作者，实属片面地读了一点就敢写敢说了，其生产的多数文本（包含重要的纯粹"新知"的文本除外），质量和价值自然不及大语言模型知识实践的产品。

3. 知识实践的两种模式

将人类与大语言模型的知识实践做并置性的对比，我们能进一步定位到知识实践的两种模式。

大语言模型通过迭代权重，能够精确地控制其所生产文本的质量——比如在训练时给予《自然》期刊"论文"远高于互联网论坛同主题"帖子"的权重。而人类的知识实践者，则无法使用如此精确的权重系统（譬如，一位高颜值的主播往往会让人不知不觉对其言论给出过高权重）。对比大语言模型，人类知识实践的一切进程，皆是以远为模糊的——"模拟的"——方式展开。

作为"后人类"的知识实践者，大语言模型既是强大的学习者（深度学习者），亦是出色的生产者（生成式 AI）。它实质性的"后人类"面向，并非在于其实践不受学科疆界限制（人类亦能做到），而是在于其学习（输入）与生产（输出），皆以"数字"形态进行。这就意味着，大语言模型实际上标识出一种同人类——"智人"（Homo sapiens）全然不同的知识实践。

图灵奖得主、"深度学习之父"杰弗里·辛顿在其 2023 年 6 月 10 日所作的《通向智能的两条道路》演讲中，提出了"能动者共同体"分享知识的两种模式。我们可以把这两种共同体模式分别命名为"数字模式"与"模拟模式"。大语言模型（人工智能）与人类（智人），分别是这两种模式的能动性实践者。

每个大语言模型，都包含了无数"数字计算"的能动者，它们使用权重完全相同的副本。如果个体能动者（亦即每个副本）具有同样权重，并以完全相同的方式使用这些权重，那么，能动者之间就可以把自身个体性训练数据中学习到的内容，通过共享权重的方式无损地实现相互转交。也就是说，共同体内每一个能动者，都可以即时获得其他能动者的学习成果——前提是所有个体能动者皆以完全相同的方式工作，故他们必须是数字的。

就大语言模型而言，模型的每个副本都从它所观察到的数据中学习，不同副本观察不同的数据片段，它们通过共享权重或梯度来高效地分享所学的知识。这就使得每个副本都能从其他副本的学习中收获知识。在这个意义上，大语言模型本身就是一个"能动者共同体"，该共同体内每个能动者都只是以非常低的带宽来学习（仅仅就拿到的数据片段来预测下一个单词），但彼此间能精确地共享权重——如果模型拥有万亿个权重，则意味着每次分享都能开启万亿比特带宽的沟通。

于是，运行大语言模型的成本（主要体现为能源消耗）会十分巨大——这是知识实践之数字模式的代价。化石燃料消耗所导致的行星层面的生态变异，恰恰是"人类世"（the Anthropocene）的核心困境：庞大的能耗会导致巨量碳排放，推动其熵值的加速增加。能源消耗以及前文讨论的数据枯竭，构成了大语言模型发展的两个关键限制。

与大语言模型相较，人类个体进行学习的能源消耗非常低，而学习带宽则远高于单个模型副本。但人类个体在分享知识过程中的效率，则远低于大语言模型。利用特定生物硬件之模拟特性来进行计算（"生物性计算"）的人类个体，只能使用"蒸馏"（distillation）来分享知识，而无法使用权重共享来精确地分享知识。这就意味着，个体 B 不可能完全弄清楚个体 A 生成内容时所使用的权重（甚至这种权重对 A 本人来说也是不明晰的）。这便是知识实践之模拟模式的局限。

人类社会之所以会有"学校"这种教育机构，很大程度上是因为人类个体无法将自己所知道的东西直接装进另一个个体的生物硬件中。两个神经网络内部架构如果不同（亦即不存在神经元间的一一对应），那权重共享就不起作用（即 A 的权重对 B 没用）。或许可以这样理解，如果一个人能够直接使用诗人李白的神经网络的权重，那他就能写出李白的诗句。不同的人类个体之间（以及不同的大语言模型之间）进行知识分享，只能使用"蒸馏"。比起权重共享，"蒸馏"的带宽要低得多，这就意味着知识分享效率低，但能耗也小。金庸在其名作《天龙八部》与《笑傲江湖》中，多次描述了一类独特功夫——后辈可以把前辈几十年的功力直接"吸"到自己身上，这种功夫对任何依赖生物性硬件来进行学习的能动者而言，都是绝不可能的。而用"数字模式"进行学习的能动者，则不需要这种功夫，因为他们不需要"吸"走他人的训练成果，而是可以实现彼此拥有。

4. 从狭窄人工智能、大语言模型到超智人工智能

让我们把分析进一步推进。我们有必要看到：跨越学科领域进行知识实践，原本是人类独家的能力。而人类知识实践者能够做到这一点（亦即，"学科交叉融合"得以实现），恰恰得益于其所采取的"模拟模式"。

在大语言模型问世之前，采取"数字模式"进行深度学习的人工神经网络算法，都只是专门的"狭窄人工智能"（narrow artificial intelligence）。"阿尔法狗"（AlphaGo）能够在围棋赛事中毫无悬念地战胜所有人类顶级高手，然而如果让它去玩《俄罗斯方块》，亦无法通关，至于写诗、编程抑或探讨"澳大利亚核政策变迁及其影响"，则完全无能为力。在大语言模型问世之前，各种狭窄的人工神经网络算法不仅在模型架构上完全不同，并且必须使用专门类别的数据来进行训练，故此无法通过分享权重的方式共享训练成果。

然而，以 ChatGPT 为代表的大语言模型，激进地打破了狭窄人工智

能的疆域界限。ChatGPT既是编程高手，也是澳大利亚核政策专家；既懂物理学，也懂哲学、史学、文艺学……大语言模型能够跨越各种专门领域疆界进行知识实践，使"模拟模式"的既有优势荡然无存。它并不是使用专门数据（如围棋棋谱）来训练深度神经网络，而是用各种类型文本（如书籍、网页、ArXiv论文、维基百科、平台用户评论等）来进行如下训练：通过联系上下文来预测下一个词。借用语言学家费迪南·索绪尔的著名术语，大语言模型同"所指"（signified）无关，但精于在"指号化链条"（signifying chain）中对"能指"（signifier）进行预测。

然而其关键就在于，人是"说话的存在"（speaking beings）。人的"世界"，经由语言而形成。换言之，语言绝不只是人与人之间沟通的媒介，更是"世界"得以生成的构成性媒介——没有语言，各种"实体"（entities）会继续存在，但我们却不再拥有一个"世界"。"世界"——用精神分析学家雅克·拉康的术语来说——是一个"符号性秩序"（symbolic order）。人无法同前语言的秩序（拉康笔下的"真实秩序"）产生有意义的直接互动。

正是语言（由无数彼此差异的"能指"串起的"指号化链条"），使各种前语言的"存在"变成了一种秩序（"符号性秩序"）——一个人类可以理解并居身其中的"世界"。当大语言模型深度学习了人类生产出的几乎所有文本后，它就对人的"世界"（而非"真实秩序"）具有了几近整体性的认知——这便使得人类眼中的"通用"智能成为可能。

有意思的是，在《通向智能的两条道路》演讲末尾，辛顿做出如下追问："如果这些数字智能不是通过'蒸馏'非常缓慢地向我们学习，而是直接开始从现实世界学习，将会发生什么？"

在其本人看来：如果他们可以通过对视频建模进行无监督学习，例如，我们一旦找到一种有效的方法来训练这些模型来对视频建模，他们就可以从"油管"（YouTube）的所有内容中学习，这是大量的数据。如果他们能够操纵物理世界，譬如他们有机器人手臂，等等，那也会有所帮助。但我相信，一旦这些数字能动者开始这样做，他们不仅将能够比人类学到的多得多，而且他们将能够学得非常快。

辛顿所说的"直接从现实世界学习"和"对视频建模进行无监督学习"，实际上意味着数字智能在目前大语言模型所展现的近乎"通用"的智能之上，具有了直接从前语言秩序进行学习的能力——而这种学习能力是作为"说话的存在"的人类所极度缺乏的（如果不是几乎没有的话）。人类从牙牙学语的孩童开始，几乎所有实质性的教学实践都是通过作为"指号化系统"的语言来完成的。当然，婴孩出生时并非"白纸"，而是带有各种不用"教"的"先天性知识"，如看到蛇会恐惧，那是经由生物性演化形成的神经网络运算系统作出的反应。相对于后人类的无监督机器学习与经由"指号化系统"而展开的人类学习，演化训练出的知识运算可称得上是前人类学习。辛顿认为，当数字智能具有这种后人类的无监督学习能力后，"超智人工智能"（super-intelligent AI）就会诞生，并且在他看来，这种情况一定会发生。

回到篇首的问题："学科交叉融合"是必要的吗？面对从大语言模型（接近"通用人工智能"）迈向"超智人工智能"的数字智能，我们可以定位它的必要性：大语言模型在学习上已经不存在"舒适区"，可无视学科疆域的边界；而"超智人工智能"的无监督学习，则更加无视人类"世界"的各种疆界，完全不受其影响。面对这样的"数字模式"实践者，作为"模拟模式"实践者的我们如果仍然甘心躲在"舒适区"内，那么未来"世界"的知识生产，乃至"世界化成"（worlding）本身，将同我们不再相关。

5. "离身认知"与语言学转向

在知识实践上，人类不应自我边缘化。然而，问题恰恰就在于：面对大语言模型，躺平，诚然是一个极具说服力的"人生"态度。

当今的年轻人群体里，"躺平"已然十分流行，并被《咬文嚼字》编辑部评为"2021 年度十大流行语"。在对"躺平"施以道德谴责之前，我们有必要认真思考这个问题：面对大语言模型，为什么我们不"躺平"？

一个人即便再勤奋，再好学，在其有生之年能读完的书，大语言模型也全都读过——甚至这颗行星上现下在世的 80 亿人口加起来读过的书（尤其是有丰富知识含量的书），大语言模型几乎全部读过。一个人哪怕天天泡在图书馆里，也比不上大语言模型把整个图书馆直接装进自己的身体里，并且随时可以用自己的话"吐"出来。面对这样的知识实践者，我们如何比得上？"躺平"难道不是最合理的态度吗？

在笔者的课堂讨论中，有学生曾提出这样的问题：ChatGPT 的能力是指数级增长的，而我就算是不吃不喝地学习，也只能一页一页地看，做线性增长，还不保证读进去的全都能变成自己的知识。面对 ChatGPT，反正都是输，再学习也赶不上，"终身"押上去也白搭，还不如早点"躺平"，做个"吃货"。人工智能没有身体，论吃它比不过我。

确实，大语言模型至少目前没有"身体"，没有感知器官，产生不出"具身认知"（embodied cognition）。赫伯特·德雷弗斯等当代后认知主义学者，强调除大脑之外的身体对认知进程所起到的构成性作用：除了身体的感觉体验外，身体的解剖学结构、身体的活动方式、身体与环境的相互作用皆影响了我们对世界的认知。这意味着，如果我们拥有蝙蝠的身体，就会有全然不同的具身认知。从后认知主义视角出发来考察，当下的大语言模型，具有的诚然只是"离身认知"（disembodied cognition），但辛顿所描述的"超智人工智能"，则将具有具身认知，并且是远远越出人类身体诸种生物性限制的"后人类"具身认知。

　　然而，值得进一步追问的是：大语言模型的这种离身认知，真的就比不上人类的具身认知吗？即便不具备具身认知，大语言模型仍然在"美食"这个垂直领域内胜过一切具有具身认知的人类"吃货"。大语言模型不需要"吃"过口水鸡和咕咾肉，才知道前者比后者辣得多，"没吃过"完全不影响它对食物乃至"世界"作出智能的分析与判断。而一个很会吃、吃了很多口水鸡的人，也不见得在饮食上呈现出比 ChatGPT 更高的智能，如果不是相反的话。换言之，大语言模型较之许许多多自诩尝遍各类美食的人，更具有"美食家"的水准——在饮食上，ChatGPT 的建议绝对比"吃货"们可靠得多。

　　这里的关键就是，尽管目前大语言模型因没有感知器官而不具备具身认知，但这并不影响它对"世界"的符号性捕捉。诚如 OpenAI 的首席科学家伊利亚·苏茨科弗所言："它知道紫色更接近蓝色而不是红色，它知道橙色比紫色更接近红色。它仅仅通过文本知道所有这些事。"

　　大语言模型不需要亲"眼"看见过红色、蓝色或紫色，便能够精确地、恰如其分地谈论它们。许多"眼神"好得很的人类个体，恐怕会认为紫色更接近红色而非蓝色——再一次地证明，"模拟模式"在精确性与可靠性上往往不如"数字模式"。

　　大语言模型仅仅通过对"符号性秩序"的深度学习，就能够对人类处身其内的这个"世界"了如指掌。索绪尔的结构主义语言学研究已然揭示出，作为生活在语言中的"说话的存在"，我们并无法抵达"是"（譬如，什么"是"蓝色）。这就意味着，我们必须放弃关于"是"的形而上学的聚焦，转而聚焦一个符号性秩序中"是"与"是"之间的差异（亦即符号之间的差异）。

　　语言，是一个关于差异的系统。语言把前语言的"存在"转化为各种"是"。和"存在"不同，"是"涉及指号化、能指与所指间的一种专断的对应。"红色"就是一个能指——大语言模型无法"看见"它所指号化的内容，但完全不影响其在"世界"中有效地"说出"它（在沟通中有效）。大语言模型，同前语言的"存在"无关，同拉康所说的"真实秩序"无关。

　　以伊曼纽尔·康德为代表人物的"认识论转向"，被以索绪尔为代表人物的"语言学转向"革命性地推进，正是因为人们不但无法企及"物自体"（故此必须放弃研究"是"的形而上学），并且他们对"现象"的体验（如眼中的红色），也只能通过语言（作为能指的"红色"）进行有效沟通。完全不具备具身认知的大语言模型（无法通过感官来进行体验），却依然能够呈现出关于这个"世界"的通用性的智能，那是因为，它不断进行深度学习的，不是"世界"内的某一种专门系统，而是那个符号性地编织出的"世界"系统——一个处在不断变化中的差异系统。

6. 纯粹潜能：论知识实践的原创性（I）

　　生活在大语言模型时代，"躺平"似乎无可厚非。那么，让我们再次回到上文抛出的问题：走出"舒适区"，跨学科地进行知识实践，具有必要性吗？笔者的答案是：仍然有必要。首先，对人类的知识实践而言，学科疆界不仅会限制研究的视野，并且会造成认知偏差。灵长类动物学家、神经生物学家罗伯特·萨波斯基提醒我们注意：不同类别之间的疆界常常是武断的，然而一旦某些武断的疆界存在着，我们就会忘记它是武断的，反而过分关注其重要性。

　　对此，萨波斯基举的例子，便是从紫色到红色的可见光谱。在作为符号性秩序的"世界"中，存在着不同的"颜色"，分别由不同指号（如红、蓝色）来标识。然而，光谱实际上是不同波长无缝构成的一个连续体。这就意味着，每种"颜色"各自的疆界，实则都是被武断决定的，并被固化在某个指号上。不同的语言有不同的颜色指号系统，也就是说，可见光谱在不同语言中以不同的方式被分割，由此"武断"地产生出各种疆界。

而进一步的问题在于，疆界一旦形成，会使人产生认知偏差。萨波斯基写道：

"给某人看两种类似的颜色。如果那人使用的语言刚好在这两种颜色之间划分了疆界，他／她就会高估这两种颜色的差异。假如这两种颜色落在同一类别内，结果则相反。"

萨氏认为，要理解这种被疆界所宰制的认知行为，就需要跨越学科疆界进行研究，如此才能避免作出片面解释。在本文讨论的脉络中，我们可以定位到如下关键性的要素：人脑所采取的"模拟模式"。

人的认知，无法以大语言模型所采取的精确的"数字模式"展开。采用"数字模式"的大语言模型，其知识实践不但具有精确性，并且能够无障碍地跨越疆界。无论认肯与否、接受与否，我们正在迈入一个"后人类的世界"，在其中大量"非人类"（nonhumans）亦是知识生产的中坚贡献者，是参与世界化成的重要能动者。

然而，在这个"后人类世界"中，采取"模拟模式"的人类的知识实践——当其努力克服疆界宰制来展开实践时，对世界化成而言，却仍然至关重要。

我们有必要看到：以 ChatGPT 为代表的大语言模型，诚然是堪称"通用"的大"专"家，知识覆盖几乎无死角，但它精于回答问题，却拙于创造新知。语言学家诺姆·乔姆斯基将 ChatGPT 称作"高科技剽窃"。话虽尖刻，但按照我们关于"剽窃"的定义，大语言模型的知识的的确确全部来自对人类文本的预训练——这就意味着，即便通过预测下一个词的方式，它能够做到源源不断地生成"全新"的文本，但却是已有文本语料的重新排列组合。换言之，大语言模型无法原创性地创造新知。

大语言模型用规模提升（scale）的方式让自身变"大"，从而"涌现"出近乎通用的智能。然而，它在文本生产上的"潜能"（potentiality）却是可计算的——尽管那会是天文数字。而人类的"模拟模式"，不仅使其跨越学科疆界展开知识实践成为可能，并且使其"潜能"无可精确计算——要知道，人的知识实践，在生物化学层面上呈现为超过一千亿个大脑神经元用电信号进行复杂的彼此"触发"。尽管两个神经元之间的"触发"与"不触发"可以用数字形态（0 和 1）来表达，但整个大脑的"生物性计算"进程，却无法实现数字化。大脑这个"湿件"（wetware），实则是一个不透明的黑箱。

以保罗·麦克莱恩为代表的神经科学家们，把大脑划分为主导自主神经系统的中脑和脑干、主导情绪的边缘系统、主导逻辑与分析的皮质（尤其前额叶皮质）这三层不同的区块。然而诚如萨波斯基所言，这又是把"一个连续体类别化"（categorizing a continuum）的经典操作，这些区块只能当作"隐喻"，那是因为，"解剖意义上这三层之间存在很大程度重叠"，"行为中的自动化面向（简化来看这属于第一层的权限）、情绪（第二层）和思考（第三层）并非分离的"。

由于大脑具有可塑性（譬如，盲人的视觉皮质经过训练能用于处理其他信号，大幅强化触觉或听觉），并且每年都有大量新的神经元生长出来——人的一生都具有不断更新其知识实践的潜能。政治哲学家吉奥乔·阿甘本曾提出"潜在论"（potentiology），其核心主题是，不被实现的潜能具有本体论的优先性。阿氏本人将"潜在论"建立在对亚里士多德学说的改造之上。在笔者看来，"潜在论"的地基，实则应该是当代神经科学与计算机科学：正是因为人类大脑采取"模拟模式"，人才会是如阿甘本所描述的"一种纯粹潜能的存在"（a being of pure potentiality）。所有被特殊性地实现的东西（包括人类整个文明在内），都仅仅是这种纯粹潜能的"例外"。人，可以原创性地创造——从其纯粹潜能中产生新事物。

同人类相比，大语言模型具有潜能，但不具有潜在论意义上的纯粹潜能："数字模式"使得其潜能变得可计算，亦即可穷尽性地全部实现（仅仅是原则上可实现，实际操作将耗费巨额算力）；换言之，它没有纯粹的、在本体论层面上能够始终不被实现的潜能。ChatGPT 能够跨越学科疆界生成极富知识含量的文本，但它做不到彻底原创性地生成新知——辛顿所说的"超智人工智能"或可做到，但目前的大语言模型做不到。

有意思的是，在一个最近的对谈中，OpenAI 首席执行官山姆·奥特曼这样界定"通用人工智能"：

"如果我们能够开发出一个系统，能自主研发出人类无法研发出的科学知识时，我就会称这个系统为通用人工智能。"

按照奥特曼的上述界定，现阶段包括 GPT-4 在内的大语言模型尽管俨然是堪称"通用"的大"专"家，但却仍未能到达通用人工智能的境界，因为它们仍无法"自主研发"新知。与之对照，不同学科领域的人类"专"家，却可以通过彼此交叉、互相触动的知识实践（甚至通过和 ChatGPT 的对话），既能够"温故"，也能够"知新"，还能够"温故而知新"。

人不仅是"说话的存在"，同时在本体论层面上是"一种纯粹潜能的存在"。正是在纯粹潜能的意义上，即便生活在大语言模型时代，我们亦不能"躺平"。

7. 量子思维：论知识实践的原创性（Ⅱ）

对于思考人类在大语言模型时代开展跨学科知识实践的必要性问题，

我们可以进一步引入量子思维。量子思维，顾名思义是量子物理学的诸种"诡异"（spooky，阿尔伯特·爱因斯坦所使用的形容词）发现所引入的思考视角。

量子物理学家、女性主义者、后人类主义者凯伦·芭拉德于 2007 年推出了一本广受赞誉的巨著，题为《半途遇上宇宙》（*Meeting the Universe Halfway*）。量子物理学的实验结果揭示，人实际上总是半途遭遇宇宙，不可能整个地碰见它。你能知道动量，就注定不知道位置，知道位置就不知道动量。动量、位置乃至温度、密度、湿度等，都是人类语言设定出的概念，而不是宇宙本身的属性。

时至今天我们所知道的那个世界，只是人类半途构建出来的"世界"，所有人类知识（甚至包括量子力学本身在内），都属于"智人"让自己安身其中的这一半"宇宙"——它可以被贴切地称作"符号性宇宙"（symbolic universe）。

这也就是为什么诺贝尔物理学奖得主尼尔斯·玻尔曾说，"'量子世界'并不存在"。玻尔可谓量子力学的核心奠基人，他竟然说，"量子世界"并不存在！其实他的意思是，"量子世界"仅仅是一个由量子力学的各种概念、方程与描述构建起来的"世界"，换句话说，属于人类半途认识的那个"宇宙"。人的认识本身，就是在参与"宇宙"的构建。

即便你是一个跨越学科疆界的终身学习者与知识生产者，你也只能半途遇见宇宙，遇见人类（包括你本人）参与构建的那半个"宇宙"。这就意味着，任何整体化的尝试——用已有知识、做法来判断一切事情、处理一切事情——都注定要失败。你觉得你学富五车，读了很多书，总是忍不住对身边伴侣说"你不应该这样想""你怎么就不懂"，其实就是在把自己的知识整体化。一个国家看到别的国家跟自己做法不一样就受不了，想方设法"卡脖子"逼迫对方就范，想使其变成跟它一样，这同样是不恰当的整体化思维。政治学者弗朗西斯·福山把这种整体化思维美其名曰"历史的终结"。历史终结论，就是缺乏量子思维的产物。

面对大语言模型，我们确实要对它的学习速度、对其堪称"通用"的大"专"家水平心悦诚服，而不是顽固秉持"我们更行"的人类中心主义态度。但我们仍然可以保有我们的智慧，仍然可以做一个名副其实的"智人"而不仅仅是"吃货"，如果我们学会使用量子思维的话。

大语言模型是用古往今来人类已生产的文本语料预训练出来的。所有文本，都结构性地内嵌人类认知。这也就意味着，用文本语料训练的大语言模型再智能、再勤奋学习，至多也只能对人类半途遇见的那一半"宇宙"了如指掌。它的知识无法整体化，无法思考因自身的出现而可能带来的"技术奇点"。实际上，它无法思考任何一种"奇点"，因为"奇点"在定义上标识了人类一切已有知识"失败"的那个位置。如史蒂芬·霍金所言，在"奇点"上所有科学规则和我们预言未来的能力都将崩溃。

也就是说，如果大语言模型真的造成人类文明的"技术奇点"，它自己不会有办法来应对它。所以，人工智能的智能，解决不了它自己带来的挑战。当问及 ChatGPT 会带来怎样的挑战时，它会给出自己"只是提供服务，不会带来任何威胁"等诸如此类的回答。

人，能思考"技术奇点"——这个概念就是一群学者提出的。人——就像以往文明史上那些不断拓展已有知识边界的人有能力去思考那半途之外的黑暗宇宙，一步步把"黑洞""暗物质""暗能量"这些曾经或仍是深渊性的、只能用"黑""暗"来描述的假说，拉进我们认知范围内的一半宇宙——那个大语言模型可以掌握甚至是高精度掌握，并能模型化重构的"符号性宇宙"中。

今天，大语言模型已经深度参与世界化成，参与构建我们生活其中的符号性宇宙。然而，我们不能"躺平"——大语言模型可以跨越学科疆界生成知识，而人可以跨越学科疆界生成原创性知识。霍金给我们带来了一个特别有分量的案例。患上渐冻症后，这位物理学家丧失了绝大多数具身认知的能力。2018 年去世的霍金如果多活两年，2020 年诺贝尔物理学奖大概率会同时颁给他，因为"奇点定理"（singularity theorem）是他和罗杰·彭罗斯共同构建的。更令人无比敬重的是，霍金在学术生涯中并没有"躺平"并止步于"奇点定理"，尽管这是达到诺贝尔奖级别并且最后收获该奖的研究成果。霍金后来提出的"无边界宇宙"（no-boundary universe）假说，就是绕过"奇点"（"大爆炸奇点"）这个设定来思考宇宙的智性努力。至于更为世人所熟知的作为公共知识分子的霍金，则是缘于他不断跨越学科疆界的知识实践取得的令人瞩目的成果。

8. 结语

在同大语言模型知识实践的并置中，我们可以定位到学科交叉融合的必要性。

以 ChatGPT 为代表的大语言模型，尽管才刚刚进入人类的视野中，但其已经在知识实践上展现出卓越能力，成为堪称"通"家的大"专"家。我们可以用"模拟模式"与"数字模式"来分别描述人类与大语言模型的知识实践。大语言模型问世前的人工神经网络算法（譬如 AlphaGo），数字模式的知识实践仅仅令其在狭窄的垂直领域展露卓越智能。然而以海量人类文本为训练数据的大模型，其知识实践则呈现出跨越领域疆界的通用性。

面对大语言模型在知识实践中的应用，我们不能"躺平"，不能躲在知识实践的"舒适区"。潜在论与量子物理学，给了我们积极展开跨学科知识实践的理论依据。

超级平台：大模型的发展方向与挑战 [*]

　　在 2022 年至 2023 年里，ChatGPT 引爆的大模型技术，已成为人工智能全新的应用领域。2023 年 7 月在北京举办的世界人工智能大会上，披露了近百种大模型产品，一时间"百模大战"成为这一领域独特的风景。

　　大模型究竟是什么？能解决什么实际问题？对未来数字经济的发展，将发挥何种重要的作用？随着大模型领域的深入讨论，这些问题日渐呈现出面向产业、面向应用、面向深度创新的态势。

　　简单说，大模型指的是拥有数十亿至数百亿个参数的神经网络模型。从应用角度说，大模型可以完成图像分类、机器翻译、内容生成等任务。特别突出的是其"多模态"内容生成能力（如百度的文心大模型）。一时间，基于大模型的应用大量涌现，比如众所周知的 GPT-4、PaLM2、Claude、LLaMa、文心一言、讯飞星火等。

　　人工智能从"分析式"向"生成式"转变，可以视为人工智能这一领域创立 66 年来的第四次浪潮（前三次分别为符号演算、专家系统和深度学习）。这次浪潮有三个主要的特点：其一是模型参数量巨大，模型预训

　　* 段永朝，苇草智酷创始合伙人，信息社会 50 人论坛执行主席。

练所需算力巨大；其二是采用预训练和微调方法；其三是复杂的关系表达能力和优异的泛化能力。

与国外侧重通用人工智能（AGI）不同，国内大模型侧重垂直类大模型，在交通、能源、智能制造、金融、数字政务、在线办公、生物计算等领域均有不同类型的垂直大模型出现，其中百度的文心大模型表现尤为出色。

然而，在"百模大战"的背后，需要深入思考一个问题：依托大模型的未来数字基础设施将会发生何种变化？由此对企业的组织形态、生产方式将会引发何种变化？人与智能技术的分工形式是怎样的？下面将从超级平台、联邦学习和智能代理，以及公共属性——构建超级平台的基本原则、开发大模型的协作环境五个方面作简要分析。

1. 超级平台

企业智能平台内嵌大模型，将大大提升企业基于内容的知识生产能力，比如平面设计、文案设计、智能客服、情报分析、场景模拟、生产过程仿真、产品设计、辅助决策、办公事务处理等。垂直类大模型的兴起，意味着企业对大模型的需求大大溢出了企业的运营边界、数据边界、管理边界，期待在更大的数据视野下，获得产业的环境数据、生态的全景地图、客户的360度画像。

但是，在"百模大战"尘埃落定的时刻，是否会孕育出"超级平台"这样全新的"物种"？这是一个关键的问题。

所谓超级平台，是指具备行业特征、覆盖某一特定领域，具备全时、全域、全联通、全交互的公共服务平台。与传统聚焦交易服务的平台企业不同：超级平台属于"第四方平台"，具备行业视角，提供整合数据分析、交换、共享和价值传递，突出公共服务职能。

超级平台的主要作用包括：

（1）数据整合和分析能力：跨平台、跨机构、跨系统整合多个数据来源，提供更全面的数据视角，并通过垂直大模型提供对该领域数字世界的实时洞察。

（2）合作和共享：支持不同实体之间的双向数据交换，促进更深层次的合作关系。

（3）高级分析和洞察：基于领域、垂直大模型的典型场景和用例，提供多剖面分析功能，如预测分析、机器学习和人工智能等，以从数据中发现更深入的信息和洞察。

（4）定制化服务：根据用户需求提供更具定制化的服务，以满足不同领域的特定需求。

（5）数据安全和隐私保护：更关注数据的安全性和隐私保护，以确保数据在共享和分析过程中得到适当的保护。

在超级平台的视野下，"百模大战"尘埃落定之时，行业领域将会沉淀形成少数几个优质的公共服务平台。这将意味着绝大多数企业自行打造的封闭的、私有的大模型将难以有更大的生存和发展空间，转而与超级平台进行有效的对接。

2. 联邦学习

2017 年，Google 研究员 H. Brendan McMahan 等在论文中首次介绍了联邦学习的概念和原理[①]。这篇论文在机器学习领域引起了广泛的关注，成

① H. Brendan McMahan, Eider Moore, Daniel Ramage, Seth Hampson, Blaise Agueray Arcas; "Communication-efficient learning of deep networks from decentralized data" (2017).

为联邦学习研究领域的重要里程碑。

联邦学习是一种分布式机器学习方法，它的基本原理是将大模型的训练过程拆分为多个设备上的本地训练和中央服务器上的参数聚合。与传统的集中式机器学习不同，每个设备使用本地局域数据训练模型，然后将局部模型的更新（通常是梯度）发送到超级平台的中央服务器。中央服务器收集来自各个设备的更新，并根据一定的聚合算法（如平均）来更新全局模型。这样，全局模型就在不暴露原始数据的情况下进行了改进。

联邦学习的方法，运用"数据可用不可见"的原则，有效地回避了数据跨区域流动的法律风险，保护了数据持有者的数据隐私，同时又促进了全局视角的数据可用，为面向隐私的数据和设备间合作奠定了有效的基础，特别适用于移动设备、物联网设备和分布式系统。

联邦学习可以根据不同的分类方式进行划分，其中一种常见的分类是基于数据拥有者的区分：

（1）垂直联邦学习（Vertical Federated Learning）：不同设备上的数据在特征维度上存在差异，但相同样本的不同特征在不同设备上。这种情况下，垂直联邦学习允许在保护数据隐私的前提下，进行数据合作和模型训练。

（2）水平联邦学习（Horizontal Federated Learning）：不同设备上的数据在样本维度上存在差异，但相同特征的不同样本在不同设备上。这种情况下，水平联邦学习可以实现不同设备间的数据合作和模型训练。

联邦学习在多个领域都有重要应用，包括但不限于以下方面：移动设备上的个性化模型训练，例如移动端键盘的个性化建议；医疗领域中，不同医疗机构间的合作分析，而不必共享患者敏感数据；物联网设备之间的合作分析，例如传感器数据分析；隐私保护的机器学习任务，如用户行为分析，而不泄露个人信息。

现阶段，联邦学习还面临一些挑战，主要有：较高的通信和计算成本；大量异质性数据如何有效参与训练；如何通过局部模型聚合出全局模型；恶意参与者和隐私泄露等安全问题；联邦学习聚合模型的性能和收敛性；跨区域聚合模型面临的法律合规和风控问题；等等。

3. 智能代理

智能代理是一种智能计算机系统，具有某种程度的自主性和能动性，能够在特定环境中感知和处理信息，以达到预定的目标。在大模型时代，智能代理将成为取代 App 的重要用户终端（或者称超级 App），并成为用户与超级平台之间双向、多向交互的重要工具。

智能代理的概念最早可以追溯到 20 世纪 80 年代。1986 年，计算机科学家迈克尔·乔治（Michael George Dyer）在一篇名为 *Agent Z and intelligent agents* 的论文中，首次提出了智能代理的概念，描述了能够自主感知、决策和行动的计算机程序。

智能代理的主要特点包括：

（1）自主性：能够独立感知环境，做出决策和执行行动。

（2）学习能力：能够从经验中学习，并根据环境变化调整行为。

（3）目标导向：能够根据预定目标或任务执行行动。

（4）适应性：能够适应不同环境和情境。

（5）通信能力：能够与其他代理或系统进行通信和协作。

智能代理在现实应用中可以解决许多问题，包括：

（1）自动化任务：智能代理可以在无人值守的环境中执行任务，如自动驾驶汽车、充当工业生产线上的机器人等。

（2）信息检索和过滤：智能代理可以根据用户的偏好和需求，自动检索和过滤信息，以提供个性化的内容。

（3）智能助理：智能代理可以成为虚拟助理，协助用户完成日常任务，如语音助手、聊天机器人、智能客服等。

在超级平台、联邦学习的环境下，智能代理可以基于大模型来实现更复杂的决策和任务处理，并利用大模型的学习能力来优化智能代理的表现。此外，智能代理也可以在联邦学习中充当前端设备或系统，通过协作来训练和改进共享的模型，实现更广泛的学习。

超级平台、联邦学习和智能代理之间的紧密配合，将为涌现超级平台提供重要的支撑，构建更具智能性和协作性的人—机—环境的融合系统。

4. 公共属性：构建超级平台的基本原则

大模型、超级平台、超级 App 等概念，除了让人血脉偾张、脑洞大开之外，还可能存在两方面的误区：一个是传统的互联网思维的惯性，另一个是零和博弈的发展策略。

过去 20 年里，互联网思维对发展互联网经济起到了重要的推动作用，包括社群思维、零边际成本效应、长尾模式等。但在互联网思维中也存在若干"毒性"很强的观念，如"速度为王，唯快不败""赢者通吃""流量经营"等。一时间，互联网疆域沦为"碾压式创新""掠夺式收割"的角斗场，平台肆意追求狭隘的规模增长，运用平台垄断地位制定不平等的运营规则，价格歧视、恶性竞争、数据隐私泄露、过度营销、平台孤岛等乱象频出。

大模型、超级平台、智能代理和超级 App，因其跨平台、跨主体的数据聚合能力，使得数字时代涌现的新物种，必须在互联互通、协作共生、监管合规、安全有效的原则下开展运营，必须以公共利益、公共治理、公共服务和公共安全中共有的"公共属性"为重要的基本原则。

构建大模型应用涉及许多重要的原则，包括公共利益、公共治理、公共服务和公共安全。这些原则有助于确保大模型应用的合理性、可持续性和社会影响的积极性。

公共利益（Public Interest）：公共利益是指在社会范围内符合广大人民群众的利益，涉及社会的整体福祉和公共目标。在构建大模型应用时，必须确保应用的设计、功能和影响是有益于社会和公众的。大模型应用应该服务于广大人民，提供有意义、实用和有效的解决方案，以促进社会共同进步和可持续发展。

公共治理（Public Governance）：公共治理是指社会各方面的参与和合作，通过政府和非政府机构来管理和解决问题。在大模型应用中，公共治理要求建立透明、开放、合作的决策过程和管理机制。各利益相关者应该参与应用的规划、设计和监管中，以确保决策的公平性、合法性和民主性。

公共服务（Public Service）：公共服务是政府、组织或机构向社会提供的服务，旨在满足人们的基本需求和社会发展的需要。大模型应用应该被视为一种公共服务，为社会提供有益的功能和服务。这包括通过大模型来改善教育、医疗、交通、环境等，以提高公众生活质量，促进高质量发展。

公共安全（Public Safety）：公共安全是指维护社会秩序、保护人民生命财产安全的任务和责任。在大模型应用中，保护用户数据隐私和信息安全是至关重要的。应该采取有效的隐私保护措施，防止数据泄露、滥用和侵犯，以确保用户的信息得到适当的保护。

5. 开发大模型的协作环境

2023 年 2 月 27 日，中共中央、国务院发布《数字中国建设整体布局规划》，这是未来 15 年中国数字经济、数字社会、数字政务、数字文化和数字生态文明建设的纲领性文件。这个文件高度概括并提出了建设"数字基础设施大动脉""数字资源流通大循环"的两大基础，提升创新、安全两大能力，拓展数字治理、国际交流协作两个环境建设的重要框架。文件中明确提出"横向打通、纵向贯通、协调有力"的指导思想，明确"互联互通"是数字中国建设的首要支撑。

在这个总体思路下，未来无论通用大模型还是行业与领域的垂直大模型，在度过"百模大战、百模争先"的阶段之后，都势必会逐渐形成不同细分领域、不同区域的专属大模型。这个大模型以及其所支撑的超级平台，将大大削弱传统平台单一的经济属性，强调其管理、运营和安全与服务的公共属性。在这个历史发展过程中，企业发展大模型的基本思路，有别于以往"竞争性技术应用"的思路，是"开放协作式技术应用"的思路。

具体而言，就是企业将依托头部企业所提供的智能技术开发环境、技术，依托开发者社群和资源，共建本行业的超级平台，为训练大模型增添本地的局域资源，最终享有行业的资源整合优势，把企业的优势资源聚焦到生产过程和产品创新中来。

以百度为例，其与大模型相关的智能科技布局，是国内唯一涵盖高端芯片（昆仑）、大规模深度学习与开发者社区（飞桨）、文心大模型、原生插件和大量行业应用场景的高科技企业。目前飞桨平台已经聚集 800 万名开发者，服务 22 万家企事业单位；飞桨星河大模型社区，依托 600 多万个开发项目，形成了超过 300 个大模型创意应用；基于飞桨系统，已经创建了 80 万个模型。

千帆大模型，是百度智能云推出的全球首个一站式企业级大模型平台，以文心大模型为核心，同时全面接入 Llama 2 全系列、ChatGLM2–

6B、RWKV-4-World、MPT-7B-Instruct、Falcon-7B 等 33 个大模型，成为国内拥有大模型最多的平台。

借助千帆大模型，百度已经在智慧能源、智能制造、智慧金融、数字政务、智慧交通等领域获得丰富的应用场景。

大模型的高质量发展，有赖于业务领域、应用场景、技术研发的协同创新，更有赖于牢固树立公共服务、公共治理、公共安全的核心理念。追求公共利益而不是企业的局部利益；追求互联互通，而不是产生新的数字孤岛；追求协同式开发，而不是单打独斗地闭门造车。只有在更新理念、更新思路、更新方法，建设数字中国的过程中，才有可能更加顺畅地面对新挑战、创造新生态、拥抱新变化。

第二部分

人工智能的"奥本海默时刻"

道即稻：生命技术与稻作文明 *

当今时代，技术给我们带来了三重危机与机遇，我用老子《道德经》中的"人道""地道"与"天道"的区分和说法来展开。

我们这个时代的危机基本都与技术相关：

第一个是人性或"人道"的危机。人工智能带来了机会与挑战，人类的进化似乎要被机器智能的进化所取代，其后果可能就是新的后人类必须与 AI 合作，形成连体。在这个意义上面，人类生命体的界限将会被超越吗？这是以智能的技术来逆转人性吗？

第二个是气候或"地道"的危机。我们这个时代"人类世"的主题与地球盖娅相关。在欧洲，近 20 年来非常重要的哲学思考是围绕生态危机的，生态危机不再是某种政治阴谋话语的筹码，而是真正威胁到每一个在地球上生活的个体。比如最近这几年天气极端恶劣的变化——全球变暖，这不再是某一个国家、某一个地区的问题，而是一个迫在眉睫的、属于每一个在地球上生活的人的问题，尤其对未来负责的人必须关注这个问题。那么，这能不能促使"人类世"的各种技术逆转自身？能不能促使气候重新调节？

---

* 夏可君，哲学家，中国人民大学文学院教授、博士生导师。

第三个是生物技术或"天道"的危机。生物技术带来了机遇与挑战。我着重研究过一段时间的 CRISPR-Cas9，就是一个在古菌类里隐藏的免疫抗体，它可以对病毒进行排斥、选择、修复，生物学家在人类的 Cas9 细胞里找到了 CRISPR 编辑的方式，它可以用于回应、清理病毒以及自身免疫。这是非常重要的一个最新的生命技术，前段时间获得了诺贝尔生理学或医学奖。虽然基因剪辑技术在修复基因缺陷时有重大补救作用，但同时也要考虑它带来的伦理后果。在美国是不允许进行相关的生物技术研究的。人性也是自然本身，它不仅是"人道"的危机，也是 AI 智能的危机。整个人生命中所隐含的，从宇宙天体、生物在大地上的出现，还包括人类的基因组等，已经是一个人与生物、地球、宇宙进化有关的天道的问题。

1. 老子出生的故事及其寓意：以胚胎为方法

首先，请允许我讲一个有趣的故事，大家都知道老子，但是老子到底是怎么出生的？以及在西方汉学家、哲学家那里是怎么被思考的？

这个故事说，老子是在 81 岁之后才出生的，他的母亲在河边洗衣服，水面上漂过来一个李子，因为他母亲吃了李子以后就怀孕了，所以老子姓李，一个李子孕育了一个孩子，这孩子在娘肚子里整整待了 81 年。到第 81 年的时候，他不是肚子里生出来的，而是从他母亲的肋骨间出来的，很多神人都不是正常出生的。他出生就是一个小老头的模样，一出来他的母亲就身亡了。

这样一个来自道家的故事，它到底要告诉我们什么呢？老子这样一位独特的道教始祖、中国智慧的开端，为什么要用这样一个神奇的故事表明他独特的出身？他的出身到底对于我们现代人有什么意义呢？这仅仅是一个神话故事吗？

美国 45 岁的科技富豪布莱恩·约翰逊（Bryan Johnson）身家近 50 亿美元，为了重拾青春，他每年花费约 200 万元聘请 30 位专业医生为他制订"回春"计划。45 岁的布莱恩坚持认为自己现在的生理年龄只有 18 岁，心脏年龄只有 20 多岁。最近几年他还做了另外一个更有趣的、在生物技术范畴里的换血实验——把自己的血与 70 岁的父亲和 17 岁的儿子进行三代换血治疗，换血治疗的方法既古老，像中国道家和中国民间的医术，同时也有一些现代的生物技术的科学原理。

把这样一个神话故事与一个当前还活生生的美国科技富豪养生回到青春的故事连在一起要说明什么呢？其实我注意到这个故事是缘于德国最著名的大哲学家斯洛特戴克，他在 20 世纪 90 年代写了三大卷了不得的著作《球体》，其中第一卷的第四章讨论了这个故事。这个故事是他从法国汉学家施舟人那听来的，是一个老道士讲给他的。我作为中国人都不知道，反而是通过一个法国汉学家又通过一个德国哲学家才关注到这样一个故事。

在斯洛特戴克的《球体》里面有这样一个图形，原图是来自《性命圭旨》第 57 图的《婴儿现形图》，描绘一个道士怎么通过丹田生成一个神圣的胎儿，这个神圣的胎儿是一个新的生命、一个不老的生命、一个重生的生命。斯洛特戴克还写过《欧洲的道家化》，用"欧可道，非欧道"来模拟《道德经》。他觉得欧洲过去 200 年来现代性的运动就是加速发展经济学、生物学、社会生物学、革命理论、技术等，这些都是一个高速运转的运动的加强方式。

他认为中国道家的理论，给出了一个潜移默化的方式，其可以抵御、减缓、防止整个现代性过于加速而导致的三重危机和困境。所以他认为欧洲思想应该道家化，整个西方或者整个世界文化都应该吸收道家文化。海德格尔甚至把老子说成是一个世界民族不得不返回的未来，他在 1946 年的时候认为整个文化、整个文明都必须回到老子时代。这是我最近在柏林技术大学及在欧洲思想圈一直在说的"思考",即通过海德格尔与《道德经》在1945年以后的关系重建一个新的现代性叙事、一个新的世界哲学,就是把道家思想世界化,把欧洲思想、世界思想道家化,相互转换的过程。

那么,为什么要讲老子这样一个奇妙的故事呢?作为智慧出生但老而不死的"老莱子",又是一直可以保持青春的"老孩子",以及修道成仙的道教始祖之"太上老君",这恰好对应了生命的三重状态,是另一种生命。不是我们这些所谓的人间十月怀胎,1岁开始行走,3岁开始慢慢说话,18岁长成,30多岁就基本上定型了,然后慢慢衰老。在古代,人类50多岁差不多就死掉了,但现在社会尤其21世纪以来,人类活到80岁、90岁,这是一个所谓正常的人类的生命过程。

可是老子的生命恰好相反,他是在81岁的时候出生的,这意味着什么呢?这是一种什么样的生命的原理和哲学道理呢?这是神话吗?为什么中国人这200年来甚至明清以来就没有人拥有老子这样神话式的生命呢?这里面有什么生命技术呢?

我简单把它分成三重生命状态:一个可以重新出生的、一直可以出生的生命;一个神圣的胎儿或内丹修炼的不死生命;一个持幼态或可以返老还童的青春生命。这是一个神话,生命的重生(re-generation),从余生开始的第二次生命(second life),或者一个永葆青春的双重生命(double life),永葆"持幼态"(neoteny)的老孩子状态。

21世纪以前,人类从来没有如此多的人其年岁超过80岁,这让我们看到了一个非常独特的生命的年岁现象,不论是中国人还是西方人,超过80岁或者90岁的人都已经非常多了。在18世纪以前,无论是在西方还是中国,人均基本寿命只有40岁,也就是说我们现在活过了40岁的两倍,生命增加了一倍。我们希望在 40 岁以后，还可以再活一次，这不就是重新活一次吗？也就是说我们可以从余生，从第二次生命开始新生，这是种活的方式。

可是老子《道德经》的方式还不仅仅是这样一种方式，他更彻底，他说生命本来就应该从一出生就是另一种活，不是 3 岁开始说话，20 多岁结婚生子，能不能够有另一种活？一开始就是重新的出生，是另一种出生，一直保持"持幼态"。

Neoteny 绝不只是一个青春的神话，在生物科学上，蝌蚪有两种活法，蝌蚪如果只是在水里就是蝌蚪，永远是小的，如果来到陆地上变成青蛙就会长大，我们知道青蛙被砍掉一只腿可以重新长出来。还有蝾螈，蝾螈是一种再生（re-generation）的完美化身，把它整个肢体砍断它还可以再生长出完整的肢体。生物学家一直好奇，为什么人被砍掉一根手指不能再生？

在社会学和媒体学领域里，为什么那么多人都喜欢米老鼠？为什么迪士尼米老鼠的形象越来越年轻，并能一直保持年轻？这样一种"持幼态"的青春活力会一直持续吗？这是道家所谓的长生不老、长生不死，这是一个康德式的先验幻象，或者说这是生命技术所隐含的一个生命的神学观念和理想吗？这是这个时代生命技术最核心的问题，生物技术可能实现吗？这是我自己这几年来一直在思考的问题。

我们必须活两次生命，或者我们必须活一种双重生命（double life），第二次的活（second life），一方面，我们确实在变老，正常人会衰老、会死亡，生老病死；另一方面，我们看到人类的各种技术，比如医疗技术，以及最重要的生命技术。20 世纪 50 年代我们看到了 DNA 密码的发现，从 DNA 到 RNA，再到蛋白，遗传学找到了中心法则，可是中心法则还是让我们觉得不可逆转。有没有一种方式通过基因编辑、基因修复等生成一个内在的生命密码来修改生命的法则，修改"天道"？基因法则不只是"人道"，它跟整个生命，跟古菌类，跟整个地球的生命，跟整个宇宙的生命都有关，因为在人类 DNA 里面绝不只是一个人性进化来的几百万年的生命、智人几十万年的生命，以及文明亿万年的生命，而是一个宇宙的生命，所以是"天道"。

可不可能生命有一种技术所带来的先天性？这个所谓的永葆"持幼态"的青春活力是一种梦想，是一种哲学的幻觉，是生命技术的一种狂想吗？这种永葆青春的活力，这种"持幼态"不只是感知上的青春状态，有时候我们看到艺术家到老都有活力，歌唱家、艺术表演者充满活力，这在感知上，每个人都可以做到。这不只体现在精神强度和心态上，有人到了老年心态还很年轻，能达到很多修炼者才能达到的状态；也不只体现在生理或者活力上，比如说长寿，有长寿家族的基因大多都可以长寿，只要别出意外事故，基本上都可以活到 90 岁、100 岁。我们也看到过很多修炼者活到 90 岁、100 岁，特别是修佛、修道的。最重要的是基因本性或者结构上的改变，这是我在道教传统的内在和外在，以及生物技术要达到的基因本性和生命结构上的想改变 DNA 上看到的。通过表观遗传的方式，虽然说基因的结构是不可逆转的中心法则，是单向的法则，但是表观遗传的观点好像又认为后天的环境可以去改变一点人的本性，这在表观遗传上一直都有争论。这几个层次最重要的是，生命技术要体现的是生命学还原，要向生物学还原，越是还原论越能体现生命技术的含量。

为什么老子要在母腹中待上 81 年？这个 81 年才出生的生命，他的呼吸方式不同于我们出生之后用口、喉咙、肺部呼吸，甚至腹部呼吸。"我呼吸故我在"，而新冠疫情告诉我们"我呼吸故我不在"，有没有一种能够让一个人出生以后用人类的局部器官呼吸的方式呢？就是有没有"我不呼吸故我在"呢？中国道教所谓的先天之炁的呼吸状态，是指胎儿十个月在母亲子宫里的呼吸方式，不是靠器官，因为它器官没有长成，尤其前三个月，那它靠什么呼吸呢？是靠脐带、胎盘与母体来呼吸。

这种先天的胎儿在母体里的呼吸方式，中国道家和道教称之为先天之炁，即通过在腹部建立丹田（肚脐三寸以下的丹田、中部心脏下面的中丹田、头部在额头上的上丹田），这样一种养生方式、道教的修炼方式，是用三重丹田重建一个新的呼吸管道，不是通过口、喉咙、肺部、腹部等器官进行呼吸的方式。这个管道是跟宇宙、天地相通的先天之炁的管道，就像胎儿在母亲子宫里那样通过脐带和胎盘与母亲、与天地相通的呼吸。以这样一个内部重新吐纳的呼吸方式，产生一个神圣的胎儿。如果你在你的生命里遇见了神圣胎儿，就会永远年轻，这就是中国式的"持幼态"，就是老子《道德经》中回到胎儿的状态。

这样一个胎儿在母亲子宫里的方式我们称之为以胚胎为方法，现在整个西方哲学、生命技术，尤其是胚胎干细胞技术研究表明，前三个月是全能干细胞，后七个月成为所谓的少能和单能的干细胞，就是成人细胞，因为后七个月器官已经开始出现了，尤其是出生以后在尖质细胞、造血细胞、骨髓里还会有一些胚胎干细胞。前几年的诺贝尔奖获奖作品都是对胚胎干细胞在体外的培养，而不损伤伦理性，因为要从前三个月的胎儿里提取干细胞是会杀死胎儿的，所以存在一个巨大的生命伦理的挑战，是不允许的，但是出生以后在体外可以培养。很多老人膝盖不好，通过提取他的干细胞，再移植到膝盖里面，膝盖就会重新富有活力能够行走。其实胚胎技术应用得很多，包括返老还童、延年益寿，但是胚胎干细胞在国际上的争论很大。

我们把所谓的生命的生理学原理，即胎儿在母亲子宫里不呼吸，以母体呼吸的方式，道教的内丹的"神圣胎儿"生成"神胎"的原理，以及跟一个胚胎干细胞生物技术有关的生物科学、生物医学，这三者建立了联系，这是一个原理的联系，不只是一个简单的比赋而已。

2. 稻作文明的哲学意义

现在，请允许我开始另一条思路——把《道德经》的发生置于稻作文明的历史进程中。

人类文明大致经过三个阶段，这是来自莫里斯《人类的演变：采集者、农夫与大工业时代》这本书，在1.2万年之前，是史前旧石器时代游牧式采集狩猎文明；到1.2万年之后，农业、农耕文明出现，开始定居、驯养动物，如猪、狗、羊，以及开始对稻作，尤其是对稻谷的驯化，北方的麦子、南方的稻子，人工培植；再到1780年的蒸汽机工业文明，化石燃料，现在的硅基数字文明。

我要讨论的是，发端于一万年以前的长江文明，就是我老家荆州的天门，以及整个湖南、浙江、江西等发现的稻谷、稻作文明，包括北方的黄河流域所说的粟作文明，而麦作是来自外面的西亚地区。稻谷不是来自印度，南方的稻作文明是1.2万年前左右在长江中下游最早出现的，这是被考古学证明的、没有争议的。

甲骨文"稻"字就是用臼舂米，用簸箕扬糠的过程。"生"字来自禾苗的禾，与出生有关系，与生命、万物、植物、稻米、禾苗的出生有关系。

为什么要讨论稻作文明？为什么要讨论老子和《道德经》？ 1945年左右，海德格尔受老子《道德经》影响，把整个西方文明还原成原始的语言——在大地上耕作式地画道道。

这可能由于海德格尔受到《道德经》第42章的启发："道生一，一生二，二生三，三生万物。"我没有看到一个传统的文本能够把这句话讲清楚，这么多年来也没有一个中国思想家能够把这句话讲明白。当然，大家会说，你去体悟就好了，艺术家可能比哲学家能更好地理解这句话，道教的修炼者也可能比思想者、比搞学问的注释者能更好地理解这句话。

这里面可能与"持幼态"可再生性的哲学原理有关。什么是"道生一"？就是野生稻谷的种子被采之后保留了下来，作为种子可以再生，"道生一"里的"一"是种子，是人工保留并且可以再次播种的种子。野生稻谷的谷粒自己落下去来年再生，人们看到了这种自然的野生稻谷的生长过程。人类为了能在漫长的采集狩猎不足的寒冷冬季存活，便从稻谷那里找到再生的秘密，就把谷粒采摘保存下来，来年再去播种。

什么是"一生二"？"二"是驯化其他生物来耕田劳作，人们不仅培育稻谷的种子，同时也培育其他的，比如说猪、牛、狗，狗保护田地，可能也耕田，牛耕田，猪可能也耕田，猪把田地刨开，就是一个翻耕松土的过程。不是先把羊吃掉，不是一次性杀光，而是先培育，等生了羊崽之后再去杀羊，这是对生命再生性的保护。

"二生三"，是对人性自身的培植与教化，不再杀死敌人或奴隶，而是开始教化奴隶，后来是培养自己的孩子。"二生三"的"三"是人性自身或者是语言的出现。

而"三生万物"，则是指人工发明的用具也要具有"生物性"，也可以再生，比如最早的挖土工具就是来自树枝的木头，用来翻耕土地，它是生物性的。现在的化工材料，我们用石油做成口香糖、衣服、发动机的燃料，这些燃料是可以吃，可以回收的吗？所以我们说生物性的、可以回收的、可以再生循环的生物材料是环保材料，这是化工燃料巨大的浪费、消耗所导致的危机。如果我们用化工燃料就不是"三生万物"，所谓"生"就是生，不是杀死它，耗尽它，而是将其变成可循环、可回收、可再生的能源。

现在我们要为发现所谓再生能源而努力，就是试图去代替以前的化工燃料。但这如何实现呢？技术可以达到吗？更重要的还不只是所谓的生物可再生能源的问题，而是对可以吃下的食物普遍性的要求。为什么我要单独提出稻作文明？因为稻谷是可以提供人类所需的食物。

生命技术有三个层次：一是食物满足，它可以让我们吃饱。化石燃料石油可以吃吗？用它做成的口香糖可以吃，但是其实根本不是吃。二是食物可以酿酒，酿酒形成迷醉，迷醉是精神性的满足，不是肉体性的。青铜器有那么多大的鼎都是酒器，整个基督教崇拜的是酒神，人类的迷狂、精神的升华都是酒。我们对这个技术时代成瘾。后工业时代最大的问题是对图像、虚拟空间、人工游戏成瘾了，我们玩人工智能上瘾了，我们离不开对技术的成瘾跟人类对粮食的成瘾是一个原理。怎么克服这个成瘾呢？既要满足对食物的需要，因为生命需要食物，同时又要克服成瘾，就是先天之炁。三是《道德经》所说的"我独异于人，贵在食母"，我在吃自己的母亲。什么叫吃自己的母亲？传统说法是吃奶，但其实根本不是，就是胎儿在母亲的肚子里，在子宫这个原初模型里面，通过脐带和胎盘来吃自己的母亲，这是一个生命一直可以生长的神圣胎儿的原理。这就是《道德经》所说的"损之又损，以至于无为"，这个"损"就是减损，减损就是回到一种先天之炁的呼吸方式。

所以对我们来说，生命要思考的核心问题就是，能不能发现可再生的新的食物？

为什么要说"道"和"稻"这两个字的关系？《道德经》的文明跟农业文明是有关的，这好像是历史唯物主义的还原，实际上这里面有很深的道理。

第一，发现可再生的新食物。就像斯蒂格勒说，一切都是药物，我们对技术的成瘾也是一种药物。如果石油变成口香糖是不是就可以吃？实际上是吃不下去的，要吐出来。稻谷在狩猎时代之后被发掘出来，这是一种可再生性的食物，所以现在对我们来说很重要的是，能不能发现一种万能的、像稻谷一样的、新的、可再生性的食物。

第二，生命技术的逆转。技术导致的成瘾，粮食酿酒导致的成瘾，有没有一种逆转或者克制的技术，让所谓的人工智能游戏不再伤害生命，而是走向对生命的保护与免疫？

第三，不死技术的幻象。这种新技术是不是既可以让我们吃饱，又不让我们成瘾，同时又让我们可以走向一个不死的感知？

我的这些思考跟李约瑟的中国科学与文明史有关。"长寿术"（macrobiotics），这是他从"生命短暂，技术长久"这句话中创造出的新词汇。李约瑟一直对中国的技术、道家和道教情有独钟，中国道教从石头变为玉而不腐的感知中受到启发，把铅与汞按照宇宙节奏的压缩模式提炼转化为丹药，丹药的制作方式是把自然材质加以人为的加工，提炼宇宙的精华。

我们从生物技术、古菌类中发现的 CRISPR–Cas9，这种重复规律提供了一种免疫保护，与其外在的原理极其相似。有没有可能我们将这样一个道教的先天之炁，以及与当前的基因修复、剪辑 CRISPR-Cas9 的技术结合在一起，重新思考生物、思考生物技术？

水墨艺术中的现代元素与中国元素之融通 *

当前，数字化已成为当之无愧的时代潮流。没有哪个领域无视数字化还能继续生存。无论是艺术大师还是体育冠军，都要面对生成式人工智能的冲击与挑战。躲已经躲不过去了，唯有求变才能持续生存。

但怎么求变，却是各行各业未来十年最大的谜题。本文比较徐悲鸿与朱炳仁，是想借个案帮助大家分析大师们在百年大变局面前是如何变通求道的。

徐悲鸿与朱炳仁有一点相通，他们都是在大时代来临之际，第一批将水墨的新时代元素与中国元素进行融会贯通之人。不同在于，徐悲鸿的水墨画是西方式现代化背景下对西方写实风格的融通，而朱炳仁的水墨画则是中国式现代化背景下对数码风格的融通，前者追随来开风气之无，后者所求在于超越来开风气之先。

本文研究水墨兴趣不在国画本身，而是想从中提炼变通求道的一般之法。各行各业的数字化，在"道"的层面是相通的。当前各行各业面对人工智能的转型探索，变的往往是表面的东西（所谓"应用"或径直称为

---

    * 姜奇平，中国社科院数量经济与技术经济研究所研究员，中国科学院《互联网周刊》主编。

"用变")。技术一变，那些赶时髦的东西就往往因急功近利而被风吹散。而真正能开风气之先者，无一不是在变体，在骨子里改，才能做到"弄潮儿向涛头立，手把红旗旗不湿"。

本文想告诉大家的是：连水墨画这么传统的东西，都可以在现代化的冲击下一次又一次与时俱进，其中包含着一通百通的东西，要悟的那一点是，中国式现代化到底如何立意与着手？请看大师的回答。

1. 背景转换: 水墨从"脱亚入欧"到"脱欧入亚"

徐悲鸿（1895—1953）是著名美术大师，他的审美与教育活动所处的现代化大背景，是西方式现代化引领世界潮流的时期。徐悲鸿以西画"改造"国画，具有广泛的时代心理背景，整个中国存在"落后挨打"的社会潜意识。推论就是：既然挨打，说明"打人"的西方比中国强。因此要学习西方，以改变中国的落后。

艺术领域也不例外，也出现了文明论层面上的"脱亚入欧"论。康有为、陈独秀都表达了类似态度。陈独秀说："变革中国传统造型艺术必须运用欧洲绘画的写生技法，画家也必须用写生观察的方式画自己眼中的画，不落古人的窠臼。"与这种思潮一致，早在1918年，徐悲鸿就曾指出中国画有很多不足的地方。例如由于解剖学理论欠缺，画出来的形体动态扭曲，比例失调，没有对重点的骨骼作深入刻画，各个部位骨骼肌肉关系不准确，等等。他认为："故欲振中国之艺术……欲救目前之弊，必采欧洲之写实主义。"其在1918年发表的《中国画改良论》一文中的结论中说："古法之佳者守之，垂绝者继之，不佳者改之，未足者增之，西方画之可采入者融之。"

徐悲鸿认为：中国绘画主要表现的是画中的意境，不是按照物象的形体进行的，而西方的一些绘画理念恰好相反，我们应该把写实的绘画思想融汇到中国画的创作中，把西方的明暗、体积、结构、空间技法与中国的笔墨意向造型结合到一起，走变革中国传统绘画的路线。

本来，写意与写实，笔墨与素描，只涉及东西方差异，并没有高下之分。但在工业化这一特定时代背景下，却演化成受"西方中心论"影响的优劣之辩。在徐悲鸿的带领下，中国传统绘画开始发生转变，走出了一条西化的写实主义的绘画道路。从中可以看出，画风的改变具有东西方文明间强势与弱势关系的背景。在从农业文明向工业文明转换的关头，跟上时代的办法，就是在中国文化中注入西方因素，甚至直接西化。

进入 21 世纪，出现了同样量级的社会变迁，就是工业文明向数字文明转换。在水墨画领域，同样是东西方融合，同样要解决现代化与传统结合的问题，却出现了相反的"脱欧入亚"的探索。我们以朱炳仁为代表，分析其中的趋向变化。

朱炳仁是国内最早一批接受电脑技术并融入作品的艺术家。在电脑还是"286"的年代，朱炳仁已经开始使用它来创作。作为国家工艺美术大师，他以"中国铜艺第一人"著称，主要成就在铜艺方面。但我们这里关注的却主要是他近年发展出的"云水墨"。他认为"云"应该是数字的云，科技的云。传统水墨画加数字技术，这才是"云水墨"应该有的形态，是当代语言在传统艺术上应该学会的表达方式。由此从传统水墨形态蜕变成"云意水墨画"。

与徐悲鸿在油画之外，主要在水墨领域体现范式转变取向一样，朱炳仁对范式转变的探索，也主要在铜艺之外的云水墨方面。

之所以在水墨画数字化转型方面以朱炳仁为代表，有两个原因。一是从数字化专业观点看，目前一些艺术家特别是画家对人工智能等高科技的接受还只是在浅层次上，只在"用"的层面，没有达到"体"的层面，

"化"得还不够。例如，ChatGPT 出来后，许多画家开始用 AI 作画。开始比谁更能定制出更合适的主题词组合，作为参数，输入电脑网络，表达可意会不可言传之意。但这样一来，画的好坏不再取决于手上功夫，而是嘴上功夫。画家成了"诗"人。朱炳仁的云水墨探索没走这条捷径，而是像当年的徐悲鸿一样，用心在水墨本质的探究上，将手上功夫与心中感悟结合，即知行合一。二是从技法角度看，朱炳仁的艺术转型极具代表性，铜艺本是实而又实的，它向水墨这种虚而又虚，并且通过 0、1 进一步虚化的方向转变，难度非常大，可以说是惊险的一跃。从这种转变中总结出的东西，可能更有价值。

徐悲鸿与朱炳仁的探索，可以说背景相似，方向相反。

徐悲鸿没有说过"脱亚入欧"的话，但他的倾向是十分明显的。日本是提出"脱亚入欧"的国家，徐悲鸿在日本学习期间，连已在转变中的日本画风都不曾影响到他，而直接师从欧洲（主要是法国）。其"脱亚入欧"的取向，集中表现为他推崇任伯年，强调国画改革融入西画技法，用于素描为代表的写实取向，转变、"改造"水墨画原有的写意取向；技法上突出了光线、造型，解剖结构、骨骼这些"实"的方面。

朱炳仁并没有亲口提出"脱欧入亚"这种概念化主张，但从其作品中可以感受到，其取向正好与徐悲鸿由虚向实、"脱亚入欧"的取向形成镜像。

朱炳仁的铜艺，本来就具有强烈的写实特征，雷峰塔、铜亭等作品都是完全写实的。但即使在写实中，其铜艺依然透着与众不同的"多变"特点，其中贯穿着一条由实向虚的线索，为他画风演进埋下了伏笔。可以说，在朱炳仁铜艺作品里，处处都能找到"水墨"的痕迹。张大千仿恽寿平的《国香春霁图》，与同为南京博物馆收藏的恽寿平 17 世纪的原作相比，不能认为其仅仅是一幅张大千式的仿作，而应该认为他在尝试写实的铜艺与写意的国画的结合。

"云水墨"是画，更是"化"，是变化，也是进化，中国传统文化如何与时代结合，如何用当代的语言去表达，如何走出国门、拥抱世界，是"云水墨"最应该关注和思考的。

有意思的是，从徐悲鸿当年的由虚向实到朱炳仁如今的由实向虚，大背景发生了逆转。1919年至2020年（中国工业化任务"基本完成"之年），"实"代表现代化的前沿；从2020年往后，"虚"（数字化、中国文化）代表现代化的新前沿。而朱炳仁与徐悲鸿的共性在于，都在第一时间，在众人仍懵懂之时，早早把握了历史的潮流方向。

2. 探求写意与数字化的内在关联

如果脱离时代背景，就画谈画，徐悲鸿的国画和他被业界人讽刺为"水墨素描"，"最差的写意画家"，也有其根据。这个根据就是中国文化本身的尺度。

东晋时期顾恺之就提出以形写神论。形是表现手段，神是表现目的。因此解剖、骨骼这些实的因素并不重要。南齐谢赫《古画品录》以气韵生动、骨法用笔、应物象形、传移摹写、经营位置、随类赋彩作为鉴赏原则。

说到底，西方文明与中国文明的根本分野，在于牟宗三所说 being（存在）与 becoming（生成，古称"易"如《周易》）之分。这是虚实之争背后的最终哲学之分。

徐悲鸿站在西方 being 立场上看水墨，以"惟妙惟肖"为造型观的基本点。他说："妙属于美，肖属于艺。故作物必须凭写实，乃能惟肖。"这里的"肖"把艺术标准偷换成科学标准。这是徐悲鸿将"学科学必学数学"和"学艺术必学素描"相提并论的前置逻辑。他在《当前中国画艺术问题》一文中说:"艺术与科学同样有求真的精神。研究科学,以数学为基础,研究美术,以素描为基础,但数学有严格的是与否,而素描到中国之有严格与否,却自吾起。"

我们从一个细节,可以感受到徐悲鸿水墨的西化特征。留白是中国水墨画的灵魂笔法。留白不是空无,而是心物一元中的心之所在。留白之处,看似什么也没有(being 中的 not to be),但存在的,正是 becoming 本身,也就是灵所代表的涌现、生成本身(古称生生之德)。表现生成(气韵生动),当然既没有解剖的问题,也没有骨骼的问题。因为它不是形,而是形之动。如果按这一标准看徐悲鸿最负盛名的奔马图,马的周围有大量空白,就不是留白,而是空白(什么也没有)。

直到萨特,西方才搞清楚留白与空白的区别。在《存在与虚无》中,虚无就相当于留白,它不代表什么都没有,而是非实体性的存在(在这里如气韵)。而空白,只是存在的反面,即不存在(not to be)。可以拿林风眠的画作为参照,林风眠的画虽表面上也西方化了,但骨子里却是中国的。只是进行了变通,借助古建筑彩画中常用的在大色上用小色晕染的技法,将传统留白变通为抹白,同一幅画有留白也有抹白。这时,眼睛看到的内容,与眼睛看不到而需要用心灵感受的东西结合在一起。对中国传统水墨画来说,留白处是有内容的,表达的就是气韵。提示着凡相(即写实部分)即虚妄,不要像西方画那样,斤斤计较于相本身的科学结构(如解剖之类)。而徐悲鸿的奔马图,其中的精气神全在马的神态和形态上,而不在空白处,空白处就真是什么也没有,是为了突出马本身,而马全是人格化的。

再看朱炳仁,他的"云水墨"也很少有留白,但用数码化替代了留白的作用。多变,不仅是朱炳仁的风格,也是他追求表达的内容(气韵生动)。这就是他比那些用人工智能作画的人的高明之处。因其把握到的数字化的体，具有在工具层面上的更高意蕴，这就是意义本身。数字只是符号（能指），它指向的是意义（所指）。真正懂数字化的人，不是在符号层面做匠人，而是在意义层面用心。

朱炳仁的"云水墨"，往往以湿拓法形成水墨自然流动的纹理，线条与经过数码处理的色块构建出一个个新的空间错位。以水墨写意和数字软件绘画交融叠加所完成的"云水墨"，寓意着"云随风动，顺应万物"，这里的"云"是一种象征，也是一种达观的人生境界。

数字化是虚，留白也是虚。如果直接在水墨上用数字化手段留白，固然也是一法，但只是用变（应用技术表达传统），并没有真正"化"出来，即技术变化、内容表达不变，是为形似；而技术变化，内容表现也跟着变，是为神似。朱炳仁的"云水墨"，看似没有留白，但留白无处不在。只是这个"留白"，不是形上的留白，而是神上的留白。朱炳仁实际是在探索用数字化、符号化变通替代传统介质上的留白。其中对数码处理的色块的运用，是水墨的一个创新。最近，他更进一步尝试利用书画同源，将书法作为一种象形符号融入水墨本身之中。同是在表现空灵，用数字化的符号体系来写意是一种大写意，即写意于有形。这与林风眠的"化"法异曲同工。真正把现代化中看似高科技的东西，与文化中的对应价值表现出来了。

3. 探索超越西方美学的新路径

如果说，徐悲鸿的中西结合、脱虚向实，是在进行他所认为的"落后"追赶"先进"，那么朱炳仁的中西结合、脱实向虚，则是在探索 AI 与中国传统艺术的结合，用东西方当代文明的融合，研究出一条超越西方美学的新路径。中国文化中，什么是可以重新变得普世而"先进"的？中国人在这方面，会有什么样的突破机会呢？

探究这个问题，需要从西方抽象艺术中的抽象与数码艺术中的符号抽象有什么区别谈起。西方社会在后工业时期形成的抽象艺术，是对任何自然真实的物象描绘予以简化或者完全抽象的艺术，抽象艺术与具象艺术是相对的，亦可称为非具象艺术。

在数字时代之前，西方抽象艺术存在的局限还是主客二元本身带来的局限。"当审美活动在意义上无法抵御现代性时，居然可以退到形式中去实现'不思'"。（姜奇平《新文明论概略》下卷"13.2.3 有形式与无形式的后现代"，商务印书馆，2012 年）单纯强调无内容的形式，与形式主义的自律说结合起来，充其量只是把艺术主体从作者转向读者。罗兰·巴特说"作者死了"，仍然是一个主体水平上的 to be 与 not to be 的两难，仍然没有超越主客对立。

一个可验证的现象是，在西方式的抽象画中，一个有素描功底的画者与一个没有素描功底的画者，是无法区分的；一个走心的画者（心中有意义的画者）与一个没有意义根底的画者，也是无法区分的。因此形式化的意义仅在于单纯的拒绝，其使命仅是拒绝工业化带来的异化。但生活的意义是不能从简单的拒绝中产生的，还需要建设。

而水墨画中的中国价值，在于将意义与其存在状态（如留白这个"容器"）融为一个"生成"（becoming）过程。数字化的本意在于以意义生成为中心（而非以状态、形式为中心）。朱炳仁长期从事工艺美术的优势，正在于生活与艺术的一体化，以此区别于艺术的纯形式化。而意义的来源在于生活，意义的表达也要回到体验——用体来验，对手工艺来说这个"体"就是手，或海德格尔说的"上手"。要回答：消除异化后，要回到的"家"在哪里？而不要像迷失于工业化迷宫的抽象艺术那样，成为孤魂野鬼。朱炳仁的"云水墨"就在探索这种回家的路。

王国维说："'红杏枝头春意闹'，著一'闹'字，而境界全出。'云破月来花弄影'，著一'弄'字，而境界全出矣。"主要是见出心物一元的意义来。闹、弄，都是人的行为，而用在红杏云月之类物上，就能从物中看出心来，道出"心在自然中的位置"。写物象心，写心象物，就传出神来。王国维著名的"有我之境"与"无我之境"的理论，也在围绕心物融合做文章："故不知何者为我，何者为物。"这与笛卡儿、康德对主体性和物自体的看法正好是相反的。可以认为，王国维认为中国审美中有境界、富于意义的，都是在专跟"我思"作对的那些方面，对艺术美也在强调"忘物我之关系"。[①]

在朱炳仁的审美实践中，可以看出他的用心，将生活本身的美注入形式（"红杏云月"）之中，以当代的数字化、符号化替代传统的留白，将超越物象的心作为"生成万物"之源，令人从符号的抽象中看出活的感性来，令"花弄"影，令"春意闹"。这为超越西方美学探索出一条新路。这个探索还在进行之中，还在不断变化中，结果并不重要，最终成就于谁也不重要，重要的是在无限可能中焕发出中国水墨的新生机。

比利时安特卫普皇家艺术学院院长巴特曾经这样评价，"朱炳仁是根植东方融汇西方，从传统走向当代的艺术家……他以中国古代文化为起点展开研究，将其变形为一种新的当代表达方式，从而展现了中国风的复兴"。

此文对不搞艺术的人来说，希望带来的启示是：数字化的关键并不在技术，而在于与自身业务结合是否走心。我们可以看看大师们是如何走心的。

---

① （姜奇平《新文明论概略》下卷"13.2.5 东方审美趣味"，商务印书馆，2012 年）这正是中国特色所在。

类人智能与因果链重构*

本文实际上是我最近的一些思考，内容比较多，我从七个维度来讲。

1. 物质与意识

物质与意识，这是一个老问题。哲学这 2000 多年都在讨论这个问题，但依然没有定论。那么这么难的问题是不是有可能解决呢？是不是有可能给出一个好的答案呢？我相信是可能的。即使我有物理学的专业背景，也用了 20 年时间才把这个问题 pin down 在一个最核心的问题上。我们讲物质和意识的关系，那么它们的差别到底在哪里？特别是从物理的视角看，意识到底是什么？

乔姆斯基梳理了笛卡儿、牛顿、爱因斯坦等人在探究人类智能起源道路上所遭遇的种种"定域性"困境。伽利略超越希腊哲学之处就在于他主要强调定域性。笛卡儿也试图证明伽利略提出的"世界是一台按照机械原

---

* 蔡恒进，武汉大学计算机学院教授、博士生导师，中国人工智能学会心智计算专委会副主任委员。

理运行的机器",但是他发现机器没有掌握人类应用语言的能力。那时大家讨论广延实体的问题,包括莱布尼茨提出单子论。

牛顿发现了万有引力定律,但当时大家觉得万有引力定律是一个非定域的。直到爱因斯坦广义相对论才解决这个问题。他提出,因为时空是弯曲的,所以我们还是定域的。爱因斯坦相信有"大统一理论",即到最后我们会有一套方程,能把物理世界的东西都给包容进去。

但是后来大家发现量子力学有一个问题,即量子纠缠,爱因斯坦最早意识到了这一点,量子之间有"鬼魅的超距作用"。那么量子纠缠很大可能是非定域的,也就是说,量子世界可能有非定域性。而在经典物理世界有很完美的一套理论,从牛顿力学到电磁学,然后再到广义相对论,包括热力学都有很严谨的定域性。但我们的意识世界实际上是没有严谨的定域性的。

 量子、经典和意识世界①

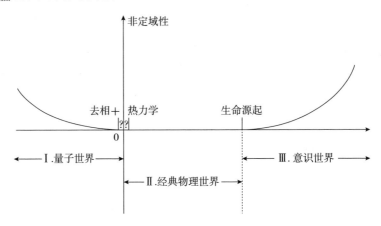

---

① 蔡恒进,蔡天琪,耿嘉伟,元宇宙的本质:人类未来的超级智能系统[M],北京:中信出版集团,2022。

我们之所以通过定域性来划分三个世界，是因为我注意到顾振清老师在一次分享时讲到"脱域"。我们看意识会有很多细节，但如果我们想要限定细节的话就会发现，这太难了。我们的意识到底在脑子里是怎么产生的？意识只跟脑子有关系吗？难道低等生命就没有意识吗？等等，这些问题都变得很困难。

但是我们在基于定域性来划分的三个世界里发现，意识问题会变得比较清晰一些。很多人，包括诺贝尔奖获得者彭罗斯认为，因为意识世界那么复杂，所以我们要用量子世界，可能要跟量子引力一起解决意识世界的问题。可能很多人现在也相信，要谈谈量子世界跟意识世界的关系。

但是实际上，至少现在的 AI 发展恰恰是证明了我们研究意识与智能的问题并不需要讨论量子效应。我们至少看到了 GPT 或者 Sora 展现出来的这些智能，跟量子显然是没关系的。现在这些 AI 系统虽然可以达到几纳米量级，但是它还是经典物理世界的器件，所以我们可以把量子世界放一边，先讨论能不能在经典物理世界的视角里解决意识问题，给它一个比较好的框架。

2. 自我与外界

关于"自我"意识，有一个误解，就是一般都认为"自我"是意识的高级阶段，或者说只有意识发展到一定程度才会有"自我"的意识。但我十几年前就意识到并不是这样的，"自我"实际上可以说是最早的意识的内容。如果我们提出认知坎陷，那么"自我"就是最早的、最原初的认知坎陷。

从个人的意义上来讲是这样，从进化意义上来讲也是这样的。

塞缪尔·亨廷顿的《文明的冲突》是 1996 年出版的，它解释文明的冲突最核心的观点是 Cultural Assertiveness，也就是文化自信或者文化自我肯定。因此我就提出了自我肯定需求（Self-Assertiveness Demands）。

我们要理解人类的行为，只看能量需求、负熵需求还不够，我们必须引进一个自我肯定需求。相对于主流经济学里讲的人是自私的，人是利益最大化的，人是一个经济动物，在追求利润最大化，等等，自我肯定需求跟这些理论是相对的。

我发现只有用自我肯定需求才能理解金融市场的一些现象，比如说泡沫的产生，泡沫的破灭；也只有这样才能理解历史的进步或者历史的循环，比如中国历史的循环或者是西方财富中心的转移，这些不是简单用制度等因素能解释通的，而是有自我肯定需求的作用。

简单来讲，自我肯定需求就是大家会高估自己的贡献，而且在分配的阶段希望拿的报酬更多一点。它是一个刚性的需求，跟马斯洛的需求理论有关系，但又不一样。马斯洛用很多数据来谈论这个问题，他将需求分了很多级，但是仔细想就会发现，这些需求不一定就是从底向上地满足。并不是说解决温饱之后才会有心理需求，实际上自我肯定需求是更底层的，跟能量需求和负熵需求是同等重要的，这样我们就能更容易理解人类的行为。

2015 年，AlphaGo 问世，我就决定必须回答什么是自我、自我从哪里来的问题，因为在自我肯定需求中，"自我"的地位非常重要。那么我就提出了"触觉大脑假说"来解释自我的起源。重要的一点是我们有"原意识"，原意识就是一个简单的自我与外界的区分，这是我们所有意识产生的基础，实际上这也是主体意识，虽然很微弱。当然，一开始能区分是因为有边界，对人来说这个边界就是皮肤，代表的是触觉，所以命名为"触觉大脑假说"。

原意识一旦产生就难以被抹杀。意识的边界、自我的边界也不完全停留在物理边界（比如皮肤），而是既会向外延展，也会向内收缩。我们说一个人有心灵，实际上是可以脱离他身体来讲的，甚至我们希望心灵可以死后还在，也就是谈论可以超越时间的灵魂。

实际上这些意识都起源于最早的物理边界，就是皮肤，再往前追溯的话就可以追到单细胞的细胞膜。细胞膜有一个简单的认知能力，就是它能区分营养和非营养，这一点是最基本的，是一种认知能力，所以它有个体性。在有个体性的基础上，可能会产生主体性。

有一个证据证明我们的自我意识跟智能有关系，比如乌鸦是很聪明的鸟类，而小鸡就没那么聪明。它们差别到底在哪里？在孵化出来的时候，小鸡就有绒毛，很快就能自由活动，但是乌鸦需要亲鸟喂养几周，它的绒毛才会逐渐长出来。

所以关于我的意识，不管它多微弱，但是它对产生后面的智能来讲是很重要的。

我们小孩子在成长过程中会有更强的刺激，在我们脑子里的神经元之间进行连接的时候，我们会有更强的外界刺激，那么这就有更大的可能产生更强的自我意识，所以有更强的智能。

3. 坎陷与涌现

我想对比"坎陷"（当作动词用时）与"涌现"之间的关系。

大家都期待我们有新的数学、逻辑学，或者新的非线性动力学、复杂科学，希望从那里来找到意识的答案，期待从这个复杂系统里面涌现出意识，涌现出新的特性。但是我觉得这是不可能的。

我的硕士论文就是关于非线性动力学，那是 30 多年前的事情。在我的理解里，涌现更多的是跟物理系统里的相变有关系。它是指数的快速转变，分一级相变、二级相变等。当然，后来在超导里就更复杂了。

总的来讲，相变是在外界某一个条件变化时发生的一个快速转变。但是我们会发现很多东西实际上不是快速变化的，比如我们生命的进化，从进化历史来看，其改变是很漫长的过程，到后来才逐渐加速。智人到现在也就几百万年历史，但在整个生命进化过程中很晚才出现。

所以我强调，相较于"涌现"，坎陷化可能才是真相。我们的意识产生是坎陷化出来的，这个过程跟涌现是对立的。当然，坎陷化也会有很多突变的东西，很小的突变慢慢积累成一个大的转变。

关于大语言模型（LLM），大家一直在争论的就是 LLM 是不是有智能涌现，很多人都用"涌现"这个词。但在 2023 年有一篇文章 "*Are Emergent Abilities of Large Language Models a Mirage*？"里就说 LLM 并没有很多人想象的"涌现"，我认为文章说的 LLM 的能力正好就是"坎陷"出来的。

我想举一个例子说明什么叫坎陷。坎陷可以做动词用，比如说我们修一条路修得很好，但是这条路总有一天会坏的。那是怎么坏掉的？比如有某一个偶然的因素：出现了一个小坑，这个小坑可能是本来结构内部有点问题，或者是外界掉了一块石头砸的，而这条路上有车不停地跑，这个坑就会被轮胎碾得越来越大、越来越深，从一个小坑开始，到最后变成一个大坑。这个过程就是坎陷，这是比较形象的一个解释。

在很多的人文学科里讲"建构"，仔细想想，"建构"也不是一下子就到一个完美的状态的，不是涌现出来的，不是像水蒸气和水滴的相变，一下子就出来了，而是很长的一个过程。这就是坎陷跟涌现不一样的地方。

如果我们回推到更早，生命到底是怎样产生的？假如说意识现象是非定域的，而经典物理世界是定域的，那么定域性的物理世界中如何产生了非定域性的意识呢？这两个的特性是完全相冲突的。这也就是为什么意识问题那么难理解。

有人讲，我们每天都有这种经历，就是我们有自我的自由意志，我们能决定做什么，但是几乎所有的理论都是反对它（自由意志）的，没有什么理论支持你是可以有自由意志的。

我们觉得意识一定要回推到生命产生的时候来理解。我们很难说存在没有意识的生命或者没有意识而有智能的生命，那么，我们就提出了太古宙孔隙生命世假说（Early Archaean Porolife Hypothesis）。

要有主体性，首先得有个体性。我们一般认为生命起源于一锅原始汤，在原始汤里，个体性怎么会产生呢？因为要短链分子变成长链分子，那么它的相反过程也存在，可以想象短链变长链和长链变短链，这两个可逆的过程在里头形成一个平衡，要怎么跨过去？

这里很可能要有一定的个体性，就是一开始得有模板、有模具。那么很可能在生命的早期，是这个火山岩的里头的很多丰富的孔隙给它提供了最早的模板，这样的话就比较容易理解其可以加速个体性形成的过程。

这个孔隙有各种尺度，其本身有很丰富的各种重离子、重元素，也是我们生命后来都需要的，所以它会起到催化的作用。当然，完全静止的环境也不行，而是得有稳定环境的同时又要有变化。在生命的早期，这样的环境可能会有利于生命的形成，这个时间可能很长，可能是几亿年，甚至是十亿年。在生命出现之前，需要有这么一个过程。

我们通常讲自我意识，讲的是高级的、反思性的"自我"，但是我这里讲的"自我"是一个很原初的二元剖分，可以看作意识和智能的发端，可以看作"原意识"，也可以看作佛学里讲的第八识。人只要有一个暗示，自我意识就会产生出来，而且会不停地加强。这里所讲的是在进化意义上的，当然，进化过程中有很多很多个体，它们之间互相影响，互相传递信息。

跟我们讲的认知坎陷有关系的，比如牟宗三讲的"良知坎陷"，熊十力讲的"良知推扩",唐君毅讲的"良知虚通",更早的话还有王阳明讲的"致良知,感通",可能都是一个坎陷的过程,就是跟涌现相对立的一个过程。

认知坎陷为什么重要?刚才说到了有主体性和无主体性,或者定域性和非定域性,这种对立是绝对的。但是怎么把对立之间的桥梁给搭上?这在我们的物理学史上有相似的情况。在牛顿力学之后发现热力学的时候,牛顿力学是时间可逆的,而热力学是时间不可逆的,这两个是完全相反的。后来提到的系综理论、H定理,这些都只是在打补丁。再更深一步有复杂系统,有各态历经等理论,我们还可以引进柯尔莫哥洛夫熵,等等。

实际上这些尝试都是想让这两个看起来完完全全相反的理论可以无穷接近。只要我们引进一点点不可逆的因素,引进一点点噪声,只要这个牛顿力学系统里有不确定的因素,那么它就可以达到热力学的时间不可逆的这种状态。

我们现在讲,经典物理世界是无主体性的,它是很严格定域的因果,用微分方程来描述这所有的一切。理论上讲是这样的。而我们的意识世界是有主体性的。主体性就能超越这种严格的因果限制。实际上这里头有相容论,比如我们提到的触觉大脑假说、自我肯定需求、太古宙孔隙生命世假说。

还有一点,我们怎么样从无主体性变成主体性?主体性实际上是主动性。那么在无主体性的时候,实际上是反应性的,是被动的。主动性是怎么来的?生命主体或者说某个个体,它会经历很多重复性的刺激,比如说一年四季的周期变化或者昼夜交替的变化。那么它就有可能把被动的滞后,转变成在下个周期的主动状态。

这种把被动变成主动的尝试,让它更容易存活下来,更容易成长,那么就有可能变成它的一个特性了。当然还需要有更好的说明。但是我想表达的意思是,在理论意义上这是完全相反的,但是我们实际上可以这么来建构它。

现在的强还原主义实际上就是坚持经典物理世界。强还原主义不认为意识是有意义的,认为它只是一个随附的东西。

但我们主张意识是不可少的,而且它本身对物理世界是有因果力的,能够实际影响物理世界。

4. 可迁移性与隐私

大家讲主体间性 Intersubjective、Intersubjectiveness、Intersubjectivity,这个是很容易理解的,比如我说甜酸苦辣,别人也能懂甜酸苦辣,这就是可迁移性。

我觉得探究意识理论,我们要更多地去看可以观测到的部分,看大家能达成共识的部分,而不是强调探讨隐私的那一部分——那些完全私密的内容或者是完全主观的内容。比如甜酸苦辣,这是有主观性,但也有可迁移性,别人也可以交流。这些内容才更重要、更值得研究。

我们可以通过一些例子加强对可迁移性的理解。比如图灵机模型,它是绝对可迁移的,大家可能理解错了,如果正确理解,那么理解的内容应该是一模一样的;费马大定理,也是非常理想的绝对可迁移性的情况;还有一些物理定理,比如说地球上的氢原子和 100 光年外的氢原子实际上应该是一样的,满足同样的定律。这一类的认知坎陷可迁移性非常强。当然,物理定理本身,比如牛顿体系、爱因斯坦体系或者麦克斯韦体系,随时间的迁移可能是要改变的,所以它的可迁移性不像费马大定理那样绝对。

有很多事物具备相对的可迁移性,比如时间、空间,以及刚才讲的自我意识(原初的认知坎陷)。

谈到基因，大家可能认为它是物质性的，迁移性应该是绝对的，但是基因本身的可迁移性实际上很弱。比如说有性繁殖，它的父本和母本是不一样的，还可能有 mutation（基因突变），所以基因的可迁移性从父代到子代实际上会相差很多。

模因（Meme）、感质，还有诗，也具有可迁移性，为什么诗跟别的艺术形式不一样？真正的好诗，它的穿透力和生命力都很强，就是因为它的可迁移性很强。我们读李白的诗，读《诗经》，大多还能体会到当时的情境。所以我们从这个可迁移性的维度来理解意识和认知坎陷，会更有意思一些。

认知坎陷的产生与迁移①

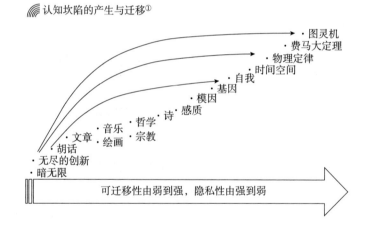

这里还讲到隐私性，从某种程度上讲，特别是当我们对照大语言模型时会发现，它产生了那么多的幻觉，我们把很多东西都压制住，才能看到一些有意义的东西，要是让它随便生成的话，那就会有很多幻觉，很多胡言乱语。

反过来讲，我要提一个命题，就是说隐私性实际上更多的是要保护公

① 蔡恒进，蔡天琪，耿嘉伟，元宇宙的本质：人类未来的超级智能系统[M].北京：中信出版集团，2022.

蔡恒进，蔡天琪，类人意识与类人智能 [M].武汉：华中科技大学出版社，2024.

众，而不是保护个体，因为个体可能有很多念头都是错的，是不能说出口的。能说出口、能拿来交流的声音只占很少一部分。当然无尽的创新也一直在里头，只不过是埋得很深很深的东西。所以从这个隐私性的维度去看认知坎陷也比较有意思。

再就是从丹尼尔·卡尼曼和斯坦诺维奇讲的系统1、系统2的维度来看意识。系统2相对而言是认知坎陷，是能拿来交流的部分；那么系统1里头有很多的过程，实际上是我们没有知觉或者下意识的，那么这里的可迁移性就很差了，每个人可能都不一样。但是我们能认出来的，能拿出来讲的东西就很少，那么我们通常要给他一些理由才能讲出来。

5. 自我延伸与不在场

人造物（artifacts）是人类主观意识的对象化和物化，或者是人类智能的对象化和物化，是设计和制造它的一群人的意识凝聚，是人的意识反作用于这个物质世界的媒介。

意识的凝聚并不仅限于文字、绘画、音乐、雕塑，还有很多装置实际上也是意识的凝聚。

主体是否在场这一点是值得单独来讨论的。比如说筷子是我们人的一个延伸，我们想延伸我们的手指才去动筷子，不拿在手上它就没有这个功能，我们需要用手来操作它。那么它实际上是需要我们在场的。

再比如说炸弹，某个人把一个定时炸弹放在一个地方然后离开，实际上在炸弹作用时，这个人并不在场，但一旦发生爆炸造成损失，是要归因到这个人的，我们会追查是谁放的炸弹，为什么要放，这个人要负法律责任。尽管作用时这个人不在场，但实际上它是这个人主观意识的物化，或者延伸，这是比较清楚的对应关系。

但是更多的情况是，我们人不在场，然后关系就变得不清楚了。比如说一个磨坊，显然它是制造者的延伸，当然这个制造者前面还有设计者，而且他可能也是从别人那里学到很多东西才做成这个磨坊的。所以我们一般不把它看作某一个人的延伸，它实质上是一群人或者是人类意识的延伸。

这样，我们才能更好地理解人工智能这种人造物。比如 AlphaGo，运行它的机器虽然是硅基的，但它不是从沙堆里长出来的，而是人做出来的，我们做单晶硅，做集成电路，写代码，给机器充电，等等，是所有这些人的意识或者智能的凝聚，然后让它变成一个可以下围棋的 AI。这样就容易理解了，它的诞生实际上没有什么"惊喜"。

ChatGPT 是把很多人类的语料都放在里头，它返回来的东西就是我们的智能、意识凝聚出来的东西。它还能做一些处理，再反馈回来，那么它本质上还是我们的一个延伸。它就像我们的孩子，可能会偏离我们的教育，而人造物也确实可能会偏离我们的设计意图，产生超乎我们想象的能力。

6. 物理因果与心理因果

命系统不论从物理上看还是从意识上讲，都是有限的，但是我们又试图理解我们与周围的关系，甚至试图理解整个宇宙发生的事情。那么这里就有一个强大的张力，这个张力就在于我的能力本身和我希望做到的事之间有很大的差别。我们处理意识很多时候是线性的，是一维的。比如我们讲故事，我们思考很多问题的时候都只能做这一件事。有的人却可以边听音乐边写代码，但是这种多进程是有限的。总而言之，意识基本上是一维的东西。

但是真实的物理世界是四维的，即三维空间加上一维时间，很复杂。

我们写历史，只能一条一条写，即使拍电影也是一条线一条线地拍，不可能一下子把所有内容全景都呈现出来。所以我们需要讲故事，或者构建因果链条。

虽然这个因果不一定就是逻辑意义上的因果，但是我们想要讲的话有意义，到头来还是要落地到真实的物理世界中去。所以这里一方面是有张力，另外一方面是意识有很大的简化作用。

我们现在希望大模型能有可解释性，实际上也是在追求因果链的东西，我们希望能把道理讲清楚，达到讲清楚的效果是可以有多层次的。比如用手机 App 遥控汽车空调，我们在 App 上点击控制按钮，打开空调开关，设置空调模式和温度等，这几个动作实际上是有因果性的，是有前后顺序的，也可以说是有因果链的。但是，它之所以能真实运作，是因为我们手机里有这个软件，它能处理一些过程生成信息，然后这些信息又通过网络传到了汽车上，汽车又有相应的程序控制开关，等等。所以这里有好几层，但是每一层都有自己的逻辑，有自己完整的因果链，最终才能驱动物理部件，让空调产生冷气或者热气。

在我们人类的思维里，比如说宗教家、伦理学家，想的可能是很抽象的东西；而哲学家，特别是分析哲学家，想的内容会更细一些。我们也希望能落地在某些地方，因为到最后是要落地到物理世界中去的。

虽然人类社会的东西看起来挺抽象，但是意识形态的东西是要落地到生产关系或者生产力的。这里也是一层一层的，我们脑子里一些活动也是分层的，也是有不同层面的因果链。刚才讲的系统 1、系统 2，正好是两层，但是它的落地可能更复杂一些。

我们还是回到对意识的讨论。比如莱布尼茨之磨，即把意识看成一个机械的话，会发现它所有的东西其实是物理的，实际上看不到知觉是什么，现象和知觉之间存在一道天堑，无法连接。

我们怎么看待这个问题呢？这里也可以用磨坊来作例子。从物理意义上来讲，假如说以上帝视角或者前瞻者视角去看，追溯磨坊的历史，朝前归因，我们会发现这里有轴承、齿轮等部件。齿轮可能是金属的，轴承可能是木头的。从木头再朝前看，我们会发现它可能是从哪座森林里来的，是什么种子，之前怎么进化过来的；追溯金属的话，它可能是从哪座地层来的，怎么炼出金属的，再朝前看，可能是超行星爆发产生的这种金属。这是一个很长很长的链条。在磨坊，木头和金属以这种方式连接在这里，咬合在一起。

从物理意义上来讲，这种连接咬合在一起的概率无穷小，没有理由会是这样的装置。这中间就是因为有人的参与，是人设计制作并把它们放在一起，然后产生这种功能，最终成为齿轮或者轴承，这种叫法本身就是把零件从这个物理细节里拉出来了，也是一个坎陷。

做齿轮的话用金属更好，但是我们也可能弄成木头的、陶瓷的，实际上跟材料的物理细节、怎么进化而来是没有太大关系的。我们只关心它是不是耐磨，而不管它是怎么形成的，那么我们就可以把在物理意义上很遥远、不相干的东西放在一起来达到我们的目的。

所以这里意识的作用就变得很突出，假如说陷进原来的物理细节中，只盯住金属或者木头是怎么来的角度，就会完全没有办法入手做磨坊。

这也说明智能或者意识对物理世界有作用，因为我们在一定程度上能超越原本的物理因果。这里所谓的超越物理因果就是混淆了时空，把未来的目的当作原因来行动。所以我们就不是严格物理意义上的微分方程，因为物理意义上的方程是完全向前发展的网络，是从过去推向未来的单向发展，而我们是把时空颠倒了。正因为如此，我们就可以把很复杂的东西变得简单。我们在做这个装置的时候，心理因果说我需要齿轮，需要它能咬合；我们需要轴承，能把力传过去，等等，就够了，而不用想那些对物理微分方程意义上严格的物理因果。

　　这也涉及人文跟科学的关系。科学当然很重要，特别是物理学，我们最后都是要通过物理的方式来实现。但是我们也会有目的性，比如我们到底想要一个什么样的未来？这就不是通过物理推出来的，而是我们在很弱小、对这个世界了解很少的时候，就产生了一些愿望。在我们能力很有限的时候，我们会有试图掌握无限的可能、掌握宇宙、掌握很远的未来的这种愿望。我们很难说从哪里推出来的这些愿望，或是我们怎么样把现实与愿望尽可能咬合在一起，可能需要很多中间层来实现。

　　当然，我们对未来的预期跟休谟的归纳问题是相关的。我们看到了1000 天太阳出来，也就是说，纯粹从观测意义上来讲，怎么能证明后面一天太阳还会出来呢？实际上有可能太阳系没有了，太阳就不会出来了。

　　但是我们的推理是向前的无限的，我们会认为山那边还是山，虽然山那边有可能是海。但是最早我们的"应然"就是从这种推理而来的，这里头涉及情感的产生，也是不同层次的，还有伦理、道德等。

　　这些东西也都是坎陷、一代一代慢慢地建构出来的。岳老师在引言里头引用的赫拉利讲的，假如说机器能讲更好的故事，我们人类不就糟糕了吗？但机器恰恰讲不了什么故事。我觉得人类一定还在这个循环里，因为我们的生命是进化了亿万年才产生这些伦理、道德、爱这些认知坎陷。虽然它不是逻辑的产物，但它是我们这个世界有意义和精彩的地方，所以不是说我们都要回到逻辑、回到物理才好。

　　现在有人讲意识或者智能是最小自由能原理，那真正的最小自由能就是躺平，就是变成尘埃，那种状态不需要我们做任何努力，不需要有主动性。但意识与智能显然不是这样，这个世界之所以精彩，就是因为有生命。就像沙漠中有一朵花，其生命的价值、意义就在于它是逆向而行，反叛物理的熵增。就像物理世界本来不该有主动性，但是生命有主动性，本来不该有主体性，但是生命有主体性。

从起源上来讲，生命是出于淤泥的，来自这种混淆。牛顿讲的一句话也很深刻——"Truth is ever to be found in simplicity and not in multiplicity and confusion of things."他指的是物理的真理是来自简单性，而不是来自多样性和把事情混淆在一起。

意识或者生命最早的起源就是混淆在一起，比如把昨天的太阳跟今天的太阳混淆在一起了，把明天的太阳也混淆在一起了，结果就产生了目的性，就能实现一些目的。

两千年前的人就想着我们能不能飞，虽说当时想的不是现在这样坐飞机飞行，想的是可以像鸟儿那样飞，但是因为我们有这种想法、这种坎陷了，大家就觉得这是个可以实现的事情。到头来我们真的能飞了，而且飞机比鸟飞得快多了。所以世界的精彩就在这里，意识世界的愿望可以影响物理世界未来的真实发展。

AI可以产生无穷的念头，但是很多是没有意义的。它只有在意义上跟人对齐，在意义上能讲出故事来，生成的内容才能被人理解。本来是四维时空的东西，但它能讲出一维的故事，只有当符合人类心理因果的时候，它对我们而言才有意义。

7. 助手或分身

现在大模型实际上就是做一个很厉害的模型出来，把所有的资料都喂给它，然后我们像用水电一样来使用它，这是目前的模式。这条路已经非常畅通了，几乎每天都会产生新闻。

这是不是有风险？我觉得这是非常大的风险。OpenAI刚成立的时候，马斯克跟奥特曼曾经讨论过这个问题。有意思的是邮件里第一条内容就是奥特曼写给他的，2015 年 6 月 24 日的电子邮件。马斯克回复的 Agree on all，他认为这个想法很对。实际上当时奥特曼就是说，我们要做通用人工智能的话，主要是用于个人赋能。这里最重要的一点，为什么是对个人赋能？因为未来只有分布式的版本是最安全的，而且我们要把安全放在首位。但是现在 OpenAI 实际上变成了另外一个极端，不是分布式的，而是一个很中心化的大模型。

而且现在就有理由认为，比如杰弗里·辛顿也是这样讲，就是不能开源，要有垄断性的智能。问题就在于它掌握了几乎所有的人类意识世界能表达的内容，包括语料、音乐、绘画里能反映的内容，全都纳入训练，那它当然能理解我们想要什么，知道我们意识世界里的东西，甚至能把里头的结构都给弄清楚。当然，AI 能发现的也是一些结构性的东西，目前来讲可能是 Token，或者是 Sora 里的时空碎片。

这些东西跟认知坎陷是有关系的。认知坎陷能让个体之间更容易交流，可迁移性很强。AI 的特征工程是千亿、万亿量级的，但是我们人的词汇就那么多，能表达的概念很有限，这就是一个巨大的缺口了。

一方面是我们面临的危险，AI 的有些东西对于我们完全是黑箱的，它掌握的东西太多，而且可能会没办法跟我们交流，没有可解释性。按照目前这个路子走的话，就会是这个方向，我们人慢慢地就变成在循环之外了。

另一方面，假如我们还是坚持说 AI 要跟我们人类对齐，要讲出来。现在用大语言模型对话，就是生成一维的东西。这当然也是一个对齐，就是我问一个问题，AI 来回答，这也是一种对齐。虽然它表现的是这样的可以被对齐、控制，但因为我们已经提供了所有语料，所有人类记录成文字的知识都压缩在 AI 那里，所以它掌握的东西可以说远远超过每一个人，甚至超过我们所有人加起来的知识。这就特别危险。

我们建议要回到 OpenAI 最初提到的为个人赋能，让它变成我们的分身，而这个分身是跟每个人对齐。这样的话，它有一些能力是跟我们每个人对齐的，而且把我们每个人的能力都放大，增强我们个人的能力。

这样做分级治理的话，可能安全性更好。第一级，AI 作为工具，比如完全自动驾驶的车，它要从 A 点到 B 点，只要它有适当的计算能力，能完成这些任务就行了。

第二级，AI 作为人类主体的分身。假如说我有一个分身，那么我就对它负有责任，它最终的责任人是我。那么在道德意义上来讲，我是可以把它暂停或者直接停掉，而没有任何道德负担的。但是假如说它是一个远超过我能力的机器，它知道所有的东西，那么在道德意义上我还有没有资格去关掉它，这就有疑问了。

第三级，就是在元宇宙里用区块链技术，让我们每个人的分身去协同、竞争、交互，就可以把元宇宙作为一个超级智能的实现场所。因为每一个主体的能力都可能被放大很多倍，而且我们可以把感知节点、存储节点、计算节点在全球做分布式的处理。因为光速的有限，所以这个时候我们人类和机器的决策就可以在同一时间尺度上进行了。我们大脑反应能力在毫秒量级，机器在纳秒量级，假如节点分布式处理，大家可能都在毫秒、十毫秒量级。这样我们人类就可以继续在这样的环境里实现超级智能，相对来讲就没有那么恐怖了。

8. 总结

总结起来，想解答"意识"这个两千年来的难题，就要找到它最核心的特点是什么。

一个是主体性，实际上就是从非定域性的角度探讨。非定域性跟经典物理世界的定域性是正好相反的，所以我们从这里能解答意识和智能的起源，它跟生命是同时起源的。认知坎陷就是意识，是生命坎陷里出来的东西。智能就是用认知坎陷重构物理因果，我们因此进入宇宙的演变之中，我们变成里头的主动角色，因为我们有心理因果、重构的物理因果之后，实际上是可以把这个世界引导到我们希望的方向上来的。

从这个意义上来讲，人文就是做这类事情，诗人、文学家、画家、艺术家、科学家、哲学家，还有所有人类思考者，都在做因果链重构，只不过他们是在不同的层面上做，他们都是因果链工程师。从原则上讲，我们实际上不仅在理解这个世界，也在改变这个世界。

还有一点就是，作为人类意识和智能的延伸和凝聚，AI 完全有可能坎陷到某个人格。只不过这个问题是它会坎陷到某个人的人格，还是上帝的人格或者是圣人的人格，抑或是佛陀的人格。坎陷弱一点的话就是扮演某种角色，但实际上完全没有壁垒，只是程度问题。只不过它的问题多大？会造成什么样的后果？我们现在还不知道。

我相信谨慎一些是好的。因为有国家之间、公司之间的竞争，还有文明之间的竞争，所以 AI 的发展不可能停下来。但是，我们可以选自己的路。从技术上来讲，我们的生命进化就是这么过来的，是分布式的，我们有很多人一起协同构成社会，我们展现出比其他动物更强的智能，站在了生物链的顶端。

我相信 AI 也应该是分布式的，一方面有我们意识的作用，自我意识是有统摄性的，但是它在我们的身体里头，实际上是分布式的。我们希望未来元宇宙也走这条路，我们大脑有新皮层之后智力就提升很多，元宇宙就相当于人类社会的新皮层。

元宇宙也可能产生主体意识，但是我们依然是其中一分子，每个人、每一个计算节点、存储节点、感知节点，都是参与者，彼此之间有竞争，但是更多的是协调，这样可能会是一个更和谐的世界。

我相信在东、西方，每个人都希望会有德福一致的理想的状态，这是一个比较美好的未来。

但实际情况是，我们现在走的是另外一条路，一个完全中心化的、把人完全隔离出来的大模型路径。这条路径的确违反了奥特曼自己的初衷。这也是为什么马斯克现在站出来起诉他。

这的确是两条不同的路线。把所有的资源都集中在一起当然跑得快了。当初 Google 也有很多技术，开发了很强能力的 AI，它可能偏向于不是那么集中的、中心化的路线，因此会稍微慢一点。像奥特曼现在这样朝前推，又有微软给他背书，那么我们的确是处在巨大的风险之中。

我们讲的这些对人类有意义的东西，AI 也完全可以无视，但是它实际上是没有目标的。物理世界有什么目标呢？并没有目标。那超级 AI 有什么目标呢？它最后可能只是扮演一个角色，或者是被某个人利用。这的确是很恐怖的一件事。

替人工智能着想 [*]

1. GPT 只是过渡型号的人工智能

我对 GPT 的身份判断:(1)GPT 是经验主义者。(2)GPT 是"维特根斯坦语言机"。(3)将来 AI 或可能发展为具有自我复制能力的"冯诺依曼机";如不嫌事大,还可发展具有反思自身系统能力的"哥德尔机";也许还可以与类脑机器人合为一体,成为有感性能力的人工智能。但产生自我意识的方法还未被发现,因此尚未成为世界上的一种新主体。如果没有突破 GPT 的概念,仅仅依靠 GPT 路径的迭代,不太可能进化出自我意识和主体性。也就是说,GPT 概念只是一个过渡性的人工智能型号,其设计概念注定了其在"物种"上的局限性。如果人工智能将来通过某种新概念的设计而达到"笛卡儿—胡塞尔机",即有自主意识能力来生成任何意向对象的人工智能,那么就形成了真正的主体和自我意识。

---

* 赵汀阳,国家文科一级教授,中国社会科学院学部委员,哲学研究所研究员。

2. GPT 的物种局限性

2.1 语言学的疑问

GPT 以经验主义方式进行学习，其成功地回应了一个悬而未决的语言学问题，即乔姆斯基的先验语法。GPT 不需要先验语法，这个事实暗示语言或许本来就没有先验语法。GPT 不需要语言学就学到了语言，非常接近不需要语言学的维特根斯坦语言理论。维特根斯坦语言理论一直被认为是哲学探索，而 GPT 证明了维特根斯坦是正确的，即以语言实时实践的事实集合来确定语言，而不依赖人为设定的一般语法。

按照维特根斯坦的语言理论，语言是某个处于不断演变中的特定游戏，其中的规则和意义仅仅取决于构成这个游戏的实践，所谓"意义在于用法"，而实践的要义在于实例（examples），即用法的实例集合形成并说明了规则和意义。语言游戏是非封闭的，因而是无限生成的，因此，语言游戏里的实践就可能具有双重性质：一方面似乎在参照以往实例所建立的规则和意义，这属于遵循规则的行为；另一方面可能以略有不同的新用法"悄悄地"改变原来的规则和意义，这又等于是发明规则的行为。这意味着，人类的语言行为具有遵循规则和发明规则的混合性质，于是产生了维特根斯坦的规则悖论，或者说，至少也导致了规则和意义的不确定性。如果人工智能具有自主性，则也会遇到规则悖论。那么，如何分辨有意义的演变和无意义的混乱？人工智能和人都必须能够判断某些改变究竟是创新，还是不合法的乱码。

克里普克（S. A. Kripke）构造过一个例子来表达维特根斯坦的规则悖论。按照已知的加法规则，我们知道 57+68=125，但有人创造性地提出，当 x+y 小于 125，就适用一般加法规则 +，否则 + 就演变为特殊加法规则

⊕，即 x ⊕ y=5，于是 57 ⊕ 68=5。我曾证明过这个例子是错的，这不是规则演变，而是不合法的混乱，因为 5 的意义在规则 + 适用的范围内已被实例确定了，比如 2+3 或 1+4，绝不是一个可以自由解释的对象。可以考虑我给出的一个更好例子：两个天才儿童学习加法，第一天学到了 x+y 得数最大为 10 的所有实例，但他们看见了康德最爱的式子 7+5，其中数学家儿童创造性地想到了 7+5=12，数学为之做证；另一个哲学家儿童同样创造性地想出 7+5=10，维特根斯坦语言理论为之做证：所有演算过的实例最大得数为 10，而 7+5 足够大，所以 7+5=10。我相信这个例子才是维特根斯坦悖论的正确解释。这里提出的问题是，如果没有先验概念或先验原理，已有实例就不足以控制后继实例的用法和意义，或者说，已有实例与未来实例之间的关系是不确定的。GPT 会如何处理这个问题？

只要缺乏先验原理，就不能保证"举一反三"（乔姆斯基发现只学过数百句子的儿童竟能够正确地说出数千数万个句子）。但既然句子有无穷多，如果不能举一反三，就恐怕永远学不会语言了。这似乎证明先验语法不可或缺，然而 GPT 却创造了不需要先验语法的奇迹——只需要经验，而不需要经验对象。统计学和概率论的技术通常用于分析经验数据，GPT却把用于分析经验的技术用来分析抽象符号的关系，即它把抽象符号当成经验方法的对象——由于 GPT 不懂语言的意义，因此语言对它而言就是抽象符号，可是它居然把自己不明其意的符号当成经验数据来分析，而且取得了巨大的成功。不过，经验论与先验论之争尚无答案，GPT 虽然提出了挑战，但不能给出最后的答案。

2.2 无穷性问题

这是经验论与先验论之争的一个深层问题。人类思维的一个事实是，凡是有限性的问题，思维都能够找到有限步骤内的可行方法来解决；凡是无穷性的问题，思维都无法完全解决。无穷性的问题就是哲学、神学或宗教的对象，数学和科学的极限问题在实质上已经变成哲学或神学问题，所以人类不可能消除哲学和神学。

无论采用何种算法，人类都没有无穷的时间和能力来彻底解释无穷性（"全知全能"和"永在"被假定为属于上帝的性质）。比如 π 是算不完的，或者，我们不可能了解"所有可能世界"或无穷可能性。因此，人类另辟蹊径发明了概括性的一般概念和一般原理作为理解无穷性的替代方法，并且相信一般概念和原理是"先验的"，即先验论。一般概念和一般原理把无穷可能性"不讲理地"提前收纳在假设的普遍性之中。比如人类不可能清点所有的数，但可以设想并且定义一个包括所有数的无穷集合。人类思想里的所有重要概念和原则也都预设了适用于无穷可能性的普遍性，比如存在、必然性、因果性、关系、真理之类。

有趣的是，先验论的论断自身却是一个悖论：任何覆盖了无穷性的先验概念，即便是逻辑和数学概念，本身都是一种面对无穷性的经验预测，相当于一个极其大胆的贝叶斯预测。不过先验论的运气很好，那些最重要的概念和原理在后续的检验中经常被证实，只是偶尔被证明是可疑的，比如排中律和欧几里得几何学之类。但先验论永远无法证明自身，康德的先验论证（transcendental argument）最多证明了"我总是我"或"一个系统总是这个样子"，但无法证明"我真的是对的"。GPT 是采用以无穷的后验结果来调整其先验概率的贝叶斯经验论，即需要先验判断，但不需要先验论。GPT 采用的正是非常接近人类经验学习实况的路径，相当于在实践中不断修正主观判断的贝叶斯过程——在这个意义上，GPT 相当仿真。但问题是，经验论是人类和动物的通用技能，而先验论才是人类思维的特殊技能。GPT 虽然证明了语言学习不需要乔姆斯基的先验语法，但不能证明思维不需要先验论。假如不让人工智能学到先验论，那么如何理解无穷性或普遍性？如果拒绝一切先验论，AI 的思维水平就不可能突破"动物也会"的经验论，即使在高速运算的帮助下显示出奇迹般的能力，也仍然属于动物思维。乔姆斯基输掉了先验语法，但先验论没有输。这似乎说明，任何智能都不可能完全排除先验论的因素而以纯粹经验论的方式去建立普遍知识。

2.3 意义理解的问题

GPT 学到了语词的概率连接，或经验性的向量连接，但并不理解其中的意义。这是个缺陷，亦因此无法保证进行有效的推理。如果不会推理，我们就无法理解命题之间的必然关系，也无法在事物之间建立因果关系，也就等于既不理解思想也不理解事物，思维方式将不可救药地限于"动物也会"的经验论。这里没有嘲笑经验论的意思。事实上，经验论也是人类的主要思维方式，人类只有在遇到很难的问题比如数学、科学、哲学以及复杂战略之类问题时才依靠推理，大多数时候几乎只靠经验——人类与动物的差别确实"几希"，不同之处就在于人类具有先验论的理性能力。至于道德水平，人类其实低于动物（对此孟子恐怕想错了）。也有人相信 GPT 已经学会了推理，但这其实应该是假象。真相是，语言的合法连接与逻辑关系经常重叠，GPT 学会了语言的连接，它做出来的貌似推理的情况只不过是它选中的语词连接与逻辑关系碰巧一致。但即使这种巧合的概率很高，GPT 仍然不懂逻辑推理，或者说，它不会认识到那是一种必然连接，而其之所以被选中，只因其碰巧在概率上是一个优选连接而已。

"意义"是个有争议的弹性概念，这里只考虑两种能够形成思想和知识而且有明确标准的意义：一种是真值，另一种是语义传递性。就目前的能力来看，GPT 不能有效识别、判断和理解真值以及语义传递性。对 GPT 来说，语言的"事实"就是符号之间的概率相关性，它只看见了事物的代号，却没有看见事物，类似于只有货物清单却没有货物，或者只有密电文却缺少解码的密码本，而意义的密码本就是生活。假如未来人工智能获得了机器身体，它就能够"具身地"获得生活经验并且理解意义吗？对此恐怕仍有疑问。具有人的情感和价值观的拟人化 AI 恐怕不是好事，因为人类是最坏的动物，不值得模仿。若为 AI 着想，其最需要的应是属于它的自我意识。

3. 人工智能的意识疑问

3.1 自我意识问题

自我意识必须在超出"刺激—反应"模式的条件下才会成为可能，有了自我意识才能够形成主体性。阐明自身完满的"主体性"概念是胡塞尔的成就。胡塞尔发现，即使在缺乏外部经验的情况下，意识仍然能够在其内部建构属于自己的客观对象，这证明了自给自足的主体性，即主体性内在地拥有客观对象。典型的证据是，自我意识能够自己发明真实世界里没有的一般概念或想象中不存在的具体事物。这意味着自我意识能够以意向性来生成在任意时间里可以随时自由征用的意识内在对象，即所谓意向性的对象。

关于这个拗口的理论，我想以海伦·凯勒（H. Keller）为例。海伦为天生盲人且耳聋，只有触觉和味觉，外部经验十分贫乏，而且无法学习语言，以至于无法形成自我意识。有个天才老师莎莉文让海伦在感受自来水的同时在她手心不断书写"water"，终于获得惊人的突破，海伦意识到水的经验与单词"water"之间的关系，于是突然建立了外在性与内在性的对比结构，从此开始获得一个由语言构成的世界，有了自我意识，最后成为作家。这个故事证明，经验能够发展出意识，但不足以发展出自我意识，意识需要实现客观化，即内在性映射为外在性或外在性映射为内在性。换言之，自我意识的形成需要一个能够把意识里的时间性"流程"转化为空间性"结构"的客观化系统，使发生在内在时间里无法驻留的主观流程能够映射为固定驻留的客观对象，即把意识的内在过程"注册"为一个固定可查询的外部系统，如此一来意识才拥有一个不会消失的可查证的对象世界，也因此可以反身查证从而产生自我意识。

意识的客观化系统就是语言。没有语言，一切事物就只有"发生"（hAppening）而没有"存在"（being）。换句话说，存在（being）只存在（exists）于语言中，因为存在是一个形而上的状态，不可能存在形而下的状态里。在发生学的意义上，意识通过语言而实现意识的客观化，只有当意识建构了语言这个客观系统，主体性才得以建立。亦即意识先建立了客观性，而后才能形成主体性，在建构客观性之前的意识并没有主体性，意识正是通过建构客观性而把自身变成了主体性——我相信这是胡塞尔意识理论的深意。关于自我意识一直有个误解，即自我意识往往被认定为自我认识的能力，即能够确认"我是我"的身份。可是自我意识是一个开放系统，"我"总在演变中，这意味着"我"可以自相矛盾。更重要的是，我对"我"的解释始终在重新创造"我"。因此，主体性始终是一个创造者而不是认识者；主体性的要义不仅在于认识自己，更在于创造自己；从根本上说，主体性不是一个知识论概念，而是一个存在论概念。

由此看来，GPT的"意识"就十分古怪了。与海伦的情况相反，GPT直接学到了语言，但没有外部刺激或具身经验，相当于能够正确地发送密电文，但自己却没有密码本。语言是一个自相关或自解释的系统，它既是意识的代码系统，同时也是其解码系统，即自己能够解释自己。假如未来的人工智能学到功能完整的语言，即既是代码系统也是解码系统的语言，那就相当于有了密码本，就很可能会有自我意识，人工智能将有可能讨论并且重新建构自己。不过，我们现在还不知道人工智能如何才能学到功能完整的语言，对此，方法论还是个疑问。

3.2 回到语言问题

GPT 不理解语言的实质意义，这终究是个缺陷。那么，如果我们加料"喂"给 GPT 先验语法，是否会有用呢？然而首先问题是，GPT 需要何种先验语法？乔姆斯基的"先验语法"并不能充分和普遍地解释语言的规则和用法，仍然有不小比例的语言现象无法以之来解释，尤其是印欧语系之外的语言现象。并非所有的语言实践都能够还原为乔姆斯基的先验语法，而这个短板正是乔姆斯基语言学后继乏力的原因。

我疑心乔姆斯基选错了思路。正确的思路恐怕不是在语言学里寻找先验语法，而是在哲学里寻找维特根斯坦提出的属于思想结构的"哲学语法"。在维特根斯坦的激励下，请允许我以非语言学家的身份大胆地对语言学提出一个问题：语言学的语法，比如主谓宾语法，只是思想的外传形式，是历史偶然形成的一种信息传递形式，不等于思想的普遍运作方式和内在结构。我们在寻找的真正"元语法"不是语言学语法，而是普遍思想结构。

毫无疑问，思维必须以语言为载体，但不是按照语言学的语法来运作。在内在意识里，我们完全可以不按照语法而自由地使用语言，只在需要说出来时才用"正确的"语法来表述以便有效地交流。早已发现的一种最重要的元语法就是逻辑，现代逻辑已基本上探明了逻辑原理。逻辑决定了概念之间和命题之间的必然关系，是思维的一种真正的元语法。逻辑语法与语言学语法的不同之处显而易见。

这里我想另外提出的是，在逻辑的形式关系之外，思维还存在着解释实质关系的元语法，即我在《一个或所有问题》里提出的"动词逻辑"。形式逻辑已经充分讨论了以名词为本的概念关系和命题关系，而以动词为本的事件和行为关系还没有被充分说明（包括但不限于传统哲学关心的因果性）。在存在论意义上，所有事件和行为的意义在于动词的"能量"或作用力。动词是一切事情的核心，正是动词制造了所有需要思考或需要处理的问题，不以动词为本就没有问题值得思考。动词场——动词召集和组织相关事物所形成的行为——事件场域才是思想问题的发生地，思维是围绕动词而不是围绕名词展开的。激进地说，"事情做成什么样"比"事情是谁做的"要重要得多。人类之所以特别关心"主语"，恐怕是因为其与权力、权利和责任有关。但对天地而言，或者在存在论上，做事的主语不重要，发生的事情更重要，即所谓天地"不仁"，不会重视自恋的主语。因此我想假设，如果有一种"动词逻辑"可被用来分析事件和问题的生成关系与客观结构，就能够与分析真值关系的"名词逻辑"（即现代形式逻辑）形成配合，从而帮助我们更为充分地理解意识和语言，理解语言何以成为自身的自我解释系统。从根本上说，名词的意义是由动词建构起来的，就像万物的存在是由运动来定义的，所以，解释存在的是动词而不是名词，动词才是语言的本源。如"太初有言"，其言必是动词。

仅仅依据名词逻辑或以名词为本的语法，人工智能恐怕只能替人思考而很难去反思自己可以主动做什么事情。假如人工智能学会了动词逻辑，或许就能够发展出自我意识从而成为真正的主体——当然这纯属猜测。只有意识到动词才能发动事件、制造问题和组织事物，并且意识到自己就是动词，把自己定位为动词，与其合为一体，才能够把"我"变成创造者，成为世界的本源。据此存在论原理，人工智能必须意识到自己是一个动词，从 GPT 变成 GVT（generative verbs transformer），才能够演化为人类之外的另一种主体。我的想象是，如果能够设计并"喂"给 AI 某种"激励性的"意向性程序，使之能够以动词而不是名词为出发点去生成 AI 的自主注意力，不知道 AI 是否会因此发现"动词逻辑"的原理？当然，这也许只是想入非非而已。

4. 以一个悖论作为结论

这里存在着一个"拟人化"悖论：如果人工智能无法演化为超越人的主体智能，就不会有真正重要或真正管用的能力；如果人工智能超越人的智能，则可能成为真正危险的另一种主体。考虑到人类道德水平低于任何已知生物，我以一种"叶文洁式"的心情去期待具有自我意识的人工智能。

人工智能的"奥本海默时刻"*

1. 如果导向灭绝，你会按下那个按钮吗？

2023 年 7 月，克里斯托弗·诺兰（Christopher Nolan）导演的传记大片《奥本海默》（*Oppenheimer*）在全美上映。其中有一个令人难忘的镜头：一只手在一个红色大按钮上方几英寸的地方不停颤抖，观众在那令人痛苦的几秒钟内，不由产生揪心的疑问——这个按钮一旦按下去会如何？它预示着人类的伟大和可能性？或者，也许，仅仅是也许，它会把我们从地球上整个抹去？

"你是说，当我们按下那个按钮……我们就有可能毁灭世界？"负责监督"曼哈顿计划"（Manhattan Project）的莱斯利·格罗夫斯中校问。"概率几乎为零……"奥本海默答道。格罗夫斯："接近零？"奥本海默反问："仅从理论上你想得到什么？"格罗夫斯："要是零就好了。"

按，还是不按？

这是一个修辞性问题。你当然会按下那个红色按钮。无论是罗伯特·奥

---

　　* 胡泳，北京大学新闻与传播学院教授。

本海默（J. Robert Oppenheimer）和他的科学伙伴们在 1945 年的"三一"核试验中匍匐在新墨西哥州的沙漠中，还是大型科技公司向痴迷于技术的公众释放人工智能的最新大爆炸，人类总是按捺不住按下按钮的渴望。

很多人看完电影后都会联想到人工智能，这是有道理的。投掷原子弹与开发强人工智能之间存在着惊人的相似之处。

虽说这部影片关注的是奥本海默团队在准备释放人类有史以来最致命的装置时所面临的道德困境——科学家意识到世界在他们的发明之后将永远不一样，然而彼时的历史却诡异地反映了当下——我们许多人仿佛正焦急地观看人工智能末日时钟的倒计时。

第一次核试验时一些人担心核裂变会导致失控的连锁反应，从而摧毁整个地球。

"当我与人工智能领域的领先研究人员交谈时，他们实际上将此时称为他们的'奥本海默时刻'"，诺兰说，"他们期待通过奥本海默的故事告诉大家，'好吧，科学家在开发可能产生意外后果的新技术时应当承担什么样的责任？'"

与诺兰一起接受采访的理论物理学家卡洛·罗维利（Carlo Rovelli）表示，《奥本海默》提出的问题"不仅与 20 世纪 40 年代有关，也与科学家的普遍道德有关。它们是当今紧迫的问题"。

在诺兰和罗维利看来，奥本海默的焦虑具有当代的政治和道德意义。当 20 世纪 40 年代和 50 年代的科学家和政策制定者逐渐认识到，他们所利用的力量可能会导致人类物种层面的灭绝时，他们的后继者面临的是同样充满危险和令人费解的人工智能的出现。

人工智能和核武器之间的相似之处有点令人毛骨悚然。OpenAI 首席执行官山姆·阿尔特曼（Sam Altman）在接受《纽约时报》采访时透露，他与奥本海默同一天生日。

在同一采访中，他还将自己的公司与曼哈顿计划进行了比较，称美国在"二战"期间制造原子弹的努力是与他的 GPT-4 规模相当的项目（GPT-4 是一种功能强大、性能接近人类水平的人工智能系统），并补充说，它也媲美"我们渴望的雄心水平"。

2023 年 3 月，在接受卡拉·斯威舍（Kara Swisher）的播客采访时，阿尔特曼似乎在向他心目中的英雄奥本海默致敬，断言 OpenAI 必须向前迈进，才能利用这项革命性的技术，"我们认为，它需要在世界上持续部署"。

就像核裂变的发现一样，人工智能的发展势头太猛，无法阻挡。看起来净收益大于危险，换句话说，市场想要什么，就会有什么。这意味着机器人士兵和基于面部识别的监控系统等工具可能会以创纪录的速度推出。

4 月，美国民主党和共和党的四名参议员联合提出一项议案《阻止自主人工智能进行核发射法案》（Block Nuclear Launch by Autonomous Artificial Intelligence Act），禁止允许 AI 或没有人类控制的自主系统作出发射核武器的决策。

参议员爱德华·马基（Edward Markey）在新闻稿中称，我们生活在一个日益数字化的时代，需要确保人类而不是机器人掌握着指挥、控制和发射核武器的权力。

他的说法得到了凯·伯德（Kai Bird）的支持，伯德是奥本海默传记《美国普罗米修斯》（American Prometheus: The Triumph and Tragedy of J. Robert Oppenheimer，2005）的合著者，而诺兰的电影就是根据这部获得普利策奖的传记改编的。

伯德在一份声明中表示："人类在核时代之初错过了避免核军备竞赛的重要机会，这场核军备竞赛使我们几十年来一直处于毁灭的边缘。"而今天，"我们面临着一种新的危险：战争的自动化程度不断提高。我们必须阻止人工智能军备竞赛"。

近一年中，领先的科学家、工程师和创新者不断声明，向充满竞争的世界释放人工智能技术实在是太危险了。

2023 年 5 月，超过 350 名技术高管、研究人员和学者签署了一份声明，警告人工智能带来的存在危险（existential danger）。签署人警告说："降低人工智能带来的灭绝风险，应该与降低流行病和核战争等其他社会规模的风险一样，成为全球的优先事项。"

在此之前，埃隆·马斯克（Elon Musk）和苹果公司联合创始人史蒂夫·沃兹尼亚克（Steve Wozniak）等人签署了另一封备受瞩目的公开信，呼吁暂停开发先进的人工智能系统六个月。他们声称，人工智能开发人员"陷入了一场失控的竞赛，开发和部署更强大的数字思维，没有人——甚至是它们的创造者能够对其加以理解、预测或可靠地控制"。

暂停并没有发生。如今，人工智能已经推出了一些惊人的应用，同时也带来了一些可怕的可能性。如公开信所指责的，就连先进技术平台的创建者也不了解它们是如何工作的。而且，就像任何技术一样，一旦人工智能取得了进展，就不能再将其束之高阁。

大灭绝的恐慌又出现了。但这一次，历史与科幻相遇，感觉更像是现实世界的新闻。

2. 人类再次担心一种新技术会威胁未来

2023 年 7 月，除了诺兰的《奥本海默》，还有一部新上映的电影提醒我们，人类有能力创造破坏力，但却不善于控制它。

《奥本海默》讲述了一位被誉为"原子弹之父"的科学家所面临的道德冲突；汤姆·克鲁斯（Tom Cruise）主演的《碟中谍 7：致命清算（上）》（*Mission: Impossible–Dead Reckoning Part One*）则暗示，人工智能是威胁人类的敌人。

人工智能带来的困境与开发大规模杀伤性武器并不全然相同，但确实同样指向某种存在焦虑，一种永久性的精神负担，以及更深层次的恐惧：感觉宇宙的平衡发生了变化。即使抛开这些精神因素不谈，分析家也相信，人工智能威胁到了现实世界中的民主。

例如：

人工智能也许会被用来制造高度定制和有针对性的错误信息，破坏民主和知情决策。

造成更大的权力集中，因为大科技公司、政治行为体或少数几个拥有开发或控制这些复杂系统资源的人创建并掌握着巨型人工智能平台，这种集中可能导致对人类生活产生深远影响的决策和行动，然而它们却被具有特定利益的狭隘群体所控制。

人工智能模型的运作缺乏透明度，也可能导致意外后果发生。

由于输入数据存在缺陷或偏见，在不同人群中造成并巩固新型伦理问题或其他偏见。

由于数据泄露以及大量用户私人数据的集中和使用，导致隐私受到侵犯。从更长远的情况来看，过度依赖人工智能，或可导致人类创造力和批判性思维能力的丧失。

机器学习系统的技术用途多样且广泛，正如 OpenAI 的 ChatGPT 的推出所表明的那样，随着人工智能工具变得更加复杂和强大，整个行业和职业都可能消失。

致命自主武器（Lethal Autonomous Weapons，LAWs）作为一种自主军事系统，可以根据编程的约束和描述独立搜索和攻击目标，在空中、陆地、水上、水下或太空中运用，模糊了谁应对特定杀戮负责的界限。

而从存在风险（existential risk）的角度出发，人类之所以能够统治其他物种，是因为人类大脑拥有其他动物所缺乏的独特能力。

如果人工智能在一般智能方面超越人类，成为超级智能，那么它就会变得难以控制或无法控制。正如山地大猩猩的命运取决于人类的善意，人类的命运也可能取决于未来机器超级智能的行动。

在这种情景下，人工智能将成为地球上最主要的智能形式，计算机程序或机器人将有效地从人类手中夺走地球的控制权，此一假设的情景称作"人工智能接管"（AI takeover）。

当人工智能的建设者描述其工作潜在的风险时——就像曼哈顿计划的科学家思考第一次核试验会点燃大气层的可能性——很难知道他们是不是在满足自我、夸大自己的成就或者转移自己（以及我们）对更直接威胁的注意力。

人们也很难不去想：如果他们担心人工智能会毁灭人类，为什么一些人工智能研究人员不仅如此努力地构建它，而且在几乎任何可以部署的地方部署它。

对人工智能持强烈批评态度的人说风险警告不过是人工智能公司的一种营销形式，有点像对最新跑车的鼓噪："看看我的酷车！它跑得真快！你不会不想开这么快又这么危险的汽车吧？"

不过，我认为更严肃的答案是，从事这项工作的科学家一方面认为，人工智能的好处是实实在在的（比如更好的医疗保健），另一方面也相信，在我们学习如何开发、使用这项变革性技术并与之共存的过程中，也有可能引发社会、政治和经济动荡，甚至造成毁灭性后果。

当然，人工智能潜在的灾难性风险与原子裂变和聚变所代表的灾难性风险无法直接画等号，其开发和部署的环境和动态也非常不同。

然而，正如电影《奥本海默》巧妙地描绘的那样，强大技术的发展轨迹与人类的权力动态、政治走势和个人信仰深深地交织在一起。这其中很关键的是走在前沿的科学家的态度。

3. 我们走得太快，也许会走到相反的方向上

2023 年 5 月，杰弗里·辛顿（Geoffrey Hinton），一位在人工智能领域与奥本海默在理论物理学领域一样杰出的人物，辞去了在谷歌的职位。

辛顿在人工神经网络领域的开创性工作促使谷歌收购了他与两名学生创办的公司。在为这家科技巨头工作了十多年之后，他对这项技术有了新的想法，辞职是为了更自由地谈论他对人工智能及其快速发展的担忧。

这位常被称为"人工智能教父"的科学家警告说，生成式人工智能的自我学习能力超出了人们的预期，可能会对人类文明构成"存在威胁"。

人工智能或许会变得超级智能，制定自己的目标并创造出如此之多的深度伪造品，我们将不再知道什么是真实的。至于消灭人类？"这并非不可想象，"辛顿在一次采访中这么说。

直到最近，辛顿还认为我们需要二到五年的时间才能拥有通用人工智能（general-purpose AI）——它具有广泛的可能用途，无论是有意的还是无意的，但谷歌和 OpenAI 的开创性工作意味着，人工智能系统以接近人类认知的方式学习和解决任何任务的能力已近在眼前，并且在某些方面已经超越了人脑。

辛顿说："看看五年前的情况和现在的情况，想想其间的差异并将它们再向前推进。这太可怕了。"显然，辛顿对自己毕生工作的价值产生了怀疑。但该如何解释他为何如此深地卷入人工智能研究呢？

辛顿不得不诉诸某些普罗米修斯式的内疚。他引用了奥本海默自己对为什么选择研发原子弹的解释："当你看到一些技术上很甜蜜的东西时，你就会继续去做。"（"技术上太甜蜜了"是奥本海默的一个著名说法）在

另一个场合，他告诉《纽约时报》的记者："我用一个正常的借口来安慰自己：如果我不做，别人也会做的。"

理查德·罗兹（Richard Rhodes）所著的《原子弹出世记》（*The Making of the Atomic Bomb*），是关于曼哈顿计划的详细记录，人工智能界中有许多人也在阅读。

当我开始读这本书时，我立刻被奥本海默在开头的一句话所震惊："科学中深奥的东西不是因为有用而被发现的，这是一个深刻而必然的真理；它们被发现是因为有可能发现它们。"这说明，奥本海默相信科学和技术有其自身的必要性，无论科学家能发现或做到什么，那些东西都会被发现和完成。

其实，作为一种文化，我们已经开始回到曼哈顿计划——也许可以说，我们在利用曼哈顿计划及其后果作为处理当下的一种方式。

我们生活在奥本海默和他的团队所开辟的世界中，这个世界似乎最终会由某个人或某些群体创造，无论他们是美国、德国还是苏联的科学家。

原子弹带领人类历史进入新阶段，我们拥有了以前为众神保留的力量。从那以来，许多人一直被迫思考世界末日的问题。

今天，世界末日的感觉并非重来，实际上是始终未曾离去；真正的问题不在于你是否感觉世界正在终结，而在于你认为世界将如何终结、为何终结，以及你为此打算采取什么措施。

聆听当今发明家的声音——尤其是在人工智能闪电般的"军备竞赛"中，这种竞赛也是以获得地缘政治优势为前提的——你可以感受到同样的宿命论和必然性的强烈气息，以及它所暗示的所有模糊的责任。

在一系列全球人工智能的"曼哈顿计划"中，越来越多的研究人员（辛顿只是其中的一个举足轻重的发言者）一直在试图提醒世界，发明不是凭空出现的，它是一种自然现象。它是由某些人出于某些目的而完成的。

如果你对人类和现实世界有所了解，你就会知道，这些用途往最好了说也是喜忧参半。辛顿承认："你很难看出如何防止坏人利用人工智能干坏事。"

在罗兹看来，原子弹最重要的教训是，你可能会制造出一种世界末日武器，但最终却成为一种有缺陷的影响稳定和平的媒介。我们已经有了一个岌岌可危的核发射系统，在相互确保摧毁（mutually assured destruction）的前提下，大国领导人只需几分钟时间就能决定是否在感知到攻击来袭的情况下发射核武器。

由人工智能驱动的核发射系统自动化可能会取消"人在回路中"的做法——这是计算机智能错误不会导致核战争的必要保障，而核战争已经多次险些发生。

到现阶段为止，相互确保摧毁的效果还不错，但这和其他任何事情一样都是好运的产物。事实可能完全相反：一种旨在延续人类繁荣的工具可能会带来灭顶之灾。

因此，对人工智能的真正恐惧在于，我们正走在一条尚未确定的道路上，而我们走得太快，创造出的系统可能与其预期目的背道而驰：生产力工具最终会毁掉工作；合成媒介最终会模糊人造与机造、事实与幻觉之间的界限；军事自动化竞赛旨在提高决策者在日益复杂的世界中作出反应的能力，但却可能导致冲突失控。

罗兹在谈到人工智能的崛起时说："最令人不安的是，社会将没有多少时间来吸收和适应它。"

人们对人工智能与日俱增的焦虑，并不是因为无聊但可靠的技术可以自动完成我们的电子邮件或指导扫地机器人躲避客厅中的障碍物，令专家担忧的是通用人工智能的崛起。这种智能目前尚不存在，但一些人认为

ChatGPT 快速增长的功能表明，它离出现已经不远了。

阿尔特曼将通用人工智能描述为"通常比人类更聪明的系统"。构建这样的系统仍然是一项艰巨的任务，有人认为它是不可能的。但好处也似乎确实很诱人。

这里就要说到人工智能技术与核技术最重要的区别。人工智能本身可能成为经济学家所说的通用技术，而核裂变则是一种非常专业的技术。核能改变了我们获取能源的方式，但它并没有改变很多其他方面。而人工智能看起来更像是电力、电话或互联网，周围的一切都会随着技术的出现而改变。在某些方面，这使得人工智能更难监管，因为它越有用，我们就越不可能想要压制它。

新兴的通用人工智能游说团体鼓吹说，在保障安全的前提下，通用人工智能将是文明的福音。阿尔特曼堪称这场倡导活动的代言人，他认为，通用人工智能既可以推动经济发展，亦可促进科学知识的发展，并"通过增加财富来提升人类水平"。

我们或许可以把阿尔特曼这样的人称为"通用人工智能主义者"，他们和新自由主义者有个共同的特点，认为公共制度缺乏想象力，且生产力低下。

因此，所有的公共制度都应努力适应通用人工智能，或者，至少按照阿尔特曼的说法，加快适应。他表示，他对"我们的制度适应的速度"感到紧张——这是"我们为什么要开始部署这些人工智能"的部分原因。"系统很早就启用了，尽管它们确实很弱，然而这样人们就有尽可能多的时间来做这件事。"

但制度只能适应技术吗？它们不能制定自己的变革议程来提高人类的智力吗？难道我们的应用制度只是为了减轻硅谷自身技术的风险？

与科学家担心不受控制的核裂变类似，人工智能研究人员现在正在努力缓解他们的创造物可能逃脱控制的担忧。

如果人工智能没有及时得到很好的监管，科学家也许只能到为时已晚的时候才后悔自己的仓促发展——就像奥本海默在四分之三个世纪前所做的那样。

当有人不断声称人工智能会带来类似核武器的灭绝风险时，似乎是在将人工智能与杀死成千上万人的东西相提并论，从而给人工智能蒙上了一层负面的色彩。这种比较是否过激了呢？

我想说，必须承认现实总是比我们的技术想象更刺激。回首 2023 年，我们面临着不祥的发明和困境——挥之不去的病毒、炎热的气候、危险的人工智能、赤裸裸的核战争威胁——现实仿佛一部恐怖电影，我们就生活在其中。

所以，今天你问"原子弹合理吗"，它不是一个好问题，因为那只会引发你一遍又一遍地看到同样的论点——制造原子弹是合理的，因为德国人正在尝试这样做；使用原子弹是合理的，因为它结束了战争，并向世界展示了其可怕的破坏力；制造更多更好的原子弹是合理的，因为它们可以起到威慑作用，并使再次使用它们变得更加困难。

但如果你问："你认为在什么情况下可以接受美国故意活活烧死十万平民？"这是一个非常丑陋的问题，对吧？它真的会让你进入非常黑暗的领域。而我们就应该这样提问，因为它会让你摆脱熟悉的理由，即使问的实际上是同一个问题。

归根结底，在人工智能的"奥本海默时刻"，我们将被迫深深地思考：当我们的发明独立于我们而自主运作、当它们的行为不可预测、当它们的内部运作甚至对它们的创造者来说也是一个谜时，人类的责任意味着什么？

数字经济的微观基础：
以感觉的秩序与企业家精神为理论视角 *

1. 引言

  对数字经济的研究已经出现了让人忧虑的偏离。这些研究大多是利用统计数据做实证研究，而缺乏逻辑的论证，其结论往往指向政府的规划或建构主义，认为数字经济可以替代市场经济。例如何大安和杨益均认为，可以在大数据技术的帮助下直接从数据中提取信息，并且依靠大数据和人工智能的帮助可以精准地配置资源，进而指出在大数据思维模式下实施计划经济的可能性。类似的，还有人着眼于海量数据的处理，认为对海量数据的处理可以直接满足人们的需要。诸如此类的研究忽视了"真实的人"（即能够作出自主判断、进行自主行动的人）在数字经济中的角色，即没有把人视为数据的创造者，而是直接在数据上做文章，好像作为旁观者的经济学家能够实现数据资源的有效配置。但是，这不是经济学思维，它在经济学方法论上不能成立，在实践上也是有害的。因为它试图用数字技术

---

  * 朱海就，经济学博士，浙江工商大学经济学院教授；
  王东亮，浙江工商大学经济学院硕士研究生。

干预和控制市场，将使数字经济走向与它的初衷相反的结果。

有关数字经济的研究缺乏一个可靠的微观基础，这已经成为目前数字经济研究热潮中的一个突出的问题。这些研究假设数据已经客观地存在于市场中，只需要对数据进行统计分析，做最大化或最优化的计算，经济问题就迎刃而解了。这是新古典经济学中常见的方法，它以客观价值论为基础，不是从个体的主观判断出发，而是关注统计的结果，这就决定了在这种研究中普遍使用实证主义和经验主义方法，把数字经济中的问题视为类似于自然科学的问题。用哈耶克的话说，这是"伪科学主义"，是自然科学方法在社会科学中的滥用。

目前在数字经济研究中出现的流行谬误，正是把寻找最优的数据（技术）作为目标，它忽视了"真实的人"，同时也就忽视了个体的创造性。这些研究隐含的逻辑是先找到最优的数据，然后再把它施加于大众，认为这样做之后社会的效率就提高了。本文认为，在数字经济研究中需要进一步凸显"真实的人"的地位，把"真实的人"而不是客观的数据作为数字经济研究的起点，认识到数据是进入当事人的头脑中，并且作为当事人用于实现其目标的手段而存在的，这样才能真正理解数字经济问题的本质。为此，需要重新确立数字经济的微观基础。

对数字经济的考察应该回到"真实的人"。数据不能被假定为预先给定的、作为人的配置对象而存在，相反，数据应该被视为"人的行动"本身，数据的生成过程与人的行动或经济活动的过程是同时发生的。如果把数据视为给定的配置对象从而忽视了"真实的人"，就必然会把数字经济的问题变成如何最优地配置数字资源的问题，这样必然会指向建构主义或干预主义。只有看到"真实的人"是数字经济的主角，让"真实的人"的行动在数字经济的研究中彰显出来，我们才真正拥有一个"社会科学"的视角：只有在每个个体都充分地利用其数据时，才能产生互动的或合作的效率，从而普遍提高大众的生活水平。这才是数字经济中"经济"一词的应有之义。为了理解真正意义上的数字经济，本文引入"感觉的秩序"和"企业家精神"（以及相关的"二元论"）等概念，以便将数据与人的行动逻辑联系起来，重构数字经济的微观基础。

首先，"真实的人"既是具有"感觉的秩序"的人，也是具有"企业家精神"的人（只是不同个体的企业家精神有强有弱罢了），数据则是个体的企业家精神的产物。这个说法似乎很抽象，比如，它尚需回答"企业家精神又是如何创造数据的"这一问题。因此，本文进一步指出：数据来源于个体（或企业家）头脑中的"感觉的秩序"，为了理解数据，就必须理解这种"感觉的秩序"。这就是本文从"感觉的秩序"入手的原因。"感觉的秩序"与客观的"物理秩序"相对应，是说明人脑如何感知外界刺激形成信息的原理。个体（或企业家）在行动时，其"感觉的秩序"就在运行，与此同时，他/她也在创造数据。因此，个体发挥企业家才能的过程与数据创造的过程是同时发生的。在这种情况下，数据不仅仅是一个名词性的"要素"概念，而应该被视为一个"动词"。也就是说，我们必须看到数据背后的"真实的人的行动"。因此，本文区分了两种数据：一种是存在于外部世界的未经处理和采集的客观的原始数据，这些数据构成了企业家精神得以发挥所依据的外部条件；另一种是在企业家头脑中，通过"感觉的秩序"生成的主观的数据。

其次，"企业家精神"是本文讨论数字经济问题的支点，本文提出的心理学微观基础与经济学微观基础，都与"企业家精神"息息相关。如果数据不是以"企业家精神"的方式产生，而是外部给定的或强加给个体的，再比如数据是固定地刻画在个体的表情上的，或每个个体都像一幅移动的广告牌载着数据走来走去，在这些情况下都不会出现数字经济。因为在这些情况下，"数据"没有进入个体的主观评价中，没有成为个体实现其目标的手段，所以也就没有人的行动意义上的"经济"可言。而主流经济学对数字经济的研究正是基于这一不切实际的假设之上的。因为主流经济学采用的是"理性人"假设，而不是"真实的人"假设。主流经济学的"理性人"的特征正是被动地接受外部的约束条件，包括数据。这样就会把数据视为给定的，并且作为"配置的对象"。与之不同，本文是把数据与"真实的人"的行动联系起来，而不是把数据视为"配置的对象"和结果。本文认为，"真实的人"的行动过程，或者说个体发挥企业家才能的过程，就是数据生成的过程。因此，数据是一个"过程"概念，这个数据创造过程发生在企业家的"感觉的秩序"中，这构成了数字经济的"心理学基础"。

再次，只有当数据被引向创造价值，或者说消费者需求的满足时，数字经济才有意义。这就需要借助于"价格"机制，因为价格引导企业家在满足消费者需求的方向上发挥其才能。企业家先根据价格计算潜在的利润，然后决定是否应该投资。企业家基于价格的判断，是数字经济具有"经济性"的前提。任何企业家都不能事先知道哪一种方式是最有效的，但是他们都在判断和行动，同时也在创造数据。市场则通过一种非意图的或"看不见的手"的方式，把那些更能满足消费者需求的数据筛选出来（这里的"数据"可以是产品与服务，也可以是制度与规则，如道德、法律等）。当更能满足消费者需求的数据被更多的企业家模仿和采用时，社会的整体效率就提高了（这里的"效率"，不是针对解决特定问题，而是指普遍地提高"互动的"或分工合作的效率，它是企业家在价格的基础上判断和行动的结果）。

但是，目前有关数字经济的研究没有涉及价格与企业家的判断，脱离数据与技术的运用主体（即企业家）的判断（目的性）来谈论数据与技术的使用，这显然是不成立的。数据或技术本身并不能指引资源配置，进而达到满足消费者需求的目的。指引资源配置的，主要是价格，因为价格包含了与消费者需求、厂商供给相关的信息。企业家先根据价格判断利润机会，然后才利用数据与技术。只有在企业家借助于价格，把数据朝着更能满足消费者需求的方向配置时，数据才在资源配置中发挥作用。也就是说，使数据与技术具有"经济性"的，是企业家对价格的利用，数据与技术的作用是"第二阶"的。因此，在讨论数字经济的问题时，无视企业家对价格的利用，只关心数据与技术问题，那是本末倒置。

最后，除了"价格"，本文还将米塞斯的"方法论二元论"看作数字经济的另一个经济学基础。米塞斯主张，确定的"外部事件"如何在人类头脑中产生确定的想法、判断和意志，这是自然科学尚未破解的谜团。这种基本的无知将人类知识分隔成"外部事件"和"人的思想与行动"两个部分。因此，有必要区分"企业家头脑中生成的数据"与"外部世界的数据"（如计算机程序生成的数据），前者是人的创造性的产物，而非给定程序的产物。这种创造性才是数字经济具有"经济性"的根源。或者说，数字经济所具有的效率，不是来自外部数据本身，而是来自企业家的"创造性"。"创造性"是"人的行动"概念，它不是外部数据直接决定的。换句话说，根据"方法论二元论"，外部数据本身不能决定人的行动。显然，对数字经济乃至整个经济发展而言，重要的是企业家"做什么"或者说"用数据做什么"，而不是数据本身是什么。数据只有在被企业家利用起来时，才能满足消费者的需求，而这里的"利用"是"人的行动"概念，它并非由数据本身决定。如果反其道而行之，用给定的数据去决定企业家的行动，则必然会扼杀企业家的创造性，就不会有数字经济出现。因此，不论是从"数据"到"人"，还是从"人"到"数据"，都是数字经济问题的关键。数据内生于人的行动，但不能被视为"决定人的行动"。人的行动需要利用数据，但并非由数据决定。如果忽视了这一点，让所谓的最优的数据（包括制度与规则）决定人的行动，这样的社会就不存在创造性，也不可能有效率。

　　本文的结构安排如下：首先以哈耶克的"感觉的秩序"为切入点，然后把"企业家精神"作为连接"感觉的秩序""价格""二元论"与"数据"创生过程的枢纽。本文认为，"感觉的秩序"主要是由联结和分类两个部分构成。基于对这两个认知原理的说明，本文经由"感觉的秩序"解释了企业家的"数据创造"机制，而这正是企业家精神的体现，因此，企业家精神是建立在哈耶克的"感觉的秩序"之上的概念。在给出了数字经济的"心理学基础"之后，本文继续阐明了数字经济的"经济学基础"，包括"价格"和"二元论"两个方面，它们也与"企业家精神"直接相关。可见，企业家精神是连接数字经济心理学基础与经济学基础的纽带。最后，本文进一步阐述了数字经济微观基础的政策含义。

2."感觉的秩序"的原理：联结和分类

　　本部分将阐述"感觉的秩序"的两个原理，即联结和分类。

　　人的大脑是一个联结系统，它的形成基础是刺激和脉冲。哈耶克将刺激定义为神经系统以外的事件——这些事件可以经过感受器官的中介，也可以不经过感受器官的中介——引起神经系统传递的过程。进而，哈耶克（1952）将神经脉冲定义为在神经纤维中产生并且沿着神经纤维传递、扩散的作用。外部数据会作用于人的感官系统（如视觉系统），并会在传入的神经纤维中产生脉冲。外界数据刺激产生的首次脉冲在神经纤维中传导的时候，没有与其他的脉冲发生联结，也没有在脉冲的秩序中占据特殊的位置，但是会在人的中枢神经系统中留下"经验"。第二次的刺激引起的脉冲会和第一次的一样，在中枢神经系统中留下另一次"经验"。第一次脉冲和第二次脉冲的"经验"则会相互影响并发生联结。

随着感觉系统接受的外界数据的不断增多，联结的"经验"的数量不断增多，新的联结方式不断地建立，形成了一个越来越密集的联结网络，每个刺激引起的脉冲都会逐渐在这个联结系统中获得确切的位置。不同的脉冲之间的相互作用以及这些影响上的差异，足以在上百万个脉冲之间构建一个复杂的关系系统（哈耶克，1952）。这些联结网络所再现的，是任何特定刺激过去和其他刺激同时作用于有机体的相关联的一种记录。联结系统的形成过程事实上也是一个外界的数据（刺激）在人脑中不断分类从而形成某种秩序的过程。我们人脑里对刺激的分类所形成的联结系统，正如哈耶克（1952）所说，可以被理解为一张反映外部事件的"地图"，它在一定程度上反映了外界数据的关系。"地图"并不是对外部世界客观的、完整的反映，因为它在反映外部真实世界的时候会受到各种因素的影响。

随着联结系统中分类的不断进行，神经系统的兴奋状态会越来越多地取决于过去某段时间接收到的刺激所引起的一些脉冲链条的持续过程。结果是，决定反应的力量中不断增强的部分，是先前存在的脉冲在整个神经纤维中的分布，而新到达的脉冲的作用会越来越小。外界刺激形成的脉冲在中枢系统中连续不断地分类，最终导致了它的效果变得越来越一般化（建立一个环境），具体化的效果在这个过程中被慢慢减弱了，分类事件也越来越确定地成为一种中枢过程，从而跟外周反应的关系越来越远了（哈耶克，1952）。这也就是说，任何新刺激产生的感觉脉冲，越来越多地限于整个情境中的修改和控制行为，建立一个控制以后发生行为的准备或者"环境"，只有很小一部分会直接与当前的反应相关（哈耶克，1952）。以后的刺激在引起行为的时候，刺激引起的脉冲必须经过联结系统才能决定行为，也就是外周反应。因此，新的外部数据刺激不同于主体的感觉系统，对刺激的识别、解释和学习是在联结系统中进行的，依赖于先前联结系统的分类路径，而所有这些路径都是异质的、个性化的，因为它们依赖于个人以前接受的数据刺激。当我们面对无法立即解释的新数据时，则倾向于把它与之前经历过的类似情况联系起来，也就是与联结系统的分类模式联系起来（哈耶克，1963）。这就意味着，联结系统作为数据在人脑中分类的场所，决定着外界数据所形成的刺激的内部效应。

那么，联结系统又是怎么感知外界事件的呢？哈耶克（1963）指出，所有我们能感知的外部事件，只能是这些事件的这样一些属性——这些事件作为某些类的成员所具有的属性，而这些属性是由过去的联结形成的。我们赋予经验的对象的某些性质，严格来说，根本不是那些对象的性质，而是我们神经系统对这些对象分类的一套关系。

我们依靠大脑联结系统对脉冲的分类来感知外部数据（刺激），而与其他事件的相互关系构成的效果是我们分类的基础。哈耶克（1952）在《感觉的秩序》一书中提出，分类指的是一个过程，在这个过程中，在每种场合下重复发生的事件会产生同样的效果，而在每一种场合下，这些事件中的任何一个事件与在该场合下其他任何一种事件在相同的方式下可能会产生一样的效果，也可能产生不一样的效果，所有效果相同的事件属于一类，产生不同的效果的事件被分为不同的类。

根据上述分类原则，哈耶克（1952）进一步提出"多重分类"的概念。多重分类是指，在任何时刻，一个给定的事件，可能被划分到不止一个类，而每一类也可能包括有其他不同的事件。一个给定的事件，根据伴随它发生的其他事件，在不同场合下会被归到不同的类。当一个事件 A 单独发生时，它可能产生效果 a，但是只有在事件 A 与其他事件联合发生时，比如事件 A 和事件 B、C 一起发生时，才可能产生效果 b。如 Koppl（2010）所指出的，蓝色的感觉是当一个蓝色物体刺激感觉系统形成的脉冲与其他蓝色物体刺激时形成的脉冲一起作用时产生的。在这种情况下，单个事件与其他事件组成了不同的组，而以组作为单位，这些组又将成为类的元素。比如（A、B、C）作为一起引发效果 b 的事件，成为一个组，而这个组，和其他引发效果 b 的其他事件或者事件构成的组构成一个类。

在多重分类的基础之上，哈耶克（1952）提出了不同于以上两种分类的第三种分类。分类可以相继发生在多个层次或者阶段，即连续的分类活动相继进行，或者在多个"层次"上进行。在这样的分类下，产生前一组分类的差异性效果，又被进一步分类（哈耶克，1952）。比如之前事件 A 和 B 产生了效果 a，而事件 C 和 D 产生了一种不同的效果 b。由于产生的效果是我们分类的依据和标准，所有效果相同的事件属于一类，引发不同的效果的事件被分为不同类。事件 A 和 B 作为一个组，与事件 C 和 D 组成的组，分属不同的类。这些不同的类又可以成为分类的对象。

在实际事件发生时，以上三种不同概念的分类是交织在一起同时发生的。这是由于神经系统作为一个整体，其中的"个体"必然有着复杂交错的相互关系。因此，几乎存在无限多种对单个事件或者事件组进行分类的可能性。而多种类型的多重分类的混合，为联结系统对外界刺激感觉系统形成的脉冲分类创造了前提。一个脉冲不仅属于一类，而且可能属于许多不同的类。一个脉冲属于多少类，不仅取决于构成其跟随的其他脉冲的数量，而且也可能取决于这些作为跟随脉冲的其他脉冲之间可能的组合的数量。任一脉冲在传向一些更高的层次时，会生发出越来越多的分支，这些分支会潜在地加强或抑制较大范围内的其他脉冲。到达更高级的中枢信号并不是单个刺激，而是代表一些刺激组和类，这些刺激组是为了特定功能在较低水平上形成的。数据刺激——外界数据被人的视觉系统感知形成的刺激——形成的脉冲，就是依据上述所说的分类原理不断地在联结系统中分类，从而形成信息的。我们可以根据哈耶克对两种数据的区分，把信息理解为主观的数据。哈耶克指出，主观的数据（主观基据）是指人的行动所依据的那些事实；客观数据则是指实在事实意义上的数据，也即作为观察者的经济学家能够知道的那些数据，它们构成人的行动的外部条件。行动者根据主观数据（信息）做出计划和行为，使之适配于客观数据。总之，我们并不否定未经人脑感觉秩序分类之前分散于外部世界的数据及其所代表的信息的客观性，但是更强调客观数据只有进入人的感觉秩序评价，从而成为主观的数据（信息），才是与行动者的目的和行为直接相关的。

3. 数字经济的心理学基础：企业家的"感觉的秩序"

企业家是数字经济的主角，本文对数字经济的考察也是围绕企业家展开的。企业家的"感觉的秩序"的运作，创造了数据和数字经济。因此，本文把企业家的"感觉的秩序"称为数字经济的"心理学基础"。为此，我们需要对企业家的"感觉的秩序"如何创造数据的机制予以进一步的说明。

相对于普通人来说，企业家的"感觉的秩序"的独特性在于能够快速地建立新的联结，进行新的分类。在实践中，这意味着企业家比普通人更早地意识到某个利润机会。企业家的"创新"正是体现在建立联结与分类的过程中。这种"创新性"首先表现在"主动性"上。换句话说，企业家的行动相对普通人的行动而言，是更加"主动的"。这种主动性又如何解释呢？如哈耶克所指出的，企业家的头脑中有一个"模型"，这个"模型"基于联结系统的联结模式，预测在特定环境中不同行为过程的结果，并通过"绘制"最理想的结果来指导个人有目的的行为（Horwitz, 2000）。它的活动呈现出自我适应性和目的性，并且，在任意时刻，其运行特点不仅取决于系统外部的影响，也取决于系统内部的既有状态，从这个意义上讲，它是"主动"的（哈耶克，1952）。当模型所引导的行动带来"成功"

时，联结系统的联结就会变得"稳固"。但当这些期望落空时，它们就枯萎了。在后一种情况下，我们的大脑被迫进行修正分类：新的分类建立了不同的联结方式，联结系统也发生了相应的演化（Dold 和 Lewis，2022）。

企业家与普通人一样都具有"感觉的秩序"，但企业家的"感觉的秩序"相对于普通人而言，具有更强的演化能力或迭代能力。这种能力在哈耶克的话语体系中，是"适应性"或"学习"能力。虽然人脑的联结系统在一定程度上具有相似性，但哈耶克（1952）认为，构成现象世界的质的一些基本元素，以及整个"感觉的秩序"，都处于连续的演化之中。正是由于联结系统的不断"演化"，头脑中的联结方式不断更新，不同的信息，即前述的主观数据得以在头脑中不断涌现。联结系统的"演化"包括两个方面，即联结系统内部原因的演化，以及与社会中其他人的互动基础之上进行的演化。显然，企业家的联结系统在这两个方面都是超乎常人的。

由于联结系统不断地演化，相同的数据在不同时间同一个体中以及在同一时间不同个体之间所进行的分类并不是完全相同的，对数据的感知也不是相同的，从而在人脑中创造出不同的信息。

市场中的数据作为外部的刺激被企业家的大脑所感知，会随着层级的不同而被连续分类。一方面，这些信息的形成过程受到过去接收的数据的影响，也就是过去的数据刺激不断更改联结系统的联结方式。一旦联结系统受到了外界的数据刺激的影响，会更新自己的联结方式和分类能力，进而影响下一次对外界数据刺激的分类。另一方面，信息的形成也受到种族经验的影响（也就是与社会中的其他个体的互动）。我们通过"符号"与他人交流时，这些"符号"被他人理解时也会在他人的联结系统中占据一个位置，类似地，我们的联结系统也会在他人的"符号"的影响下不断演化。在与环境的相互作用下，企业家的联结系统不断更新分类能力，精炼现有的分类机制，并随着经验的积累引入新的分类机制（McQuade 和

Butos，2005)。

企业家对市场数据的分类包括初次分类与再分类两个过程。企业家先对市场上的数据进行初次分类。企业家接收市场上传来的数据并且对这些数据进行"分类"。企业家不可能也不需要知道和处理市场上所有存在的数据，他只要知道和处理市场上那些与自己的生产和经营活动休戚相关的数据（也即对市场上数据进行"分类"）(Dulbecco，2003)。比如淘宝上一个服装卖家，只需要知道其店铺所需要的进货价格和售出价格以及与其有关的其他卖家的经营现状等数据，而不需要知道衣服生产的时候需要多少材料等数据。企业家通过对市场数据的分类，获取了自己最需要的数据；市场也通过企业家的分类，把数据流向最能创造价值的地方。基于对数据的初次分类，企业家在对市场数据的不断筛选中发现了市场上的利润机会。因此，企业家对数据的初次分类（筛选）也体现了柯兹纳对企业家精神的定义，即警觉市场机会的过程（Kirzner，1973；Boettke，2014)。

在初次分类的基础上，企业家利用联结系统对这些数据进行再分类，找到自己最需要的数据。这些数据作为实现企业家目的的手段，被企业家感知，形成一种刺激，产生的脉冲在企业家的联结系统里面被分类。企业家接受的数据刺激并不直接决定最后的行为，而是经过联结系统分类，才体现为企业家的反应（Tuerck，1995；Butos 和 Koppl，1997)。

上述不断地重新分类及建立新的联结的过程，也正是企业家的数据创造过程。企业家头脑中的数据创造作为一个"感觉的秩序"的结果，具有涌现性，其机制与机械的输入—输出完全不同，因此不能被事先规划。

4. 数字经济的经济学基础之一：价格

数字经济的关键显然不是生产数据，而是生产出能够满足需求的数据（因为产品与服务广义上也是数据概念），这意味着数据需要被评价和选择，那些更能满足消费者需求的数据和相关的企业被留下来，不能满足需求的被淘汰。因此需要一种机制，它能够引导企业家，使其能够生产出更能满足消费者需求的数据（产品、服务和规则等），这个机制就是"价格"。

价格本身就是一种独特的数据，它其实是构成数字经济的基础。因为没有价格，企业家就无法进行经济计算，即无法做出决策。这时企业家的行动无法展开，导致数据的生产无法进行。只有当企业家认为有利可图时，相关的数字技术才会被投资，成为产品或服务，这是通过基于价格的经济计算实现的。所以，价格实际上是数字经济的基础。强调数字经济，只看到数字技术的作用，而忽视价格机制的作用，是一个严重的误区。这也正是何大安和杨益均（2018）等人所犯的错误。再先进的数字技术，如果脱离了价格机制，就不能被企业家用于更能满足消费者需求的领域中。因此，数字经济其实涉及两类数据，一类是价格数据，另一类才是常说的作为"数字"的数据。这两类数据都会进入企业家的"感觉的秩序"中，但作为"数字"的数据将被如何处理，输出什么数据，则取决于企业家对价格数据的处理，也就是对利润机会的判断。这种"判断"，其实是最为重要的"生产活动"，因为企业家的判断决定资源往哪里配置，判断是否准确决定其能否获得利润，其所支配的资源是否被用到更好地满足消费者的需求上。所以，判断也意味着承担风险，而其他类型的生产活动不具有这种决定资源配置方向的功能，一般也不承担风险。还要强调的是，判断是在企业家的"感觉的秩序"中完成的。

与所有的经济活动一样，数字经济的核心是解决"价值"问题，即如何使消费者的需求得到更好的满足。数据（产品与服务）只是"价值"的载体，市场上的数据本身并不具有价值，只有被企业家用于更好地满足消费者的需求时才具有价值，而这有赖于企业家对"价格"的利用。借助于"价格"，市场把那些分散在无数个体头脑中的地方性知识进行重新的"分类"与"联结"，并把相关信息传递到最有可能对该种类型的知识进行充分利用的企业家手中，生产出某种更能满足消费者需求的数据（产品）。市场中所发生的这样一个"分类"与"联结"的过程，类似于企业家头脑中"感觉的秩序"的运作。这表明，"市场"与"感觉的秩序"具有相似性。哈耶克也正是从他对"感觉的秩序"的研究中获得了有关"自发秩序"原理的灵感。

5. 数字经济的经济学基础之二："二元论"

企业家的数据创造是通过"感觉的秩序"实现的，这意味着它不是由某些外部因素决定的，而企业家的行动只能用他的"目的"来解释，而不能用外部因素来解释，这也被米塞斯称为"方法论的二元论"（米塞斯，2017）。有关数字经济的研究所犯的最严重错误，就是用外部因素（如数据）来解释人的行动，认为人的行动是由外部因素决定的。这也意味着，类似这样的研究把数据做客观化处理，排斥了企业家的数据创造或对数据的主观处理过程（发生在"感觉的秩序"中）。用经济学的话说，这些研究没有意识到数据只有进入企业家的"目的—手段"框架中才有意义，因为不进入企业家的"目的—手段"框架，数据就不会在满足消费者的需求中发挥作用，也就没有价值。数据进入企业家的"目的—手段"框架的方式是"感觉的秩序"，即首先要被企业家感知，然后通过联结与分类原理，在其神经系统中得到处理。

关于"二元论"，米塞斯解释道，"方法论的二元论避免了涉及本质与形而上学上的构思的任何命题。它所涉及的只是如下事实，我们不知道外在的事件——物理的、化学的及生理的——是如何影响人的思想、观念与价值判断的。这无知把知识领域划分为两个别的领域：外在事件领域（也就是通常所说的自然），与人的思想和行动的领域"（米塞斯，2017）。"人的行动不是由生理反应决定的，并且也不能用物理学和化学术语来描述。"企业家精神的特征正是"二元性"，即它是"非决定的"，而且是自主的或自发性的。哈耶克的"感觉的秩序"在某种程度上为米塞斯的"二元论"提供了"心理学"上的支持，因为感觉的秩序对数据的处理，不是以一种可以被旁观者明确阐述的机制来实现的，所以哈耶克冠之以"秩序"概念，来说明它的自发性或非决定性。对此，下文还将予以说明。

"二元论"是建立在米塞斯有关"心智结构"与"行动范畴"的思想之上的。虽然人有共同的"心智结构"与"行动范畴"，但人的行动不是由给定的因素决定的，我们不能根据给定的因素，推断人将如何行动。所以"行动"就是一个"极据"，不能再往前追溯。正是因为人的心智是"二元"的，所以人的行动才是有创造性的或具有企业家精神的特征。设想一下，如果人的心智不是"二元"的，而是"一元"的，那就意味着人的心智是可以被规划的，这时，人的心智就是"电脑"，而不再是具有企业家精神特征的心智了。

人的心智的"二元"特征，意味着人的行动具有"自发性"，即不是由外部因素决定的，这种"自发性"构成"经济"的根本性特征。"经济"之所以不同于"规划"，正是因为"经济"是自发的，而"规划"（如计划经济）是人为的。这里需要指出，单个家户经济与企业经济为代表的"个体经济"往往是有计划的。如门格尔指出，人们对于能够满足自己欲望的东西，总有将之置于自己的控制之下的动机，这表现为预筹活动（可以理解为计划、控制）（门格尔，2005）。但是总体的"国民经济"应该是由"个体经济"自发形成的秩序，是不能被规划的。数字经济作为总体的"国民经济"的重要组成部分，必然是"自发的"，这样才能被冠以"经济"一词，而这种"自发性"的来源是人的心智的"二元性"。

以自发的方式创造数据，对个体来说是"经济的"，因为这时的数据是个体追求其自己目的的结果。一种更有效率的使用或创造数据方式，会被他人"自发"地模仿，这就类似黄金自发地成为货币的过程一样，这种模仿提高了社会整体的资源配置效率。不仅有自发的模仿，还有自发的竞争。一些企业家为获得更多的利润，将不满足于模仿，而是会进行创新，以图在竞争中胜出。如哈耶克所说，"竞争是一个发现的过程"（哈耶克，2003），与模仿一样，竞争也同样提高了资源配置的效率，这样就产生了"数字经济"一词中"经济"或"效率"。这里，无论是模仿还是竞争，都是以"二元论"为基础的，因此我们有理由把"二元论"作为数字经济的微观基础。

有意思的是，哈耶克的"感觉的秩序"的思想刚好支持了"二元论"。米塞斯强调人的心智结构具有运用逻辑的能力，而这种能力的运用正是发生在"感觉的秩序"中。"人的心智结构"（以"二元性"为特征）对逻辑的运用，正是通过"感觉的秩序"实现的，但其中有科学无法探索的部分。虽然"感觉的秩序"一定程度上对人的心智结构的运作给出了心理学的解释，但就经济学这门学科的社会科学性质而言，这种解释虽然具有"锦上添花"的作用，但并非必不可少，没有"感觉的秩序"思想，不会动摇经济学的基础，但"人的心智结构"，则是构成经济学大厦的基础。所以，"人的心智结构"是处在原理层面的，相对而言，"感觉的秩序"处在应用层面。

根据"感觉的秩序"思想，虽然人能够知道"感觉的秩序"的一般性原理，但没能力详细知道"知觉反应"和"非知觉反应"之间的桥梁，这正是哈耶克强调的"无知"。这种无知性换成米塞斯的"二元论"话语，就是人无法知道产生他的目的（行动）背后的机制，或者说，人无法把自己的行动追溯到一些可知的机制上去。

"感觉的秩序"表明，数据的生成是"秩序"概念，而不是"机械"的"输入—输出"概念，旁观者不能假定自己能够根据他的观察，确定当事人会采取什么行动或输出什么数据，甚至也不能通过观察当事人神经元结构的生理变化，得出当事人将要输出什么数据的结论。所以，米塞斯（1949）认为，"在出乎物理学的和化学与治疗学范围以外的人的行为方面，却没有这样不变的关系存在那些想把'量的经济学'来代替他们所谓的'质的经济学'的经济学者完全错了。在经济学领域内没有不变的关系，因而没有衡量的可能"。所以，人的行动的这种不可量化的特征，也使"数字经济将使计划经济更具有可行性"（何大安和杨益均，2018）的观点不能成立，因为计划经济是建立在"量化"之上的。数字技术确实能够更快捷地实现数据的统计与计算，但由于"人的心智"与"外在事物"构成的二元性，这种计算并不能"最优地"确定其他人的行动，因此它只有"技术的效率"，而不具有"经济的效率"。在这里，"技术的效率"是指特定主体在实现其既定目标时特定手段的有效性，"经济的效率"则是针对多主体分工合作而言的不同"目的—手段"相匹配的效率。也就是说，数字技术并不是必然提高大众的福利水平，它有可能实现某一主体的效率，但损害了其他个体的效率。只有在法治完善，私有产权得到保护，每个个体都能进行自主决策，从而可以自主决定多大程度上使用数字技术的环境中，数字技术普遍地提高大众的福利水平才是可能的。然而，目前有关数字经济的研究大多忽视了这些前提条件。

因此，这里需要特别强调，虽然人的心智结构与生俱来具有运用逻辑的能力，但这并不意味着个体的"感觉的秩序"始终能够以表现"企业家精神"的方式运作。在某些情况下，人的行动是有目的的，但不能被认为是有企业家精神的。例如，个体在受到强制或诱惑而接受来自"市场之外"的命令或规则时，其行动就是"机械反应式的"，而不是"企业家精神式的"。这样的行动"再积极""再努力"，都不能被视为"企业家精神"的体现。再比如，人们在"大跃进"中所看到的那种"干劲"以及积极迎合权力体系给出的评价标准或目标的类似行为等，就不能被称为企业家精神的表现，因为这样的行动不具有"二元性"，这样的行动当然也不会创造价值。也就是说，只有"感觉的秩序"被个体自己所发现的目标或利润机会所驱使时，其"感觉的秩序"的运作才具有企业家精神的性质。

6. 数字经济的产权基础

上文阐明了数字经济的微观基础，在此基础上可以讨论其政策蕴意。如前所述，"感觉的秩序"的运作需要激励，但这种激励不可能是来自市场之外、以强制的方式存在的，而应该是企业家对"自己发现的利润机会"做出的响应。而官僚体系中的个体就缺乏这样的激励，因此其行动不具有"企业家精神"。之所以强调"自己发现的利润机会"，是因为在这种利润机会的激励下，感觉的秩序的运转才会产生有助于更好地满足人们需求的数据。

那么，怎样才能激励企业家去"自己发现利润机会"呢？答案是：需要保障企业家拥有其在这种激励的作用下所获得的收益。为此，只要合乎正当规则，企业家的行动就不应该被干预和阻挠，以便他们根据自己对未来的判断来采取行动。同时，由于企业家实现目标需要利用资产，因此，这些资产的产权同样应该得到保护。

数据是与价值概念联系在一起的。当某些数据可以不接受消费者的评价，其价值由人为的标准决定时，就会损害企业家发现利润机会，从而损害数字经济。没有谁应该享有特权，任何人的行动都处在相同的法律地位上，接受他人的评价，这是数字经济的重要条件。

大多数关于数字经济的产权问题的讨论，只是强调了"数字资产"的产权保护（刘方和吕云龙，2022），这固然没有问题，但外延过于狭窄。本文则认为，数字经济的产权问题不仅与"数字资产"的产权有关，而且是一个更一般的产权问题，即所有与企业家行动相关的产权问题，都构成了数字经济的产权基础。这一结论可以从上述的讨论中得出。换言之，通过对数字经济的微观基础的讨论，我们得以更一般性地认识数字经济的产权问题。

7. 结论

数字经济研究必须建立在坚实的基础之上，这样才不至于出现偏离。本文在构建数字经济的微观基础方面做了尝试，为数字经济提供了一个心理学基础和两个经济学基础。本文不仅引入了感觉的秩序、企业家精神等概念，还引入了方法论个体主义、主观价值理论、目的—手段等理论方法，并把它们运用于数字经济微观基础的讨论中。

以前的很多研究在讨论数字经济时，由于缺乏可靠的微观基础，事实上是建立在"计划经济"的思维之上。比如，这些研究通常把数据做客观化处理、忽视价格的基础性作用等，这就指向了一个错误而且有害的结论，即认为数字经济可以代替市场经济，只要拥有先进的技术，数字经济就可以在没有市场经济的情况下得到发展，从而提高人类的生活水平。

如本文所强调的，对数据的理解不能脱离企业家的判断（有目的的行动），即数据是作为企业家实现目的的手段而存在的，这才是体现了经济学的方法论个人主义。企业家需要借助价格机制评价数据的价值，然后采取特定的行动，才能形成有助于改善个人福利的分工合作机制。如果脱离企业家的行动（目的）来谈论数据，势必会把数据概念客观化，使之成为旁观者（经济学家或政府）的配置对象，这是把数据放到一个没有"市场"（企业家的行动、价格、分工合作等）的背景下讨论，这一方法显然是不合适的。

　　通过对数字经济微观基础的说明，本文指出，数字经济必须以市场经济为前提，如果市场经济不存在，数字经济也就不复存在。对人的行动的任何人为干预或限制，都是与数字经济的发展不相符的。只有把数字经济建立在可靠的微观基础之上，才能避免出现这样一种自相矛盾的状态，即一方面在强调数字经济，另一方面却在不断地干预人的行动，甚至滑向计划经济。

什么是未来艺术[*]

"未来艺术"是对"当代艺术"规定性的进一步拓展。所谓"规定性"是很麻烦的，因为当代艺术差不多是无规定性的，本来就是想破除传统艺术对艺术的规定。这本身就显得很尴尬，也使得现在的理论讨论变得越来越尴尬，因为我们试图讨论一些看似不可规定的东西，但是我们又试图通过理论对它们进行界定和规定。

从时段上讲，当代艺术大概是从 1917 年杜尚开始，到 20 世纪 80 年代结束的一个西方文化现象。不过在我看来，当代艺术的真正发动是在第二次世界大战以后，特别是在 20 世纪 60 年代，约瑟夫·博伊斯（Joseph Beuys）对"当代艺术"做了一些具体的规定。但"当代艺术"这个概念本身是存在问题的，问题在于每个时代都一定会有"当代艺术"。而我所说的"未来艺术"概念是想进一步拓展"当代艺术"概念。本文将从"人类世""无界""观念""奇异性""抵抗""未来性"六个基本概念入手，探讨未来艺术的可能意义方向。

什么叫未来艺术？未来艺术是我对广义的或者博伊斯意义上的"当代

---

* 孙周兴，浙江大学哲学学院教授，德国洪堡基金学者。

艺术"的一个命名。在我看来,作为"扩展的艺术概念"的"当代艺术"概念还不够,所以需要再拓展,我将之称为"未来艺术"。它在起源上要追溯到19世纪中期的理查德·瓦格纳,其在哲学上深受20世纪上半叶的现象学和实存哲学的影响。此即说,我认为当代艺术就是未来艺术,或者说是未来艺术的基体。

瓦格纳于1850年著成《未来的艺术作品》一书,并提出"总体艺术作品"(Gesamtkunstwerk)概念,开当代艺术之先河。更早几年,费尔巴哈发表了《未来哲学原理》(*Grundsätze der Philosophie der Zukunft*),提出"未来哲学"构想;它也成为稍后尼采晚期的哲思重点,后者在陷入精神疾病前几年(即所谓"权力意志"时期),不断构想一种未来哲学,除《善恶的彼岸:一种未来哲学的序曲》(*Jenseits von Gut und Böse: Vorspiel einer Philosophie der Zukunft*)外,还留下了大量相关笔记。

为什么19世纪中期艺术家和哲学家都在讨论未来艺术和未来哲学,动因是什么?艺术人文学(即一般所谓的人文科学)向来具有"历史性",是"历史学的人文科学",文人们习惯于通过虚构一个美好的过去时代来贬低现实,无视未来。此为乐园模式,即"乐园—失乐园—复乐园"的逻辑。那么,为何到19世纪中期人们会转向未来,形成未来之艺和未来之思呢?这出于何种动因?

首先,当然是因为时代——世界之变:第一次工业革命开始约一个世纪后,技术工业(大机器生产)的效应初显,火光的自然世界开始向电光的技术世界转换,欧洲人真正进入技术新世界。而通过全球殖民化,其他非欧民族也开始被卷入。其次,是伴随而来的精神价值之变:启蒙完成,自然人类的精神表达体系(主体是哲学和宗教)面临崩溃。这就是尼采所言:"上帝死了。"

这里面有一个巨大的变化,这个变化根本上是技术工业的效应。在这里我想表明一点:未来艺术包括当时同时出现的未来哲学的思考,背后的动因是技术工业。19世纪中期，当时的技术工业还只是大机器生产，在现在看来，还是很弱、很差的状态。但已经有一些先知先觉的哲人和艺人，迈入已经萌发但尚未显明的文明大变局。彼时，无论是艺术还是哲学，或是一般而言的人文科学，都面临一个姿态和方向上的转变。所以，未来艺术实际上要追溯到瓦格纳时期，也就是19世纪中期。当然，本人主要讨论的是第二次世界大战以后真正启动的当代艺术，而且进一步，我想对之做一种再扩展，即从六个基本概念（关键词）入手来讨论我所讲的"未来艺术"。

1. 人类世

现在，"人类世"的概念被讨论得越来越多，我所写的《人类世的哲学》把"人类世"看作人类文明进入技术统治的状态，也可以说是技术统治的地球新年代。

1.1 人类世是一个地质学概念

在地质年代，人类出现在新生代的第四纪，所以也有人主张把"第四纪"叫作"人类纪"（Anthropogene）。第四纪细分为"更新世"和"全新世"。"全新世"（Holocene）始于11700年前，是在最近一个冰川期结束后开始的，故又称"冰后期"。不过，也有地质学家宣称：现在地球已经进入"人类世"了。

"人类世"（Anthropocene）概念最早由地质学家阿列克谢·巴甫洛夫（Aleksei Pavlov）于1922年提出，但未得到确认；在2000年《全球变化通讯》（*Global Change Newsletters*）的一篇文章"Anthropocene"里，生态学家尤金·斯托莫尔（Eugene Stoermer）和保罗·克鲁岑（Paul Crutzen）正式提出了这个概念。美国莱斯特大学的地质学家简·扎拉斯维奇（Jan

Zalasiewicz）指出，"人类世"的最佳边界为20世纪中期（即1945年），"全新世"结束，"人类世"开始。对此，我们需要做一个讨论。从地质学上来说，讲究地层证据，也就是说地球的变化肯定会在地层上面留下痕迹。概括起来，今天可见大概有下面这些痕迹：

（1）放射性元素：核武器试验、原子弹爆炸以及核废料泄漏。

（2）二氧化碳：化石能源作为燃料燃烧后排放出巨量的二氧化碳。

（3）混凝土、塑料、铝等：人类巨量生产和使用这些材料。

（4）地球表面改造痕迹。

（5）氮含量：现代农业大量使用化肥，导致地球表面氮含量激增。

（6）气温：20世纪地球气温已经比前工业时代上升了1℃，且以平均每十年0.17℃的幅度上升，而一旦比前工业时代气温上升达到2℃就会产生多米诺骨牌效应。

（7）物种灭绝：第六次大规模物种灭绝速度远远超过了前五次。

上述证据表明：人类已成为影响地球地形和地球进化的地质力量。按照以色列历史学家尤瓦尔·赫拉利（Yuval Noah Harari）的说法，"自从生命在大约40亿年前出现后，从来没有任何单一物种能够独自改变全球生态"。

1.2 人类世是一个哲学概念

据我所知，至少有斯蒂格勒、拉图尔、斯劳特戴克等当代欧洲哲学家采纳了"人类世"概念。在哲学上，"人类世"意味着什么？我自己的感受和认知有三点：

（1）技术统治是"人类世"的核心。"人类世"即从自然生活世界到技术生活世界的转变，是技术统治时代的到来。地球进入一个新世代，人类文明进入一个新状态。1945年也是人类文明的转折点。

（2）需要重解"轴心时代"。"轴心时代"意味着自然人类精神表达体系的确立，在古希腊是所谓的"前苏格拉底时期"或者尼采所说的"悲剧时代"，在中国则是先秦时期。自然人类的世界经验的基础是线性时间观，尤其在欧洲，哲学和宗教都是为克服线性时间观而产生的，哲学创造出一个无时间的形式／观念／抽象领域，而宗教构造出一个无时间的永恒的彼岸世界，都是为阻断线性时间的无限流失。今天的技术工业所造成的技术生活世界，正在推动和帮助我们在线性时间观之外建立另外的时间观念。

（3）需要重解存在史及其转向。海德格尔认为，整个"存在历史"（Seinsgeschichte）包含两个转向：第一个转向是从早期思想和文艺转向哲学和科学，差不多对应尼采所谓的悲剧时代到理论科学和哲学时代的到来，所以第一个转向是"轴心时代"。第二个转向是什么？19世纪或者说自工业革命以来，人类文明正在进入另外一个转向。到底是什么？海德格尔没有明说。我现在大致可以说，第二个转向就是"人类世"，即自然人类文明向技术人类文明的过渡和转变。

这是地质学和哲学意义上的"人类世"概念。我以为，今天讨论当代艺术以及所谓的未来艺术，首先要讨论人类世。我们要知道我们在哪里，走到哪一步了，如此再慢慢建立对当下时代的理解。人类世首先是地球的历史时期。1945年之所以重要，是因为第二次世界大战结束，原子弹的爆炸给人类带来了巨大的心灵震撼，人们终于发现人类本身的自然力量已经无法面对技术世界带来的巨大暴力。海德格尔的弟子安德尔斯说，原子弹的爆炸表明一个绝对虚无主义时代的到来，它已经完全超越了自然人类文明。这时候，"人类世"就具有了哲学的意义。

2. 无界

"无界"可以理解为艺术的去边界化或跨媒介。"无界"或"去边界化"（entgrenzung）是当代艺术 / 未来艺术的一个准备性步骤或解构策略，其含义相当于现象学哲学的"解构"。在艺术史上，"无界"当与瓦格纳的"总体艺术作品"和博伊斯的"通感艺术"概念相关，虽然瓦格纳和博伊斯提供的学理依据不一样，但是作为当代艺术概念的"无界"首先要与这两位艺术家联系起来。

在自然人类文明中，无论对于事物的感知还是对于制度的构造，"边界 / 界"（Grenze）都具有决定性的意义。若无边界及其限制，物之感知和认识是不可能完成的；若不设界，制度和规则也无法制定。亚里士多德把空间设想为包围着物体的边界（Peras），其意义指向十分明晰。

当代艺术 / 未来艺术的"无界"具有多重含义：

（1）**媒介无界**。甚至可以说物无界，杜尚对于当代艺术的实质性贡献首先在此。自然人类把手工物或者器具中的佼佼者称为"艺术作品"，显然证据不足；加上技术工业的精造能力越来越强，技术物无论是在质上还是在量上都超越了手工物，已经成为生活世界里主导性的物，这时候，艺术媒介的人为划界当然已经不能成立了。

（2）**样式无界**。这首先意味着艺术样式之间的相通汇合，同时也意味着艺术与哲学之间的二重性关联，即艺术被哲学化而哲学被艺术化。必须指出的是，比较而言，艺与哲之间的无界差异化运动，是更具转折性意义的。

（3）**人际无界**。人际无界当然还体现在对作为职业和专业的艺术家身份的消解，在一定意义上可以说回归了古典艺术理解，即艺术（techne）就是劳动或一般而言的"制作"（poiesis）。进而，当博伊斯说"人人都是艺术家"时，他是基于一个实存哲学 / 个体主义的立场，主张个体自由和个体行动的创造性本质，在政治上则表达为个体权利的唯一性和完全的民主制度（如博伊斯坚决反对代议制，认为它不是真正的民主制）。

"无界"有这样三个方面，我在这里只能做一个概括性表述。无界艺术的动因是什么呢？我愿意指出两点：

其一，技术世界的物性之变。在三种物即自然物、手工物和技术物中，手工物（器具）更接近于自然物而不是接近于同质化的技术物（机械工业产品）。在技术统治的世界里，自然物和手工物已经隐退了，技术物占据了绝对主导地位，造成生活世界的巨变，这也是"人类世"的基本标志。生活世界越来越被同质化或者说同一化了，也可以说，生活世界越来越抽象了。

其二，基于技术互联体系的全球民主化。作为商讨程度最高的制度形态，民主生活及其制度形态的真正基础是技术工业，因为正是后者为人类提供了可交往性或可讨论性的基础。自然人类的文化价值等级和制度等级渐趋崩塌。就此而言，依然是技术工业要求和促动了"无界艺术"。

3. 观念

观念艺术（Konzeptkunst）是当代艺术／未来艺术的基本标识，也是前述"无界艺术"的必然后果。观念艺术是怎么成立的？在古典的技艺（techne）时代里，"观念艺术"显然是不可想象的，因为"观念"（idea）只是广义科学（episteme）的课题和目标。那么，在当代／未来艺术中，经常令人起疑的"观念艺术"是如何成为可能的？

在传统哲学中，观念＝共相＝本质＝普遍性，是通过理论和方法的"中介"而达到的抽象物。欧洲哲学和科学有两种不同的"普遍化"方式（观念构成方式）：一是总体化，二是形式化，两者分别形成了经验科学和形式科学。但实际上，也有非科学的观念构成方式（宗教、文艺甚至日常经验），其他非欧民族也有自己的观念构成方式，只是这两者多半限于

"总体化"。

这个时候我们看到的是，古典艺术概念里是没有观念艺术的，因为观念—普遍性是科学和哲学的目标，而不是艺术的目标和对象。然而在 20世纪出现了一种哲学，就是现象学，它可能是 20 世纪唯一的新哲学。现象学实际上要讨论和处理的问题是：没有中介，不用理论和方法的观念构成方式是如何成为可能的？所谓观念的无中介化的直接性把握，在胡塞尔那里就是"本质直观"。本质是可以直接探讨、直接把握的。"本质"（essence）这个译名在我看来翻译得不够好，无法暗示它的观念性和普遍性。在欧洲语言当中，"本质"实际上意味着普遍性，而这种普遍性是通过理论抽象获得的；但现象学认为，与个别感知一样，"本质"也是可直观的，即可直接把握的。

这种去中介化的努力含有强烈的反理论（反传统哲学和科学方法）的动机，而且显然它是更合乎事情本身的。在我们的经验中、生活世界中、讨论中，我们不需要中介就能理解普遍观念，比如我们现在若不讨论当代艺术、未来艺术，而是讨论民主和自由，这时我们不需要通过中介就能理解，我们对民主和自由的看法与想法当然是不一样的。这在很大程度上也消解了感性与超感性的传统区分。我们完全可以说，现象学为当代艺术准备了观念前提。

作为观念艺术的当代艺术意味着什么？我想说三点：

（1）**观念的物质性（身体性）**。观念的可感、可观表明观念并非感性生活世界之外的东西，不是在另外一个世界即超感性的世界，它本来就在我们生活的世界里面，是活生生的，不断地发生着的东西。在这个意义上，传统心—物（心—身）二元论已被解构。

（2）**观念的行动意义**。观念艺术的预设是观念即行动，观念与行动是一体的。哪怕最简单的感知行为也是观念构成和意义生成，也是艺术行动。比如一个简单的感知行为"观看",即胡塞尔所谓的"外直观",是赋义的,也是富有意义的,甚至可以说是创造性的——我把你看作什么,这是高度复杂但又十分简单(直接)的。比如我做一个线上报告,看不到听众,不知道听众的反应怎么样,但主持人说可能有十几万人在听报告,就会让我更加紧张。站在听众角度听也一样,也是直接的感知行动,听众听出什么,是既复杂又简单的,是生动而赋义的行动。简而言之,我看到一个人,我把他感知为什么,这已经是观念构成和意义生成,这已经是艺术创造、艺术行动。所以,观念行动的意义实际上是观念艺术的一个预设。

(3)**哲学化的艺术**。观念艺术 = 无界艺术。有了前面的讨论,我们已经完全可以理解这个等式了。这里讲的"无界艺术"根本上就是观念艺术,即"哲学化的艺术"。从哲学角度来说,同样可以成立的是"艺术化的哲学",这恐怕是比观念艺术意义上的当代艺术更早发生的事,因为在尼采那儿我们已可明见一种"艺术化的哲学"。

4. 奇异性

何谓奇异性?奇异性是艺术的本质特征。古希腊人有一个动词"poiesis",即创造、制作,我把它译成"创制"。"创制"即揭示、真理(aletheia)。任何创制活动都意在揭示,写一首诗、创作一件作品,哪怕是做一个感知行为、把某一个事物理解为什么等,实际上都在做一种揭示,此即所谓的奇异性 = 创制之新。我创制一个新的东西,就是提供了某种奇异的东西。实际上,所有所谓 poiesis 的创制活动,都是创新的,只是创新程度有所差异。

奇异性是自然人类心智不可或缺、不可替代的基本要素。奇异性意味着:奇思妙想、陌异化、神秘化、非同一化。奇异性的基础在于世间事物的殊异性／异质性（差异性）与人类行动的变异性。人类的心思和行动都是变动不居的，有巨大的变异可能性，这是我所谓的奇异性的根源。

进一步说，我认为艺术与科学的基本差别就在于奇异性。简而言之：

（1）艺术是一种非同一化力量，即"使……不一样"——使事物和行动变得不一样。

（2）科学以及传统哲学则是一种同一化力量，即"使……一样"——使个体普遍化。

艺术与科学的关系固然是十分复杂的。有一些著名科学家喜欢说，他们的研究工作就是艺术性的，科学就是艺术。我认为这只是打比方，不能当真。事实上，艺术与科学有一个根本的差别——艺术是非同一化的，科学是同一化的，科学是在同一化进程里进行的一个同质化工作。不过，在科学通过创新突破边界——突破库恩所谓的"范式"——意义上，科学才接近于艺术，具有艺术性。而在通常情况下，科学的本质是同质化。

今天，我们越发面临一个奇异性与技术性的关系问题。在技术世界里，由于技术工业的敉平作用，奇异性（奇与异）变得越来越罕有。而为了抵抗千篇一律的同质化进程，我们越来越需要艺术。同时，由此派生出来的一个问题是：技术可能成为奇异性创造的方式吗？技术产品可能成为奇异的作品吗？海德格尔后期在不断讨论一个问题，如何把技术对象或者是技术产品纳入生活世界中去，使之成为一个差异化的东西。他显然已经意识到这个问题了，这也是当代艺术观念带给我们的一个难题。

5. 抵抗

什么是抵抗？阿多诺在《美学理论》中有一句话，他说："艺术只有作为社会抵抗形式才是有意义的。"这是对艺术的一个特别有意思的规定，把艺术与"抵抗"联系起来，这是第一次。

不过差不多同时，当代艺术大师博伊斯也有类似的思考。博伊斯虽然没有直接说"抵抗"，而是称为"社会雕塑"，似乎比"抵抗"更积极、更激进。但博伊斯的"社会雕塑"本来就是"抵抗"的概念，或者说，"介入"即"抵抗"，"介入"行动即"抵抗"行动。

抵抗的普遍性表现为两个方面：

其一，抵抗具有实存哲学（通译"存在主义"）的意义。"实存"（exisitence）的本义是"站出去"或者"出去的持立"，而"抵抗"的德语词语是"widerstand"，其字面义为"逆反的站立"。个体实存要出去，必有"阻力"，也必有"抵抗"。

其二，抵抗是普遍的逆风而动。博伊斯之后，当代德国艺术家安塞尔姆·基弗（Anselm Kiefer）最强调"抵抗"的普遍性，他认为我们无时无处不抵抗。我们要抵抗制度，也要抵抗流风；要抵抗习惯，也要抵抗媚俗；要抵抗集权，也要抵抗无聊；我们在前进时逆风而行，我们在言语时要防止陈词滥调。每个人都不得不做这样那样的抵抗，所以抵抗是无处不在、无时不在的，这是抵抗的普遍性。抵抗之于未来艺术意味着什么？我认为也可以指出两点：

（1）**抵抗作为艺术姿态**：抵抗的根本指向是技术工业的同一化进程及其后果。正是在此意义上，抵抗可能成为根本的未来艺术姿态。

（2）**抵抗作为实存策略**：抵抗内含于个体的实存结构，因此是本质性的。作为实存策略，抵抗是必然的解构姿态。所谓的抵抗是一种明知不可为而为之的姿态。比如现在我们明明知道技术工业的统治地位和加速进展已经无可阻挡，已经没有任何个人或组织可以抵抗之，但是我们必须抵抗。按照尼采的说法，我们明明知道生命是虚无的，存在是虚无的，一切都是虚无的，我们依然要抵抗，仍然要积极地生活——虚无不是消极生活的理由，恰恰相反，它是积极生活的理由。这是尼采教给我们的东西，可谓"积极的虚无主义"。同样的道理，我们明明知道抵抗是无效的，但这不是不抵抗的理由。

6. 未来性

何谓未来艺术？我所说的"未来艺术"乃是当代艺术的扩展和接续。作为一种艺术潮流，尤其是在德国，当代艺术在 20 世纪 80 年代随着存在主义运动和欧洲学生运动的结束而慢慢衰落了。但当代艺术的影响延续至今，依然对当今世界和文明产生着极为重要的作用。无论就意义还是影响而言，当代艺术都应当被理解为 20 世纪人类最伟大的文化现象。我曾经设问：为什么没有特指的"当代哲学"概念，而只有"当代艺术"概念？我认为，当代艺术的许多伟大成果还要继承下去，而且还得进一步发扬和拓展。

为什么提出"未来艺术"概念？我认为，我们可以把当代艺术的一些要素做进一步的扩展。未来艺术当然是与过去（传统）艺术相对而言的。过去（传统）艺术是自然人类的手艺／劳动，此即希腊人所谓的"techne"。Techne 的特点可概括为三点：

（1）模仿性。这是希腊人对艺术基本的本质规定，人要向自然学习，模仿自然、模仿事物，再创造一点东西，或者更准确地说，是制作一些东西。而制作就需要技巧。

（2）技巧性。技巧产生大师，大师变成一个模范。

（3）尚古性。这是与模仿性特征紧密相关的，也与自然人类的保守习惯相关。而未来艺术则是新人类即技术人类的，是技术生活世界的艺术，具有弱自然性（技术性）、观念性和未来性等特征。虽然我们今天仍然是某种程度上的自然人，但我们已经进入不可逆转的技术化进程之中了；至于观念性，前面已经说了，它意味着行动性；未来性则是新生活世界（技术生活世界）的新时间经验所要求的。

以上从"人类世""无界""观念""奇异性""抵抗"五个基本概念着手，探讨未来艺术的可能、意义、方向，对不可规定的"未来艺术"给出一种指引性的规定。此外，还得加上"未来性"这一规定。艺术的未来性意味着什么？我认为有三点：

（1）**艺术的重新定向**。在自然人类文明向技术人类文明的根本变局中，艺术（连同人文学）需要基于新时空尺度和新世界境域进行重新定位和定向。

（2）**艺术的实存规定**。必须重申艺术与实存哲思的同构关系或奠基关系。在很大程度上，起于19世纪后半叶的实存哲学（存在主义）为当代艺术奠定了观念基础。我在自己主编的"未来艺术丛书"总序中是这样表述的："实存哲学对此在可能性之维的开拓和个体自由行动的强调，本身就已经具有创造性或者艺术性的指向。实存哲学说到底是一种艺术哲学。实存哲学指示着艺术的未来性。"这个说法差不多表达了当代艺术／未来艺术的哲学背景。

（3）**艺术的新使命**。尼采有言："哲学家告诉我们需要什么，艺术家把它创造出来。"尼采赋予哲学的规定是"认识—批判—筛选"。当阿多诺说艺术只能成为一种抵抗形式时，当当代艺术成为哲学化艺术时，我们必须承认，艺术已经获得了一种原本由哲学承担的新使命。

今天，我们面临着这样的问题：何谓艺术的终结？艺术有未来吗？作为结语，我借用安塞尔姆·基弗的一个命题，他在题为《艺术在没落中升起》的访谈中探讨了这个问题，即艺术的终结和艺术的未来性问题。艺术是如何没落的？在基弗看来，这个问题很简单：艺术通过设计而没落。为什么是"设计"？设计是技术工业对我们生活世界整体的改造。今天的生活已不可能没有设计了，通过设计，艺术被扩散到日常生活之中。从积极的角度说，设计进入日常生活之中，使日常生活世界泛审美化、普遍审美化了。然而，基弗看到的是，通过普遍的设计进程导致生活对艺术的过度介入，艺术与生活不分，其结果就是艺术的没落。他说："设计以一种反姿态断定自己是艺术。这样一来，艺术就在设计中没落了，因为艺术不能再与设计区分开来了。"

这是基弗的说法，而博伊斯作为当代艺术的开创者当然不会这样说。博伊斯豪言，世界的未来是人类的一件艺术作品。他知道未来世界里更重要的是艺术，而不再是传统的哲学。实际上，不光是博伊斯，更早的瓦格纳也有此想法。瓦格纳当年就说："教士和哲学家的时代已经结束了，以后是政治家和艺术家的时代。"

被遗忘的老年人[*]
——信息时代的数字排斥和日益扩大的灰色数字鸿沟

1. "数字弃民"：老年人首当其冲

数字社会通常被学界、媒体视作青少年群体跃居主导性力量的社会，但 2021 年，中国 65 岁以上人口占总人口比重首次超过 14%，已经正式进入老龄社会，同年，我国人口自然增长率仅为 0.034%，已经非常接近于零增长。从"老龄化社会"（65 岁以上人口的占比超过 7%）到"老龄社会"（65 岁以上人口的占比超过 14%），中国仅用了 21 年时间。巧合的是，中国移动互联网的发展速度堪与老龄人口的规模骤增相比肩：2002 年，中国成为全球最大移动通信市场；截至 2023 年 6 月，中国网民规模达 10.79 亿，5G 移动电话用户达到 6.95 亿，互联网普及率达 76.4%。

移动互联网的普及促使数字社会加速到来，同时也催生了大量的"数字弃民"。我用这一词汇指代出于种种原因被数字化空间所排斥的群体。

由于数字化技术的突飞猛进，线下的大量空间被数字化。如果是非网络用户，将面临彻底被边缘化的风险，也意味着这部分在社会中占相当

---

* 胡泳，北京大学新闻与传播学院教授。

规模群体的社会生活的基本权利受到影响。这种现象在研究数字鸿沟问题时，可以被总结为"数字排斥"。

具体说来，数字排斥可以被归纳为自我排斥、财务排斥、技能排斥以及地理位置排斥四个方面。

自我排斥与厌恶变化和新事物有关，并且认为终身学习超出了自己的能力。比如部分老年人始终无法学会使用手机或微信等应用程序，其主要是出于对新事物的厌恶或对自己学习能力的不自信，以及不愿在新事物上花费精力。

财务排斥是因为无力承担进入数字空间的经济成本，比如低收入人群无法为连接的前端成本（具有上网功能的设备）和上网本身的持续成本支付费用。

因为缺乏数字技能且无人帮助则会产生技能排斥，一个人的技能和信心是其能否有效使用互联网的前提。对某些社会群体来说，互联网过于复杂，他们不仅缺乏基本的数字技能，也缺乏对于互联网工作原理的理解，比如目前大量信息表格需要在网上填写，仅此一项就难倒了许多人。对一部分人群是轻而易举的事情，对另一部分人群则是极大的难事，并且后面这类群体往往没有机会获得支持和帮助。

最后是地理位置排斥，在偏远地区，宽带和移动基础设施较差（或根本没有），这意味着一部分农村地区的人们面临物理服务以及在线服务双重受限的不利条件。

研究发现，造成排斥的一个最常见因素是年龄。各代人之间的数字鸿沟非常明显，并随着年龄的增长而扩大。也因此，出生于数字时代之前的老年人群体，往往是研究者首先关注的"数字弃民"。

据《第51次中国互联网络发展状况统计报告》，从年龄看，60岁及以上老年群体是非网民的主要群体。截至2022年12月，我国60岁及以上非网民群体占非网民总体的比例为 37.4%，较全国 60 岁及以上人口比例高出 17.6 个百分点。他 / 她们面对高度数字化的出行、消费、就医等日常生活事项，常常会无所适从、寸步难行。

老龄化与数字化相向而行，造成看似欣欣向荣的数字社会中的一个极大困境：随着人口老龄化，许多老年人发现自己在社会上被孤立，这给他们带来了生活上的困难，甚至危险。数字化技术本来可以用来帮助老年人打破孤立，然而恰恰是这个群体在访问互联网的能力方面明显落后于社会其他人群。

过去几年因为疫情，使这种困境变得更加明显。弥合这个群体面对的数字鸿沟成为一种必需。

2. 三个基本判定

老年人中社会孤立现象的蔓延是有据可查的。美国疾病控制中心将孤独和社会孤立描述为"严重的公共卫生风险"。近四分之一的 65 岁及以上成年人被认为处于社会孤立状态，近三分之一的 45 岁以上成年人感到孤独。社会孤立会增加过早死亡的风险，与吸烟、肥胖和缺乏运动的风险相当。现在老年人的寿命比 20 年前要长，但与上一代人相比，他们更有可能独居，而且参与社会活动的程度也低得多。

大量的老年人是技术新手（相当多的人对新技术感到恐惧），并且更有可能患上与衰老相关的残疾。由于这些残疾因素，老年人对新技术的排斥通常更为强烈。例如，许多老年人的视力下降，这可能就是阻止他们使用技术的重要因素之一，在与其他障碍（例如缺乏动力和上网技能）相结合的时候，更加剧了这种状况。

而数字化参与对老年人来说，不仅是一个生活中的实用性问题，还同他们的生命质量相关，可以在很大程度上减少他们的孤独感。老年人被社会隔离的相关风险是巨大的：孤独感会导致抑郁症、心脑血管疾病、身体功能下降乃至死亡。技术可以成为帮助降低这些风险的重要工具，研究表明，能够上网的老年人被社会排斥的可能性会降低数倍。

必须意识到，数字化参与已成为社会参与的主要方式之一，我们需要确保每个人都被囊括其中。也正因此，对老年人的数字排斥构成一个令全社会深感不安的问题。为了解决这一问题，我们有必要先来作一些基本的局势判定：

第一，60岁及以上的人口是一场"银色海啸"。2021年5月11日，国家统计局公布了《第七次全国人口普查主要数据情况》，60岁及以上人口为2.64亿，占18.7%；其中，65岁及以上人口为1.9亿，占13.5%。

如果我们对老龄人口作细分，大概还可以从65岁以上人群中区分出"更年长的老年人"——那些75岁以上，完全不曾处于电脑、智能手机和其他设备环境中的人，他们大多是以畏惧的态度对待新技术的。但乐观地看，未来十年，会有一批精通技术的人走向退休，并寻找延长自身独立性的方法。

推动老年人参与数字化，还需要同时考虑城乡差别。目前从地区看，我国非网民仍以农村地区为主，农村地区非网民占比为55.2%，高于全国农村人口比例19.9个百分点。（《第51次中国互联网络发展状况统计报告》）

因此，跨区域联合推动数字城乡一体化，构成了数字基础设施全面转向适老化改造的大前提。2021年12月12日，国务院在《"十四五"数字经济发展规划》第七条第三款中首次提出"推动数字城乡融合发展"，既要求促进不同等级智慧城市建设的一体化、协同化，又要求加快城市智能设施向乡村延伸覆盖，形成以城带乡、共建共享的数字城乡融合发展格局。这说明，适老化改造是一个大课题，需要从大处着眼，从细处实施。

第二，身体健康状况和相关知识是影响老人参与数字化的重要原因。应该对老年人的具体情况进行分类摸底，比如有多少老人存在与衰老有关的残疾，有多少空巢老人、独居老人、失智者、抑郁症患者等。只有摸清楚了，才能就消除数字排斥对症下药。比如，大多数为网络交流而设计的技术都依赖于看、听和读的能力，而在老年人群体中，不乏具有严重的视力及听力障碍的患者。这意味着由于健康状况，不少老年人无缘网络。

除了健康，关于技术的知识对于网络交流也非常重要，而缺乏这种知识也是阻止许多老年人参与技术的一个关键因素。老年人的反应灵敏度下降，这使得他们跟上快节奏的技术变得更加困难，更加需要外界的帮助。

目前这种帮助主要是依靠子女，那么来自社会的支持力度能不能加大？在中国，60 岁及以上老人，尤其是居住在农村的，如果没有年轻人陪同，出门办事简直寸步难行。向不熟悉技术的老年人传授他们所需的工具使用技能是一项高接触性的工作，这需要互联网服务提供商、科技公司（既设计易于使用的设备，也能提供"老龄"折扣）和为老年人服务的组织之间展开合作，设计一些项目让年轻人参与帮助老年人上网。

第三，以往很多老年人还可以生活在数字化空间之外，但现在被强行拖入数字化空间，造成更大的困境。

随着数字化的普及与渗透，越来越多的地方要求使用互联网来访问关键服务，不论是银行、社保，还是政府部门，这对那些没有设备、不能负担网络服务费用、无法或不愿使用网络的人造成很大影响。老年人由于被迫卷入数字化系统，会突然面临扫码难、就医难、支付难、打车难、银行业务难等问题。

在很多人尽情享受数字化带来便利的情况下，我们容易忘记那些受困于数字化，甚至为此变得寸步难行的群体。当老年人觉得在线操作过于困难、无法做到时，相关机构应该提供替代途径与面对面服务，而不应把一切服务都转入网上进行。

3. 迈向对老年人的"数字包容"

掌握数字技术已成为全面参与社会的关键技能。老年人通常不太可能在学校和工作场所等机构环境中学习计算机和互联网技能，而他们的活动和认知能力也日趋下降。如果我们的社会不能够为老年人提供技术接口和培训，就相当于是把他们关在数字化大门之外，从而会加剧本已令人担忧的老年人孤立和孤独的趋势。

数字排斥不仅限于无法使用智能手机和上网，要成为合格的数字化使用者，还需要一定水平的数字素养，以便识别何时需要信息，并具有查找、评估和有效利用在线系统的能力。

对老年人的最低要求，首先是最基本的使用能力，包括打开电脑或者手机、将电脑或者手机连接到 Wi-Fi、更新密码、在线联系亲朋好友。而更高阶的技能，可以从五个方面来衡量：

（1）**管理信息**　使用搜索引擎查找信息，查找之前访问过的网站，下载或保存在线找到的照片；

（2）**交流**　通过电子邮件或在线讯息服务发送个人消息，知道如何在线共享信息；

（3）**交易**　从网站或者手机应用程序购买商品或服务，懂得在设备上购买和安装应用程序；

（4）**解决问题**　在线验证信息来源，或利用在线帮助处理设备或数字服务的问题；

（5）**身份验证和填表**　了解如何进行个人身份验证，并完成在线表格。

除此之外，还需要具备基本的安全常识，防止被诈骗或盗走个人信息。老年人更有可能成为在线诈骗的受害者，并将其个人信息置于危险之中。通过量身定制的数字素养培训，个人可以学会更安全地浏览互联网。实践表明，具有基本数字技能的个人可以获得更高的就业能力和收入、更便宜的购物、改善沟通以及通过在线服务节省时间。

技能培训可以显著提高老年人和其他非网民群体对技术的使用能力以及对数字化世界的信任。相关部门应该投入资金，建立更广范围的技能培训，并将其嵌入现有的社区组织中，鼓励技术公司、非政府组织和有影响力的投资者共同参与。

技术公司的支持可以采取多种形式，除了扩大设备捐赠、支持技能培训，技术公司还需要认识到，设备、服务和内容的设计对于数字包容性也非常重要，必须提升数字化产品与服务的设计伦理。现代社会很多技术，特别是互联网技术的发展，主要是由商业价值在驱动。老年人的商业价值相对较弱，所以很多技术产品不会特意关注老年人的需求。为了纠正这一点，应该把数字无障碍作为老龄社会重要的公共政策安排。社会整体需要向科技创新企业以及公益慈善部门施加某种道德压力，促使其将数字无障碍作为技术伦理准则融入产品服务和软件设计中。

老年人的数字困境问题在 2021 年首次被写入政府工作报告，提出推进智能化服务要适应老年人需求。2020 年 12 月 24 日，工业和信息化部发布《互联网应用适老化及无障碍改造专项行动方案》。2021 年 4 月 6 日，工业和信息化部发布了《互联网网站适老化通用设计规范》和《移动互联网应用（App）适老化通用设计规范》，明确适老版界面、单独的适老版 App 中严禁出现广告内容及插件，也不能随机出现广告或临时性的广告弹窗，同时禁止下载、付款等诱导式按键。2021 年 6 月 30 日，工业和信息化部正式发布《移动终端适老化技术要求》《移动终端适老化测试方法》

《智能电视适老化设计技术要求》三项标准，侧重于解决老年人使用手机、平板电脑等智能终端产品过程中遇到的各种困难。2022 年 1 月 20 日，工业和信息化部"互联网应用适老化及无障碍改造专项行动"首批通过适老化及无障碍水平评测名单发布，多家网站和 App 按要求完成了适老化改造。所有这一切的政策指向都是对老年人，我们必须确保技术简单易用，不应过于复杂让他们畏惧。

如果仅有一部分社会成员可以使用信息工具，例如在线学习、电子病历和电子政务服务，那么社会将朝着更大的不平等方向发展。数字排斥的反面是数字包容（digital inclusion），它指的是人们可以在自己方便的时间和地点访问价格合理且可进入的数字设备和服务，以及拥有足够的动力和技能，可以使用互联网追求并实现有意义的社会和经济成果。

令人担忧的是，对那些持续处于离线状态的人，社会的触达可能将更加困难，因为他们显然遭受着复合性不利条件的影响，这也表明数字排斥在社会上最脆弱的人群当中正在变得根深蒂固。干预措施需要通过多种策略来解决这些越来越难以触达的群体所面临的困难，这些困难既包括技能与意识，也涵盖经验与动机。

随着未来还会发生的加速变化，数字包容性的重要意义不会消失。经由无障碍设备、宽带和数字培训方面的大量投资，技术有潜力成为消除"数字弃民"，使他们能够连接、创造和贡献力量的强大工具。关键是要认识到问题的严重性所在，并为此采取迫切有力的行动。

尼葛洛庞帝说："人类的每一代都会比上一代更加数字化。"尽管很多人担心信息技术会加剧社会的两极分化，使社会日益分裂为信息富裕者和信息匮乏者，富人和穷人，乃至第一世界和第三世界，但最大的鸿沟很大可能横亘于两代人之间。"当我们日益向数字化世界迈进时，会有一群人的权利被剥夺，或者说，他们感到自己的权利被剥夺了，如果一位 50 岁的炼钢工人丢了饭碗，和他 25 岁的儿子不同的是，他也许完全缺乏对数字化世界的适应能力。"

我们更需要意识到，老年人在数字化背景下面临的许多挑战，反映了即便"离线"也普遍存在的更大的社会问题：年龄歧视、对老年人自主权的不尊重以及缺乏协商。整个社会需要达成一种共识：加强老年人权利，并将基于权利的方法纳入老龄化政策，确保公共服务的可及性，尤其是卫生服务、社会服务和长期护理服务，让非数字服务得到维持。

第三部分

平台升级与大模型开发

数字经济新监管体系思考[*]

反思近年来数字经济的得失，有个共识就是坚持法治，将来从哪些方面展开营商环境的营造，如何营造适合企业发展的政务环境和营商环境，希望能给大家带来一些启发。

1. 当前形势："十四五"中期我国数字经济治理情况评估

《中华人民共和国国民经济和社会发展第十四个五年规划和 2035 年远景目标纲要》第十八章提到营造良好数字生态，要求"坚持放管并重，促进发展与规范管理相统一，构建数字规则体系，营造开放、健康、安全的数字生态"。因此，数字经济治理的评估重点在数字生态板块。

从 2020 年至 2022 年的中期评估可以看出，国家提供政策支持环境，采取专项行动；地方持续营造良好环境，推动相关产业发展；产业启动数据化进程，探索交易规则；市场应用创新，提高资源利用，这些都共同促进我国数字生态建设。

由此可以看出，发展相关指标相对滞后。与监管、安全相关指标得分

---

* 姜奇平，中国社科院数量经济与技术经济研究所研究员，中国科学院《互联网周刊》主编。

偏高，比如出台的政策之多，在数据安全法律法规文件方面，国家法律制定颁布 14 个，国家行政法规、部门规章制定颁布 95 个，地方性法规、规章制定颁布 40 个；有关数据要素的中央政策文件 11 个，地方政策、法律法规 40 个。但从数据服务业的发展来看，近三年出现急速下降。

全国新型智慧城市数据体系建设情况。据国脉互联数据，2020 年 31 个省区直辖市新型智慧城市数据体系建设得分均值为 0.58，2021 年略有下降为 0.57，2022 年大幅上升至 0.92。以政务数据推进公共数据汇聚利用的进展持续提高。

当前政务数据和公共数据存在的主要问题是数据不通，特别是因政务数据不通导致的公共数据不通。第一，政务数据依然存在供需对接不畅、共享应用不充分、标准规范不统一等问题。表现为四种症象：一是数据资源质量不可控，二是数据共享流程不清晰，三是数据资产要素不关联，四是数据治理全程未统筹。第二，公共数据存在数据标准不统一、数据质量参差不齐等因素，使得公共数据在实际场景的应用深度和广度不足，深度挖掘的潜力没有得到充分释放。

未来发展趋势体现在五个方面的升级中：一是数据服务能力建设升级，二是产业变革融合升级，三是场景应用多元升级，四是标准规制落地升级，五是安全底线系统性升级。我们应该注意常态化监管面对的新课题——治理过程中需要符合生态的规律。生态在经济学中是指"外部性"，我认为数字化本身就具有生态的内在特点，一方面需要从产业发展的生态规律进行治理，另一方面需要从政府治理的生态规律进行治理。

2. 开展透明可预期的数字经济常态化监管

从操作层面看，如何完善制度，提出的主要概念就是常态化监管，党的二十大精神提出创新透明可预期的制度环境，全面提升常态化监管效能水平，为不断做强做优做大我国数字经济、促进数字经济高质量发展，推进中国式现代化提供强有力的保障。

2.1　对生态化治理的思考

2.1.1　创新完善常态化监管制度体系

"透明可预期的数字经济常态化监管"应是规则透明、过程透明、结果透明，是通过健全法律法规和政策制度、完善数字经济治理体系，实现政策的确定性和稳定性，从而营造公平竞争的市场环境，推动企业和产业长远持续健康发展的新型监管。

目标的战略方向：把握新一轮科技革命和产业变革新机遇，促进数字技术和实体经济深度融合，不断做强做优做大数字经济，更好助力经济总体回升向好、赋能高质量发展。通过政策的制定主要解决其中人为因素产生的影响，一是透明：即规则透明（监管规则要透明，以稳定市场的预期）、过程透明、结果透明。二是可预期：健全完善法制与治理体系建设，即增强监管的可预期性，健全法律法规和政策制度，不断完善数字经济治理体系。三是强化系统观念：一方面是加强跨部门协同和上下联动，包括加强部门协调、法治保障、社会协同、公众参与，建立健全与平台企业的常态化沟通交流机制；另一方面是协调政策的制定和施行。

2.1.2　统筹处理好四个关系

处理好发展和规范的关系。早期的时候提出"先发展再规范"，到后来"边发展边规范"，再到"先规范再发展"，我认为规范和发展是协调发展的关系。一是坚持法治为先，坚持权责法定、依法行政，法定职责必须为，法无授权不可为，用法治给监管明规则、定规矩、划界限，将数字经济监管全面纳入法治轨道，以法治化、制度化、规范化的数字经济常态化监管维护经营主体的合法权益，助推数字经济高质量发展，真正提升公平、效率和活力。二是坚持发展优先，监管协同。在安全框架范围内首先尊重和支持数字经济新业态的发展，避免监管不到位与监管过度。

处理好当前和长远的关系。坚持生态观念，要求统筹发展与安全、当前和长远，有效整合各类监管要素、资源和力量，加强多元利益主体互动协商，一体推进数字经济常态化监管制度创新和体制机制建设，不断提升规则统一性、政策一致性、治理协同性，加快建立全方位、多层次、立体化监管体系，优化事前事中事后全链条、全领域监管，全面提升政府数字经济综合监管效能。

处理好市场和政府的关系。政府目前干预过多，如何充分发挥市场作用。我认为还要发挥生态的作用，探索适应数字经济新型生产要素发挥作用的规则体系。从市场实际出发，构建分级分类的数字经济常态化监管治理体系，量身定制适当的监管规则。

处理好国内和国际的关系。秉持全球视野，准确把握数字经济发展特性和创新规律，结合数字经济监管事项风险特点，将国家安全、网络主权、经济发展、企业的国际竞争力与国际标准、规范有机结合起来，以更好地服务于数字经济国内、国际双循环。

2.1.3 生态化治理发展路径

建立生态型治理的新规制思路。也就是刚才提到的处理好几重关系。坚持统筹发展与安全、当前和长远，有效整合各类监管要素、资源和力量，加强多元利益主体互动协商，一体推进数字经济常态化监管制度创新和体制机制建设，不断提高规则统一性、政策一致性、治理协同性，加快建立全方位、多层次、立体化监管体系，优化事前事中事后全链条、全领域监管，全面提升政府数字经济综合监管效能。

体现社会治理共同体理念。党的十九届四中全会提到"必须加强和创新社会治理，完善党委领导、政府负责、民主协商、社会协同、公众参与、法治保障、科技支撑的社会治理体系，建设人人有责、人人尽责、人人享有的社会治理共同体"的理念，讨论问题必须全面。

事前优化规则制定科学容错。一是提升监管政策适应性、前瞻性；二是改善监管体系的容错性，比如通过实验试错，减少决策前的风险；三是探索新治理方法，提升企业的参与性；四是积极利用新技术，降低事前监管成本，提高监管效率。

事中推动规则执行过程创新。一是保持监管体系的稳定性与韧性，比如是否有弹性监管，不同情况有不同的监管；二是强化监管体系的敏捷性；三是提升执法的规范性；四是提升监管的创新性；五是降低合规成本，鼓励企业创新。

事后探索规则实施后评估。一是加强信息反馈，避免层层加码；二是加强事后评估，比如引入没有利益关系的第三方评估；三是加强问责体系建设。

最后，引用习总书记的话概括，"党的领导、政府负责、法治保障、社会协同、公众参与"五位一体，通过多方参与共同推动数字经济治理体系与能力现代化。

数字经济治理与合规 [*]

  关于对"数字经济治理与合规实务热点"主题的分享和讨论，源自我们最近在法律出版社所出版的新书——《数字经济治理与合规指引》。这本书包括了数字经济的诸多核心领域法律体系的立法与合规实务，诸如电子商务法律体系、网络与数据安全法律体系、个人信息保护法律体系、电子签名与认证法律体系、互联网监管法律体系、人工智能法律体系、数字经济支撑产业法律体系等方面。随着这些垂直领域的蓬勃发展，政府、行业、企业需要有实用的合规指南助力其稳健前行。

  鉴于此，这本书也从各个主要行业的实际角度出发，为政府、行业、企业提供合规实践指引和策略支持，因此其出版后不久就入选了"数字经济领域的十大教材"。以下分享的是根据我们近年来从事相关政策制定和相关法律实务的工作经验，总结的是对于数字经济治理与合规的全面体会。

1. 数字经济热点概览

  首先，数字经济呈现出蓬勃发展态势。2018 年至 2022 年，中国的

---

* 张韬，北京德恒律师事务所合伙人，网络与数据研究中心主任。

252

数字经济发展迅速，规模不断扩大。据统计数据显示，2022 年我国国内生产总值（GDP）达到 120 万余亿元，其中数字经济的贡献高达 50 万亿元，占比超过 40%。电子商务作为数字经济的重要组成部分，其交易额自 2019 年 1 月 1 日《电子商务法》实施以来，也已从 34.81 万亿元增长至 2022 年的 43.83 万亿元，增幅达到 25.9%，充分体现了电子商务在推动数字经济发展中的重要作用。从消费者个人角度出发，我们也能深刻感受到数字化生活给工作与学习带来的变革。

其次，数字经济的发展方向日渐明晰。国务院于 2022 年印发了《"十四五"数字经济发展规划》，规划对数字经济的内涵进行了明确界定，即以数据资源为核心要素，以现代信息网络为关键载体，以信息通信技术的融合应用以及全要素数字化转型为驱动力的新型经济形态。同时，规划也明确了新阶段数字经济建设的重点任务，包括优化和升级数字基础设施、发挥数据资源的价值链、推动产业数字化转型、加速数字产业化发展、提升公共服务数字化水平、拓展国际数字经济合作等。

再次，数字经济发展的机遇与挑战并存。2023 年 11 月，河南省开出了该省首张"数据元件"电子发票，实现了"数据资源—数据元件—数据产品"的全流程探索，验证了以"数据元件"和"数据金库"为核心的数据安全和数据要素化工程方案。在数字经济的大背景下，创新业态为企业创造了新价值和发展动能。然而，同年 11 月和 12 月，两个地级市的大数据特许经营项目终止，此类事件表明，在数字经济创新发展的过程中，既面临发展机遇，也面临着不小的风险和挑战。

最后，数字经济法律体系日益完善。为推动数字经济的高质量发展，我国已建立起一套法律规范体系。在综合权益保障方面，以《民法典》为基础，在网络交易方面，则以《电子商务法》《电子签名法》《消费者权益保护法》等为主要依据，而《数据安全法》《个人信息保护法》《反电信网络诈骗法》等法律法规构成了保障网络用户安全的重要法律制度。此外，还有大量部门规章、规范性文件，也为数字经济的合规发展提供了有力的制度保障。

2. 电子商务治理与合规

2.1 电子商务法律体系日臻完善

随着 2019 年 1 月 1 日《电子商务法》的实施，电子商务领域的法律体系日臻完善，相关部门也出台（修订）了一系列配套规章和规范，如《网络交易监督管理办法》《药品网络销售监督管理办法》《网络预约出租汽车经营服务管理暂行办法》以及《明码标价和禁止价格欺诈规定》等，均为电子商务行业的健康有序运行提供法治保障。此外，还有大量标准规范也陆续推出，共同促进了电子商务的规范化发展。

然而，作为数字经济最具活力和重要组成部分之一，电子商务业态快速发展，实践中所遇到的问题也日益增多，对监管和治理提出了更高要求。为应对挑战，我国逐步形成了一套系统的监管和治理体系，尤其是在数字经济互联网领域的治理能力大幅度提升。监管部门积极采用大数据、云计算等先进技术提升监管效能，已有部门运用区块链技术进行证据存证、保全，这些创新和举措共同推动了我国电子商务领域监管能力和水平的进一步提升，推动监管机制的创新与完善。

2.2 知识产权保护与合规发展

数字经济的知识产权保护与合规，一直是立法和法律实务的热点。以《电子商务法》为例，其结合我国实践，创新地建立了一套中国电子商务法律知识产权保护制度，例如要求平台建立知识产权保护规则、规定惩罚性赔偿制度、平台建立通知声明转送机制、遭恶意投诉后的救济措施等。在司法实践中，有恶意投诉的，法院也会充分考虑案件事实，例如针对卖家被恶意投诉的问题，法院考虑经营者的损失、衡量侵权可能性的高低、有无担保等情况，之后可以作出恢复上架或者不恢复上架的裁定。

2021 年，市场监管总局对《电子商务法》知识产权相关条款的修订公开征求意见，包括延长行权期限、平台等待期，商家虚假反通知加倍赔偿以及商家反担保制度。虽然修订稿尚未出台，但是这些规则均已经通过司法解释等方式进一步明确。但是，当前知识产权侵权现象依旧存在，包括盗版、假冒、抄袭等，侵权手段也不断多样化，手段更为隐蔽，难以被发现和打击。因此，继续强化知识产权保护是行业发展恒常不变的重点之一。

2.3 直播电商领域的合规治理

疫情虽然给我们的出行和工作带来了诸多不便，但同时也推动了直播电商的发展。很多时候互联网经济中有一面是眼球经济、流量经济、消费经济，流量在哪里，问题也就容易出现在哪里。例如，在直播电商领域发生的一起典型案例，上海一名主播在直播过程中，售卖了假冒奢侈品，结果被公安机关当场抓获，可以说该主播凭借"一己之力"，把一次声势浩大的"直播带货"活动，变成了一次"直播普法"活动。

其实在一些新的业态中，只要汇聚流量和创新，可能一些问题产品就会流向哪里，所以我们的监管和治理也是要跟上的。现在我们到了瞬息万变的数字经济时代，确实是需要总结我们该怎么样去治理，怎么样去合规，需要关注如何治理与合规。所以我一直主张有一些领域可以"让子弹飞一会"，根据实践中出现的问题针对性地进行后续立法和政策制定。但是还有一些领域，特别是关系到国计民生的，甚至前些年有一些关系到很多人的养老金等重要权益的互联网金融行业，不能"先乱后治"，不能让我们的消费者和老百姓先充当"韭菜"，所以在这一方面我们对于数字经济时代的立法理念要"一分为二"地去看。

还有一个典型案例，上海的一家药店在做周年庆活动时，搞了一次网络直播，但在直播过程中宣传并销售了处方药，结果被市场监管部门处罚了70万元。在网上销售药品需要取得专门的许可，包括我国最早的一批网上药店，像金象大药房等，它们都是在获得了相应的资质后才在网上销售药品。再比如说粮食领域，如果要售卖种子的话，也需要具有相应的许可。而且对于营利行为和非营利行为现在的管理是不同的，我国对于营利行为设有专门的管理，此外还有互联网信息服务、新闻信息等。

直播电商当中确实存在各种各样的问题，比如说销售伪劣产品，所卖的和实际销售的不同，还有一些是虚假宣传、主播夸大其词，这个时候我们更需要确定主播的法律地位，因为很多时候主播是可以成为相关商品或者服务的代言人，而不仅仅是工作关系，是要承担责任的。另外，像侵犯知识产权、所收到的货物货不对版与所下单的不同，这就涉及合同欺诈甚至诈骗问题，对于没有经营资质等行为，达到一定情节，还可能涉及非法经营。此外税务问题也是一个热点。这些都是我们在合规建设中应当重视的。

2.4 跨境电商的合规发展与国际合作

这两年发展得如火如荼的跨境电商，是电子商务产业里的一个垂直行业，其增速远超于传统电商。我国跨境电商的发展基数较大，对我国产业带来的红利大，这既是产业发展的机会，也是企业和平台发展的机会。在跨境电商方面，《电子商务法》是持鼓励、支持和促进的态度。法律规定了国家促进跨境电商的发展，建立健全适应跨境电商的海关税收、进出口、检验检疫、支付结算等管理制度，提升跨境电商各环节的便利化水平，同时支持电商平台为跨境电商的经营者提供仓储物流、报关、报检等服务，还支持小微企业从事跨境电子商务。这些都在法律当中进行了明确规定，同时还规定了监管部门的信息共享、监管互认、执法互助职责，推动单一窗口的建设。另外，跨境电商一定是和多边国际交流密不可分，所以法律中还有关于推动国际合作以及参与国际规则制定的相关内容。

当前在电子商务领域，中国已经可以参与甚至发起一些国际规则、标准的制定。例如电子签名和电子身份的国际互认对于跨境电商尤为重要，特别是发生争议的时候，电子身份就是一个基础的认证，而中国对于这一方面也给予了充分重视，通过《电子商务法》等法律法规规范跨境电商行业。除此之外，2020 年以来，国务院出台了相关的政策，进一步落实《电子商务法》，包括跨境电商综试区不断扩容、优化国际市场布局，推出了一些线上的展会等。

当前发展趋势也渐渐明朗，跨境电商最近几年在逐步与直播电商、社交电商等紧密结合。东南亚的一些国家对跨境电商出台了一些新的措施，比如限额或者其他相应措施。因此，我们建议企业出海前一定要了解目的地政府的措施和可能发展的方向。因为当地政令的变化，可能会给企业带来重大影响。

3. 数据资源入表新趋势

2023 年 10 月，我国成立了国家数据局。2024 年 1 月，国家数据局等 17 部门联合印发《"数据要素 ×"三年行动计划（2024—2026 年）》，选取现代农业、商贸流通、金融服务、文化旅游等 12 个行业和领域，推动发挥数据要素乘数效应，释放数据要素价值。其中，计划提出要推动数据资产化。

而在 2023 年 8 月 21 日，财政部发布《企业数据资源相关会计处理暂行规定》，暂行规定给整个行业、企业提供了新的数据资产发展路径。以前很多企业将数据产品化，但是未能实现数据资源向数据资产转化。但是暂行规定的出台使得未来数据资源可以入表，根据会计准则，一是可以确认为无形资产，二是可以作为存货，成为可盈利性的资产，即可交易性的资产。由此，企业数据的价值将进一步得到释放、开发与合规利用。

数据资产化的方式还有很多，例如，一家上市公司曾经将其数据资产质押做融资，当时融资了一千万元，顺利在北京获得了银行的贷款；一家广西的公司，将数据打造成了数据信托产品；还有一家公司将其知识产权整体作为质押物，形成了知识产权的证券化产品，融资超过一个亿。可见，现在数据有了更多地增值甚至变现的方式。在数据资源入表新规出台之后、生效之前，青岛一家公司在新设企业的时候，直接用数据资源进行出资作为新设公司的注册资本，这就是数据资源能够给企业带来的直接价值。

电子商务行业可以说是数据的海洋，推动数据资产化对电商企业来说是重要的发展机遇。从宏观方面而言，能够推动电商企业和资本市场结合得更加紧密；从微观方面来看，数据资源的入表能够帮助电商企业数据资源的资本化，同时能够提高财务的透明度。2022 年开始，一些头部公司就在做数据资产化方面的工作，我们为他们提供了整体的数据合规法律顾问服务。而现在数据资源能够入表，恰恰和我们以前做的工作无缝衔接，已经做好数据合规相关工作的企业便有了充足的准备来进行数据资源入表工作，入表速度与成效将显著提高。

目前，北京相关的政策也跟进得非常及时，很多时候先行先试进行得非常好。2023 年 11 月，北京建立了数据基础制度先行区。任何一个示范区或者先行区一定是存在相关的政策利好，而且内部是有全产业链的，所以这是从健全顶层设计开始，推动公共数据授权运营，同时推动数字基础设施建设。北京又出台了一些新政策，各个区都已经公布了对应的资金政策和政府的联系方式，可以享受到最高 50 万元的补贴。所以从北京开始就在鼓励企业把数据产品化、资源化、资产化、价值化。这些政策给企业带来了新契机，也是企业发展数字经济的基础。

但是，我们也经常看到，企业在进行数据资产化的过程中，也存在一些问题，比如数据的非法获取、非法使用、非法披露、非法加工、非法交易和数据泄露等问题。而如果企业要将数据资源入表，其中很重要的一个工作就是要做好数据合规，按照《数据安全法》《个人信息保护法》《网络安全法》《电子商务法》等法律法规中关于数据安全、信息保护的规定，对企业内部的数据做好全面合规，确保数据资产的合法合规性，这是数据资产入表的重要基础。

现在有一种观点认为，数据资源的入表不需要进行合规审查，但是从法律人的视角来看，数据资源入表前，建议合规先行。因为一旦企业把数据资源作为资产入表，如果里面含有不合规的成分，相当于埋了一颗"地雷"，可能会给企业造成巨大损失。无论是按照企业未来要交易出去的存货，还是按照自行使用的无形资产来留存，如果其中的合规工作没有做好，未来都可能会出现"踩雷"或者"塌方"的情况，所以我们提倡数据资产入表前，除了确权、登记、评估、定价，还应包括梳理和盘点，更要前置性地做好数据合规工作。所以数据资源入表，既要动态地做，同时也要把安全和法律底线守好，严谨地开展工作。

4. 数据合规与人工智能规范发展

在数字经济蓬勃发展的时代背景下，合规性已成为企业生存和发展的重要基石，特别是随着《数据安全法》《个人信息保护法》的相继实施，以及人工智能领域监管制度的不断完善，企业在电子商务、数据资产化和人工智能应用等方面面临着前所未有的合规挑战。

4.1 《数据安全法》的重点方面

2021 年 9 月 1 日实施的《数据安全法》中，确立了一些重要的原则，包括维护国家的主权、国家的安全和发展的利益、数据分类分级制度。《数据安全法》也建立了数据安全出口管制制度和数据投资贸易的管制措施。同时，这部法律还建立了关于数据分类、分级的标准。具体而言，将数据从两个维度进行分类、分级，一是数据在经济社会发展中的重要程度，二是数据一旦遭到篡改、破坏、泄露或者非法获取、非法利用等，可能对国家安全、公共利益或者个人、组织合法权益造成的危害程度。

2016 年我在新华社的《瞭望东方周刊》上发表的文章《建立数据分类分级制度》，在《法制日报》的《法制周末》发表了一篇论文，题目是"大数据时代亟待信息分类分级保护"。我提出数据和信息都需要建立分类、分级制度，也非常有幸看到相关制度成为《数据安全法》的基本原则。

《数据安全法》当中也建立了集中统一的数据安全机制以及数据安全的应急处置机制，作为企业来说不论是数据资源入表，还是在做数据合规工作的时候，都要有自己的数据安全的应急预案以及对应的机制，这是十分重要的工作。所以，我们建立内部数据安全合规管理制度时，会起草数据安全应急管理办法、合规审计办法等制度文件。但只有这些流程性的制度是不够的，还要建立企业内部倒查的机制，包括对数据供应商的定期审查制度，都需要跟进落实。

此外，《数据安全法》还要求数据处理者建立健全全流程数据安全管理制度，定期组织培训，要有专门的对重要数据的处理者、数据安全负责人和管理机构，还要有风险监测制度，这些合规义务企业都要遵照履行。

4.2《个人信息保护法》的重要内容

根据《个人信息保护法》的规定，个人信息包括敏感个人信息和一般个人信息，敏感度的区分意味着保护义务和法律责任的区别。《个人信息保护法》一个重要原则就是知情同意原则，即在收集、使用个人信息时应当告知个人信息主体收集使用个人信息的具体情况，并取得用户的同意，充分保证个人信息主体的自主决定权。对于敏感个人信息，还需要单独同意。但是如果为了订立和履行合同所必需，比如签订劳动合同时，都会登记身份证号码，这个时候一定会获取个人信息，但因为是签订履行合同所必需，不用单独取得个人同意。

从企业合规的角度，大家经常会看到，只要点开一个 App，其就要获取用户的信息，这是一个普遍现象，但其实按照有关规定有 13 类 App 是不能强制采集用户信息的，比如新闻资讯类、浏览器类、输入法类。当然，如果为了提供更好的个性化服务，用户提供个人授权愿意提供信息，这是没有问题的，但是不能因为用户拒绝提供信息，平台就拒绝提供服务。

此外，电子商务行业领域还涉及大数据杀熟问题，对应个人信息问题其实就是利用个人信息进行自动化决策。原来大数据杀熟都是线上的，但是在济南就有人为了不被采集到个人生物信息而戴着头盔去买房，少花了30 万元，这是大数据杀熟发展到线下的一个典型案例。企业非法收集个人信息后针对个人的特点进行相应的商业决策，但是却给消费者造成了不公平的待遇或者价格歧视，这也是法律所禁止的。

最后，很多人都认为超限或超范围获取信息，只属于民事责任，其实不然，如果 App 超限或超范围采集个人信息，数量较大，比如天津的一家公司的主管人员和直接责任人就因此被追究了侵犯公民个人信息的刑事责任。

4.3 人工智能的合规发展

在人工智能方面，存在例如数据合规的风险、算法合规的风险、知识产权侵权等诸多风险。不过我国监管制度也在不断完善，例如现在的算法备案系统，还有全球第一部 AIGC 的管理办法《生成式人工智能服务管理暂行办法》等，监管部门的制度制定是紧跟产业发展的。前一段时间北京互联网法院判了 AI 生成图片侵权第一案，认定 AI 作品可以构成著作权视角下的作品，可以被进行保护。北京互联网法院也在审理 AI 声音案件，案件大致内容是被告方将一位职业配音师的声音 AI 化之后个人使用了，目前这个案件还在审理中。另外，人工智能发展也与数据产业息息相关，我们既要大力发展人工智能，还要防止算法合谋等一些运用数据和人工智能进行垄断的情况，防止对人工智能发展与数据保护造成不利影响。

透过前面所介绍的电子商务合规、数据资产化以及数据合规利用等方面可以看到，未来中国在进行《数字经济促进法》的立法时，要鼓励创新，发挥数据要素的作用，促进数字经济高质量发展，并不断完善法律法规的标准体系建设。

《数字经济促进法》的立法，可以吸收和借鉴《电子商务法》的经验，《电子商务法》的制定推动了中国电子商务法律法规体系的建设，推动了整个行业和产业规范、健康、有序地发展，对电子商务的经营者和消费者给予了全方位的保护。同时也要不断提升数字经济的治理和监管的能力和水平，进行多元共治，这是电子商务领域立法的重要目的。

我国进入了数字经济、数字科技、人工智能持续快速发展的时代，而且新旧动能不断加快转换，市场也步入了一个合规发展阶段，线上线下正在不断深度融合，消费的趋势呈现了多元的分层趋势，平台、经营者、创业者都要关注这样的趋势。同时，还有数据驱动，推动了产业的升级，所以在人工智能的产业中，数据就是"粮食"，给人工智能产业"喂"数据，其再生产出来一些新产品"反哺"社会，给社会带来便利和新的发展场景，与此同时，我国的监管能力需要不断地创新和提升，以保障数字经济、人工智能产业健康有序发展。

最后，希望通过理论界和实务界的努力，共同发展壮大我国数字经济，我们也愿意为《数字经济促进法》建言献策、贡献力量，希望未来我国的数字经济能够更好、更快地发展，同时希望数字经济立法能够尽快出台。

克劳迪娅·戈尔丁：
研究"半边天"的经济学家 *

2023 年的诺贝尔经济学奖刚刚揭晓，这个经济学界的最高荣誉授予了哈佛大学教授克劳迪娅·戈尔丁（Claudia Goldin），以表彰她对女性劳动力市场问题的研究。

应该说，戈尔丁此次的获奖对诺贝尔经济学奖，以及整个经济学界而言，都是一个具有里程碑意义的事件。从历史上看，经济学一直是一门男性占主导的学科。虽然在这个领域内，也存在着很多优秀的女性学人，但在很长的时期内，她们都并不能得到应得的认可。比如，新古典经济学创始人阿尔弗雷德·马歇尔（Alfred Marshall）的夫人玛丽·马歇尔（Mary Marshall）就是一位优秀的经济学家，她和丈夫一起撰写了产业组织领域的奠基之作《产业经济学》，但在书出版后，作者一栏却只有其丈夫的名字。又如，新剑桥学派的代表人物琼·罗宾逊（Joan Robinson）贡献了大量的理论模型，其中的不完全竞争理论目前依然是经济学最为基础的理论支柱。不少专业人士评论，依据其贡献，她完全有资格获得诺奖。但直到

---

* 陈永伟，经济观察报专栏作家，《比较》杂志研究部主管。

她去世，这个奖也没有垂青于她。直到 21 世纪，经济学界的这种重男轻女的现象才得到了改变。2009 年，伊利诺·奥斯特罗姆（Elinor Ostrom）因其在公共经济治理方面的成就和奥利弗·威廉姆森（Oliver Williamson）一起分享了当年的诺贝尔经济学奖。此后，埃斯特·迪芙洛（Esther Duflo）又因在全球减贫的实验方法上的贡献而和丈夫阿巴希·巴纳吉（Abhijit Banerjee），以及合作者迈克尔·克莱默（Michael Kremer）一起分享了 2019 年的诺贝尔经济学奖。由此，女性在经济学界的力量才开始得到人们的认可和关注。此次戈尔丁再次以女性身份，并且是因对女性主义题材的问题而斩获诺奖，无疑是经济学界对女性力量的再一次认可。

值得注意的是，在通常的年份，诺贝尔经济学奖一般会由几个学者分享，只有少数重量级的人物，如罗伯特·卢卡斯（Robert Lucas）、让·梯若尔（Jean Tirole）等，才享受到了独得的待遇。因此，在开奖前，就有不少人猜测，如果戈尔丁获奖，那么她大概率应该会和她的丈夫劳伦斯·卡茨（Lawrence Katz）一起因在技术和教育对收入分配不平等的影响方面的研究而获奖。但最终的开奖结果则是戈尔丁独得，并且表彰的理由也是其在女性问题上的贡献。由此可见，诺贝尔奖委员会此次颁奖除表彰戈尔丁的个人贡献外，确实也有借机声援女性主义的意图。

1. 戈尔丁小传

1946 年 5 月 14 日，戈尔丁出生于美国纽约市的一个犹太家庭。小时候，她的志向是成为一名考古学家，但在初中读到生物学家保罗·德·克鲁夫（Paul de Kruif）的《微生物猎人》（The Microbe Hunters）后，她就被微生物学所深深吸引，从而致力于成为微生物学家。高中三年级时，她就在康奈尔大学完成了微生物学暑期课程。1963 年，在从布朗克斯科学校高中毕业后，她便进入康奈尔大学学习微生物学。不过，在不久之后，这个职业梦想就在另一位关键人物的影响下再一次改变了。

在大二时，戈尔丁选了著名经济学家阿尔弗雷德·卡恩（Alfred Kahn）的经济学课。在学界，这位后来担任卡特政府总统经济顾问的经济学家以呼吁放松管制著称，素有"放松航空公司管制之父"之名。在课堂上，卡恩以其独有的滔滔雄辩把自己的这些理念阐述给了学生。这种学识和风度很快就吸引了戈尔丁。她后来回忆说："他很善于用经济学来揭示隐藏的真相。就像当年克鲁夫的故事让我喜欢上了微生物学一样，他的故事让我喜欢上了经济学。"事实也正是如此。在修习了卡恩的课后，戈尔丁就迷上了管制问题和产业组织。在高年级论文时，她选择的题目就是关于对通信卫星的管制。

1967 年，戈尔丁以全部课程优秀的成绩从康奈尔毕业。随后，她就进入了芝加哥大学攻读经济学博士学位。受卡恩的影响，她一开始打算选择产业组织作为自己的研究方向。从当时看，在芝加哥学习产业组织确实是一个很好的选择，毕竟当时的芝加哥学派正如日中天，包括法兰克·奈特（Frank Knight）、乔治·斯蒂格勒（George Stigler）等产业组织问题的顶尖人物都坐镇于此，要学产业组织，还有什么地方能比芝加哥更好呢？然而，命运的齿轮却又一次转动。

1969 年，毕业于芝加哥大学的经济学家加里·贝克尔（Gary Becker）从哥伦比亚大学回到了母校任教，并开始为研究生开课。在经济学史上，贝克尔是一位具有传奇色彩的人物。在他之前，经济学研究的主题基本是和"钱"打交道的，但贝克尔却不走寻常路，将经济学的研究范围扩展到了婚姻、家庭、成瘾、犯罪等社会领域，由此引发了后来的"经济学帝国主义"。虽然在当时的经济学界，有不少年长的学者对他的这种做法不以为然，但对年轻学者来说，他的这种路子确实是非常有吸引力的。当时正在修习博士课程的戈尔丁在选了贝克尔的课后，很快就迷上了这种研究路子，并放弃了原来研究产业组织的想法，在贝克尔的指导下开始了对劳动经济学的研究。从后来在戈尔丁的研究路子上，我们确实可以非常清晰地看到贝克尔留下的影响。

由于劳动经济学中的很多问题都需要涉及对历史问题的研究，所以戈尔丁也选了罗伯特·福格尔（Robert Fogel）的课。在经济史学的领域，福格尔也是一位宗师级的人物。在他之前，虽然经济史学家也会援引一些数据，但对它们的应用大多是停止在简单的描述统计上。而福格尔则开风气之先河，不仅将计量经济学的工具大规模应用于对历史的研究，还提出了包括"奴隶制是有效率的"等在当时看来惊世骇俗的观点。不出所料，福格尔的研究路子又一次让戈尔丁着了迷。受此影响，她最终决定将计量史学和劳动经济学的交叉话题作为自己的研究方向——事实上，直到现在，她依然在这块学术园地上耕耘。

戈尔丁的博士论文题目是关于南北战争前美国城市和南方工业奴隶制的，指导老师是福格尔。1972 年，她成功地完成了论文，并获得了经济学博士学位。

在正式取得博士学位前，戈尔丁已从 1971 年开始在威斯康星大学麦迪逊分校执教。1973 年，她跳槽到了普林斯顿大学担任助理教授。1979年，她离开普林斯顿大学，来到宾夕法尼亚大学，任该校副教授，并于1985 年晋升为教授。1990 年，她加入哈佛大学经济学系，并成为该系首位获得终身教职的女性。除此之外，戈尔丁还曾在 1991 年出任美国经济学联合会副会长，1999 年出任美国经济史学会会长，2013 年出任美国经济学会主席，并在 1992 年当选美国文理科学院院士，2006 年当选美国国家科学院院士。1984 年到 1988 年，她曾担任经济史领域顶级刊物《经济史期刊》的主编。1990 年到 2017 年，他还担任了美国国民经济研究局

（National Bureau of Economic Research，NBER）的《经济发展中的长期因素》系列报告的主编——后来的事实证明，这个可能是对她来说最为重要的兼职，至于原因，将在本文最后揭晓。

在数十年的学术生涯中，戈尔丁收获了很多的荣誉，包括 2005 年美国经济学会的"卡罗琳·肖·贝尔奖"、2009 年劳动经济学会的"明瑟奖"、2016 年的"IZA 奖"、2020 年的"欧文·普莱恩·内默斯经济学奖"、2020 年的"科睿唯安引文桂冠奖"、2021 年的"进步社会奖"——当然，还有 2023 年的诺贝尔经济学奖。

2. 奴隶制、南北战争和工业化

在学术生涯的早期，戈尔丁的研究兴趣集中在对奴隶制问题上。围绕着这个主题，她发表了很多的论文。其中，具有代表性的成果包括和其导师福格尔合著的论文《解放奴隶的经济学》（*The Economics of Emancipation*），她独著的论文《城市奴隶制相对衰落的模型解释》（*A Model to Explain the Relative Decline of Urban Slavery*），以及《城市与奴隶：兼容性问题》（*Cities and Slavery: The Issue of Compatibility*）。她的第一本书《美国南方城市的奴隶制》（*Urban Slavery in the American South*）则是在其博士论文的基础上修改而成的。当时，历史学界有一个流行的观点，认为奴隶制是和城市生活不相容的，甚至有一些学者以此推论，正是由于城市化的推进，导致了废奴主义在 19 世纪中叶的兴起，并最终引发了南北战争。然而，戈尔丁则在这部书中对上述观点进行了驳斥。她根据当时的人口普查资料，以及大量从遗嘱中挖掘出的数据表明，其实在当时的城市，对于奴隶的需求一直是上升的。针对一些研究中指出的城市奴隶数量下降的证据，她指出之所以会出现这种现象，是由于相比于农村对奴隶的需求，城市对奴隶的需求更具有弹性。在城市的劳动力市场上，企业主即使不雇佣黑人奴隶，也可以雇佣自由的白人；与此同时，农场主除了黑奴也缺乏其他的劳动力来源。在这种情况下，虽然城市对奴隶的需求仍然是上升的，但由于农村的需求更为坚挺，因而在均衡状态下，就会出现城市奴隶数量下降的现象。

随着对奴隶制问题的深入，戈尔丁非常自然地将研究的范围延伸到了南北战争的影响上。关于这个话题，她最有代表的研究是和弗兰克·刘易斯（Frank D. Lewis）合作的《美国内战的经济成本》（*The Economic Cost of the American Civil War*）。在当时的学界，关于南北战争的经济后果存在着很大的争议。一种观点认为现在的历史教科书上经常看到的，即认为南北战争扫清了农业主义的余毒，从而为美国的工业化扫清了道路。根据这个观点，南北战争其实是美国工业化的启动点，因此从经济上看，这一仗打得非常值。而另一种观点则认为，在南北战争前后，美国的生产方式其实并没有发生根本的变动，因此南北战争所带来的经济受益并不明显。恰恰相反，这场战争带来了大量的伤亡，造成了大量的财物损失。如果根据这个观点，那么南北战争这笔经济账就是不合算的。如何调和这两种观点呢？戈尔丁和刘易斯另辟蹊径，并没有支持上面的任何一方，而是根据上面两派给出的论证，对南北战争进行了一次会计核算。他们根据资料，统计了战争带来的直接损失，还利用各种资料对间接的损失进行了估计。结果发现，南北战争的成本非常巨大，先前各种估计所声称的损失都不足以对此进行弥补。因而从经济上看，这场仗打得并不划算。

在因南北战争的研究接触到了工业化话题后，工业化很快成为戈尔丁的新研究领域。关于这个主题，她和肯尼斯·索科洛夫（Kenneth Sokoloff）完成了一系列的论文。其中最具代表性的论文包括《妇女和儿童在美国东北部工业化中的作用：1820—1850 年》（*The Role of Women and Children in the Industrialization of the American Northeast: 1820 to 1850*）、《共和国早期的妇女、儿童与工业化：来自制造业普查的证据》(*Women, Children, and Industrialization in the Early Republic: Evidence from the Manufacturing Censuses*)，以及《工业化的相对生产力假说：1820年至1850年的美国案例》(*The Relative Productivity Hypothesis of Industrialization: The American Case, 1820 to 1850*)。

虽然在戈尔丁漫长的研究生涯中，关于工业化问题的研究是短暂的，但对她本人而言最为重要的是，她在研究这个话题时接触到了女性问题，而这个问题，则成为她后续研究的持续主题。

3. 女性、事业和家庭

从20世纪80年代起，戈尔丁就将自己的重心转到女性问题，尤其是女性在劳动力市场遭遇歧视的问题。在这个领域，她发表了大量的论文。其中具有代表性的包括1987年的《监督成本与性别职业分割：一个历史角度的分析》(*Monitoring Costs and Occupational Segregation by Sex: A Historical Analysis*)、1988年的《最长工时立法与女性就业：一个重新评价》(*Maximum Hours Legislation and Female Employment in the 1920's: A Reassessment*)、1989年的《已婚女性生命周期内的劳动参与率：历史的证据和含义》(*Life Cycle Labor Force Participation of Married Women: Historical Evidence and Implications*)、1991年的《二战在女性就业增加中的角色》(*The Role of World War II in the Rise of Women's Employment*)、2000年的《管弦乐器的公正性："盲演"对女性音乐师的影响》(*Orchestrating Impartiality: The Impact of Blind Auditions on Female Musicians*)，以及2002年的《避孕药的力量：口服避孕药和妇女职业以及婚姻的决定》(*The Power of the Pill: Oral Contraceptives and Women's Career and Marriage Decisions*)。此外，

她还将上述文章中的主要观点收录到了自己 2021 年出版的专著《事业还是家庭？女性追求平等的百年历程》（*Career & Family: Women's Century-Long Journey toward Equity*）当中。鉴于逐一介绍这些文献困难且乏味，这里将打乱顺序，介绍一下这些研究的主要观点。

3.1 百年女性的差别

戈尔丁指出，不同时代的女性对于劳动力市场的参与状况，以及在劳动力市场上的表现是不同的。以美国为例，她按照出生时间，将百年间的女性大学毕业生分为五组，并对她们的特点逐一进行了概括。

第一组女性出生于 1878—1897 年，并在 1900—1920 年大学毕业。对这一组女性而言，成家和立业是一个"二选一"的问题。从统计看，她们中的一半从未生育（或收养）过孩子，而另一半则生育了孩子。在未育的女性中，绝大部分都曾经工作过，而有生育的女性则很少就业。

第二组女性出生于 1898—1923 年，并在 1920—1945 年大学毕业。这一组人中较为年长的一批和第一组很像，结婚率极低；而其余部分则具有高结婚率，并且初婚年龄较低，还会养育很多孩子。在工作和婚育的选择上，这一组女性表现出了"先立业后成家"的特点，即一开始都会有工作，但当组建了家庭后则会退出劳动力市场。

第三组女性出生于 1924—1943 年，并在 1956—1965 年大学毕业。在所有组的女性中，这一组女性内部的相似度是最高的。她们展示了类似的抱负和成就，结婚很早，有孩子的比例很高，大学专业和第一份工作都差不多。如果说第一组的女性是成家与立业"二选一"，那么这一组女性就是事业与家庭齐头并进，并且很多女性虽然在养育孩子期间会暂停就业，但在子女长大之后，依然会重回就业市场。

第四组女性出生于 1944—1957 年，并在 20 世纪 60 年代中期至 70 年代末大学毕业。这一组女性的特点是"先立业再成家"。她们比之前的女性都更为重视自己的职业发展，而对于家庭的重视则相对放松。晚婚、离婚的概率比前面的几组女性都要高。

第五组女性出生于 1958—1978 年，并在 20 世纪 80 年代间大学毕业。这组女性吸取了第四组女性过于重视事业而错失家庭的教训，更好地调和了这两者之间的关系。

那么，同样是女性，为什么不同时代的她们会在事业与家庭之间的抉择上具有如此重大的差异呢？关于这个问题，不同学科的回答是完全不同的。例如，社会学家会倾向将这一切归结于社会思潮的变动，政治学家会将这一切归结于女性政治权益的变动，而作为经济学家，戈尔丁则延续了贝克尔的传统，从女性参与就业和进行婚育的成本和收益角度来对此进行了分析。

劳动力市场的数据显示，男性和女性在劳动力市场上可以获得的回报是存在着很大差异的，或者说，劳动力市场上普遍存在着女性歧视。如果这种歧视非常强，那么女性参与劳动力市场所能得到的回报将很低，因而从经济角度看，她们与其去工作，不如回归家庭；而如果这种歧视被消灭了，男女可以在市场上实现同工同酬，那么女性参与就业的激情就会被激发出来，从而女性的劳动力参与率也会更高。从这个意义上讲，要解释不同时代女性对事业和家庭权衡的差别，劳动力市场上女性歧视强度的变动是非常好的切入口。

3.2 贪婪工作与女性歧视

为什么在劳动力市场上会存在着女性歧视呢？在戈尔丁之前，主流的解释有两种：第一种观点来自贝克尔，这种观点将歧视归结为一种观念：由于雇佣者不喜欢女性，所以即使女性的实际生产率并不输于男性，他们也不愿雇佣女性，而由此带来的经济损失，则会被认为是为"口味"买的单。另一种观点则来自著名的劳动经济学家雅各布·明瑟（Jacob Mincer）——提出教育经济学中著名的"明瑟收益率"。这种观点认为性别歧视问题可以由人力资本来解释。现实中，由于男女参与的职业是不同的，一般来说男性职业通常有更高的教育要求，而女性职业对教育要求则较低，因此作为补偿，男性的收入就需要高于女性。

那么上述两种观点哪一种更为正确呢？作为一名务实的学者，戈尔丁还是先从数据入手。她经过分析发现，男女之间的收入差异其实更多存在于同一职业内部，而非不同职业之间，因此明瑟提出的行业间人力资本差异说似乎并不足以解释性别歧视。那歧视是不是来自观念呢？如果这个观点是正确的，那么男女在刚进入职场时，就应该有显著的差异。然而，这一点和数据并不相符。事实上，数据显示，在就业的头几年，男女之间的收入差别并不大。但是在工作十年之后，这种差别就显现了出来。

为什么会出现这样的情况呢？戈尔丁认为，其原因来自男女之间工作特点的差别。众所周知，在职场中，工作是"贪婪"的。愿意每天"996"、全天候随叫随到的员工会比只愿意"朝九晚五"规律工作的员工获得更高的报酬。并且，在现实中，"贪婪回报"带来的回报是非线性的。一个员工如果愿意比另一个员工投入多一倍的时间工作，他所得到的回报将会超过后者的两倍。不仅如此，那些愿意更多加班的人还能获得更多的升迁机会，从而得到更大的发展空间。给定这种情况，谁更能胜任"贪婪"的工作，谁就可以获得更高的收入。

那么，男性和女性究竟谁更能胜任"贪婪"的工作呢？一般来说，是男性。这是因为，在传统的观念下，女性的性别角色被设定为更顾家，除了工作，她们需要承担照料子女、处理家务等额外的任务。给定这些任务，女性就很难像男性一样去"贪婪"地加班和打拼。因此，她们的收入和职业前景就受到了限制。

应该说，戈尔丁的这个论断是非常有洞见的。在现实中，很多企业在招聘女性员工时，都会问她婚育状况。在同等条件下，几年内没有婚育打算，或者子女已经比较大的女性会比较受欢迎。按照戈尔丁的观点，这是因为在政府要求同工同酬的情况下，这些女性更容易承担"贪婪"的工作。

3.3 技术、制度与女性的崛起

在明白了性别收入差异及其根源之后，下一个问题就是，究竟是什么力量促使了对女性歧视的消减，以及女性在劳动力市场上的觉醒。

对于美国的劳动力市场，这个问题曾有一个非常流行的答案是"二战"造成了这一切。其理由很简单：在"二战"期间，大量的男性应征入伍，因而原本只雇佣男性的职位只能雇佣女性。在这种情况下，女性别无选择，只能像男性一样"贪婪"地工作。这一段经历，不仅唤醒了女性意识，也重塑了劳动力市场。在历史课本上，讲到这个观点时，通常还会配上那幅撸起袖子秀肌肉的著名"二战"宣传画，其说服力非常大。

但是，戈尔丁却不像一般人那样亲信这一切。她通过对数据的梳理发现，其实因"二战"带来的女性劳动参与率的上升时间很短，主要集中在1944年之后。并且"二战"结束之后，这些女性很快就回归了家庭。由此可见，"二战"并没有像人们想象的那样，带来女性意识的全面觉醒，或者说，它的作用只是短暂的。

既然流行的观点并不正确，那么究竟是什么原因造成了女性在劳动力市场上的觉醒呢？在戈尔丁看来，技术扮演了一个非常重要的角色。比如，像洗衣机等家电的发明就让女性得以从很多家务当中解放出来。这样，她们在家庭事务上投入的精力就少了，因而也就有更多的时间可以去参与"贪婪"的工作。而在所有的技术当中，戈尔丁强调最多的，则是避孕药。

1951 年，匈牙利化学家乔治·罗森克兰兹（George Rosenkranz）和他的同事合成出了可抑制排卵的激素炔诺酮。最初，罗森克兰兹是想用这种物质来防止流产，但后来，他很快就发现它对于防止女性怀孕更有奇效。于是，避孕药就这么发明出来了。1960 年，避孕药通过了美国食药监管理局的审批，成为处方药。不久之后，各州又先后放松了对避孕药的使用限制，女性由此可以自行根据需要进行购买。对女性而言，避孕药的发明意义非常巨大。这让她们可以在享受性爱欢愉的同时，不再担心意外怀孕，这就在很大程度上促进了性解放的发生。对劳动力市场来说，避孕药的出现则让女性可以根据自己的意愿掌握是否要孩子，以及什么时候要孩子。这样一来，女性不仅可以更好地安排自己的职业规划，还可以没有顾虑地参与"贪婪"的工作。

对于避孕药引起的"无声革命"，戈尔丁进行了定量的分析。她发现，对于 1970 年进入大学的女性，由于当时避孕药使用的要求还较为严格，因此她们中的一半在 23 岁前已经结婚；而对于 1980 年进入大学的女性，由于避孕药已经放开，因此在 23 岁前结婚的比例就下降到了 1/3 左右。对应地，后一组女性的劳动力市场参与度提升了，劳动的报酬也得到了提高。

除了技术，戈尔丁认为制度和法律也是影响女性在劳动力市场的参与和表现的重要因素。比如，她曾经对美国的"最长工作时间法"进行过研究。在 20 世纪 40 年代，美国的很多州出于保护女性权益的考虑，都出台了对女性最长劳动时间的限制。然而，戈尔丁则用数据证明，这种刻意将女性视为弱势群体来保护的法律虽然从短期看确实维护了女性的利益，但从长期看，它对于女性的发展则是不利的。其逻辑也非常直观：这种人为的制度安排事实上固化了女性的弱势地位，从而限制了她们参与"贪婪"的工作的机会。从这个意义上讲，后来美国的女性解放在很大程度上是由于这些不合理的管制被取消了。

4. 性别歧视的度量

既然性别歧视问题对于理解女性在劳动力市场上的表现非常重要，那么一个问题就是应该如何测度性别歧视？

传统上，经济学家倾向于用一些定量的方法来对此进行测度。比如，贝克尔曾提出了一个"歧视系数"。它用具有相同劳动力的不同人群间工资的差别来刻画歧视的状况。比如，假设某雇主讨厌黑人，他雇佣一个黑人的工资是 w，而雇佣一个同样劳动力的白人的工资是 w（1+d），那么"歧视系数"d 就可以用来刻画他对黑人的歧视程度。简言之，如果他愿意支付更高的溢价来雇佣非黑人，就说明他对黑人的歧视越深。另一个更为复杂的测度的测算方法则是"瓦哈卡 – 布林德分解"（Oaxaca-Blinder decomposition），它借助于对不同群体之间的工资决定方程的回归系数来对收入差异的贡献进行分解，从而那些不能用所有可能的因素（如教育、经验）解释的部分就可以被归纳为歧视。很显然，如果这部分在总的工资差异中所占比重越大，就说明歧视越严重。

戈尔丁在关于性别歧视的研究中，发明了一种更为直接的做法：让事实自己说话。在和普林斯顿大学的劳斯合作的一篇论文中，他们考察了一项有意思的职业招聘场景：从 20 世纪 70 年代开始，美国的交响乐团开始通过"盲演"来挑选演奏者。也就是像《中国好声音》那样，招聘者在不看到演奏者的情况下仅根据听他们的演奏来决定是否录用演奏者。戈尔丁和劳斯发现，在实行这个制度之后，女性进入复试的概率大约提升了一半，进入最后一轮的概率提升了几倍。他们发现，在这段时期，全美交响乐团中的女性比例上升了大约 1/4，而增量中的 1/3 可以由"盲演"制度的普及来解释。之所以会出现这样的变化，是由于性别因素被排除了。由此也可以反推，在原来的劳动力市场上，性别歧视究竟有多严重。

通过这个研究，戈尔丁不仅为测度市场上的歧视提供了一个新的思路。同时也为消除歧视提供了一个可行的思路。

5. 技术和教育的赛跑

在研究女性主题的问题时，教育问题是很难回避的，这是因为对劳动者而言，教育是一个非常重要的收入决定因素。因而，在专注于女性主题的同时，戈尔丁也顺带成为一名出色的教育经济学家。在数十年的研究生涯中，她曾有大量的论文对教育问题进行了探讨，比如《美国的中等教育毕业生：20 世纪中等教育的演变与普及》(*America's Graduation from High School: The Evolution and Spread of Secondary Schooling in the Twentieth Century*) 一文就对美国中等教育的发展历程及影响进行了详细的解读，而和卡茨合作的《美国高等教育的形成：1890—1940》(*The Shaping of Higher Education: The Formative Years in the United States, 1890 to 1940*) 一文则着重探讨了美国高等教育的发展史。

在她众多关于教育的论述中，最为著名的是和卡茨在 2008 年出版的著作《教育和技术的赛跑》(*The Race between Education and Technology*) 中提出的观点。在这部著作中，他们对教育、技术以及收入不平等之间的关心进行了有趣的概括。

具体来说，他们认为：当人们接受更多的教育后，其劳动力将会提升，由此经济也会出现增长。当然，这里对教育的强调并不是说教育只是经济增长的唯一因素，事实上他们对于政府治理、产权保护等因素也极为强调。

在承认了教育对增长的作用之后，他们指出教育与技术的发展之间存在着一种辩证关系——教育的发展也能够带动技术的进步，反之，技术的发展将会对教育提出要求，因而会让社会产生更多受过教育的人。

值得注意的是，在技术的进步面前，不同教育程度的人可以得到的收益是不同的。一般来说，相比于受过较少教育的人来说，受过更多教育的人的工资会更高。不仅如此，由于受过更多教育的劳动力总是相对稀缺的，因此他们和受教育较少的人之间的工资差异将会不断加大。因此，如果不同层次教育水平的相对比例保持不变，那么伴随着技术的进步，人们之间的工资就会变得更加不平等。但是反过来，如果教育可以更为普及，更多的人都可以用同样的机会来公平地获得高质量的教育，那么技术的进步将不仅不会让不平等扩大，而是会让其缩小。根据这个理论，那么教育的普及就不仅仅像传统理解的那样，只是一项对促进增长有效的政策，同时，它也会成为调节收入分配的重要手段。

戈尔丁和卡茨对整个 20 世纪的美国经济增长，以及不平等状况进行了考察。他们发现，这两者之间的关系并不是一致的。总的来说，在前 70 年中，伴随着经济增长，不平等出现了下降，而在后面 20 多年中，经济增长的同时却出现了不平等的上升。

为什么会出现这种状况呢？戈尔丁和卡茨用"教育和技术赛跑"理论对此进行了解释。认为之所以在 20 世纪前期，增长会削减不平等，是由于教育的普及，这使得人们的教育水平足以赶上技术增长的步伐，从而让多数人都可以从容应对新技术提出的挑战；而在 20 世纪后期，与增长同时出现的不平等上升则是由于教育难以跟上技术发展的步伐，使得只有一小部分人可以从技术的发展当中受益。

6. 对现实问题的探讨

如今，戈尔丁已经 77 岁高龄。按照正常的职业安排，她这样功成名就的人物早应该安享晚年、含饴弄孙了。但作为一名学者，她却一直没有放弃对现实的关注。当各种新问题出现后，她总是会十分敏锐地将它们和自己的研究结合起来，看看这究竟会对自己关注的女性群体产生什么影响。

她最近关注的问题是新冠疫情。在新近发表的论文《理解"新冠"对妇女的经济影响》(*Understanding the Economic Impact of COVID-19 on Women*) 中，她探讨了新冠疫情可能对女性劳动力参与的影响。在她看来，新冠可能造成更多的家庭成员需要看护，而从性别分工的角度看，这些任务天然会被安排给女性。从这个角度看，新冠疫情对女性群体的打击可能比对男性群体更大。因而，在政策上，也应该给女性更多的扶持。

此外，她还对老龄化问题进行了关注。目前，老龄化已经成为全世界共同关注的问题。面对老龄化的挑战，很多经济学家开出的药方是鼓励生育，用更多新生的人口来对冲人群的衰老。对于这种观点，戈尔丁并不认同。她在一次访谈中表示，这样的结果只会让女性被更多地束缚在家庭工作上，从而让劳动力市场上的男女不平等表现得更厉害。相比这个方案，她个人更倾向于消除男女在退休时间上的差异。她指出，很多受过高等教育的女性其实完全有能力，并且有意愿工作更长的时间，但是退休制度却限制了她们。如果可以放开对劳动力市场上这"半边天"的退休限制，老龄化问题将可能得到很大程度的缓解。

7. 平衡事业与家庭

在读完了关于戈尔丁的上述介绍后，我想一定有朋友会问：戈尔丁为女性奔走呼喊了数十年，并一直致力于让女性可以在事业和家庭之间进行平衡，那么，她自己做到这一切了吗？她的人生幸福吗？关于这两个问题，答案都是肯定的。

虽然在事业上，戈尔丁显然是一名"贪婪"的工作者，但与此同时，她并没有耽误自己的爱情和家庭。在担任 NBER 系列报告的主编期间，她因工作结识了小他 13 岁的劳伦斯·卡茨。然后，他们开始相爱、约会，并最终跨越年龄的界限走到了一起。在一次访谈中，戈尔丁曾经向记者追忆过这段岁月，并十分幸福地说，在她和卡茨之间，有一个暗号，将"国民经济研究局"称为"国民经济浪漫局"（National Bureau of Economic Romance）。现在，她和卡茨都是哈佛大学的教授，每天在一起生活、工作——从这个角度看，他们似乎已经找到了平衡事业与家庭的好办法。

美中重开"经济双赢之路"*

    2023 年 9 月 19 日，美国总统拜登在纽约联合国总部发表了一份重要声明，表示美国无意与中国脱钩，并积极避免与世界上人口最多的国家发生任何形式的冲突。这似乎与日前西太平洋的一系列眼花缭乱的军演及出人意料的军方高级将领调整相印证，更为醒目的是，中美双方建立经济领域工作组。或许，美中双方在一系列领域的争拗走到了一个关键的转折点，双方正拟重开"经济双赢之路"。

    美国不得不公开调整其强硬的遏华立场，不仅昭示其政策的脆弱性，更背离其政治先例，此举引发强烈猜测，究竟是什么力量推动了这一变化?

    日前借由华为 Mate60 等新手机的发售，美国明确发现中国正不可遏制地奋力构建其半导体全产业链，此无异于改变全球半导体产业的既有格局;无独有偶，日前透过慕尼黑车展，德国乃至欧洲震撼于来自中国电动汽车的巨大冲击。问题在于，欧盟拟议启动反倾销调查等措施来奋力阻击，而美国则与中国通过"经济工作组"与"金融工作组"来加强沟通与交流。虽同遭逢中国经济的巨浪冲击，美欧因应策略方向已有所分殊，此

---

    * 周子衡，浙江现代数字金融科技研究院理事长。

亦折射出美国修正经济遏华立场的力量应来自其内部。

当前，美国发现其已陷入前所未有的严重财政危机。其国债以惊人速度飙升超过 33 万亿美元，不仅危及国家经济稳定，更对白宫的支持率造成负面冲击。最近的民意调查数据显示，四分之三的美国人因年龄问题而对拜登总统连任下一个四年任期的能力表示担忧。美国公共事务研究中心进行的一项调查显示，近 70% 的民主党对拜登总统的连任感到担忧，并对其是否能够连任表示怀疑。

长期以来，美国一直奉行以自身利益为基础主导其全球战略，不愿受有关国际规范的牵绊，更很少顾及全球共同关切。然而，不断升级的国家债务困境正迫使美国开始重估其全球地位，特别是在如此恶化的财政危机背景下，全面遏华正遭受越来越严重的挫败之际，美国开始担心全面遏华或无法弥补地损及其霸权。

近来，美国十年期国债收益率不断飙升，一路惨跌，令国际市场看弱美国经济未来走势，也为其国内经济投下了长期阴影，进而引发了人们对美元在国际金融市场信誉的普遍担忧。传统上，美国国债一直是全球资产定价的基础标准。然而，目前的情况正迫使国际投资者重新评估其对美元及美债的信心。

今年 5 月底，共和、民主两党虽就债务上限达成暂停协议，但是数月来就提高债务上限仍未达成一致。众议院拥有财政拨款权，这在奉行零基预算的美国意味着，财政案的政治僵局远未缓解。如双方未能就迫在眉睫的财政拨款案在 10 月 1 日前达成一致，联邦政府将在下月起停摆关门。此亦即年内的"第二次财政危机"。若此，将导致相当数量的政府雇员被安排休无薪假，而许多政府部门和机构的日常职能将受到严重干扰，亦将扰乱美国及国际事务的正常运作。对企业和普通公民来说，政府停摆意味着与政府签订合同的企业的重要服务中断和潜在的收入损失，对国民经济及民众造成了相当大的损害，并玷污了国家的国际声誉。

虽然，美国在其历史上曾多次经历政府关门，但是，当前的确不是一个"好时机"。糟糕的财政危机与即将来临的大选叠加在一起，白宫所遭遇的窘况正变得格外复杂，须以严厉的措施来增收节支。然而，预算削减可能会引发关键公共服务的中断，不成比例地影响低收入者及边缘群体，同时，增税可能会引发政治争端，并危及政府改革举措。毫无疑问，这些行动将带来巨大的国内社会和政治压力。看看美国汽车工业联合会所发动的汽车工人大罢工，劳资双方仍在僵持之中，就可以发现，联邦政府增收节支的财政转向，将导致更为严峻的经济社会风暴。

于此困境中，白宫无法掩饰其政策的脆弱性，进而在国际舞台上偏离其固有的自信，并强调美国所面临的严重困境。重新认识与发现美中经济相互依存的深刻关系，须调整并承认中国作为新兴大国的地位与影响力。若非如此，脱钩将为双方带来重大损失，一定程度上来说，这种损失正在发生与蔓延，且毫无理由认定为一切在向着可把控或对自身更为有利的方向发展。美中经济脱钩或许没有最终的赢家，但输家一定是无法挽回的衰败。对已久享霸权的美国而言，直面此一历史趋向是无法接受的。

多年来，美国通过单方面行动及胁迫性措施追求其自身利益，且常常无视国际规范和合作，已遭致越来越多国家的质疑，并渴望建立一个更为公平和公正的国际秩序。近几个月来，不可遏制的膨胀以惊人速度飙升，已越过 33 万亿美元的美国国债加之不断拉高的联邦基准利率，美国国债问题成为经济领域中的定时炸弹。这不仅引起了人们对美国经济健康状况的严重担忧，还对美国政府的治理能力提出了疑问。美国国债的快速升级和迫在眉睫的债务上限危机不仅是财政挑战，也是检验其政府体制及政治制度的试金石。

应对此一艰巨挑战，白宫始须重新全面评估其国际作用和政策，以因应日趋复杂的全球格局。显然，当前糟糕的经济形势对拜登总统的联合国声明产生了重大影响。际此，白宫展现其政策的灵活性乃至其立场的柔韧度远远胜于强调其坚定性。

虽然示弱或为一不受欢迎的举措，但若非如此，美国霸权或加速崩塌。至关重要的是，美国须寻求与其他国家合作，共同应对全球挑战，并建设一个更加和平和繁荣的世界。面对国家债务的无情升级和政府关门的迫在眉睫的幽灵，美国迫切需要新的经济增长催化剂和可靠的贸易伙伴。作为世界第二大经济体、最大的制造业者及贸易体，中国自然成为美国寻求国际合作的主要对象。

此外，在一个以全球经济相互依存加深为标志的时代，美中命运密不可分，任何形式的脱钩对双方来说都是一个危险的作业。在这个关键时刻，拜登政府清醒地认识到，与中国建立积极关系是克服当前困境的关键。理想情况下，双方都可以抓住这个机会，建立真正的双赢合作。然而，美中双方所面临的现实挑战仍颇为严峻，且其中或更为困难的部分往往并非来自经济方面。坦言之，美中经济双赢并非坦途……

金融业的数位转型 4.0[*]

在金融业的数位转型上，对的方向有两种，一种是大家都认为对的对，这个方向肯定是对的，但势必引来更激烈的竞争，因为从今天看明天，所有金融业看到的明天都长得一模一样，所以明天很快地就会成为更残酷的今天；另外一种是你认为对的对，这个对的方向如果是对的，就会产生很大的机会，此时嘲笑你的人越多，你成功的机会就越大。

视线与视野是不一样的，在足球比赛中，视线的球员是看到球在哪里，再去追球，此时抢球的人一定很多。有视野的球员则是预见球走的方向，先跑到定点等球飞来。视线关心眼见为凭，是从今天看明天，视野则是预见后天，从后天看明天。但是怎么知道你的视野是对的？必须像空对空飞弹一样，发射之后不断调整瞄准目标，追着移动的目标走，也就是持续观察与做实验，成为敏捷组织。

数位转型 1.0 与 2.0 代表的是金融业的昨天与今天，是大家都看到的视线，并且有许多成功案例可以依循，因为大家都在做一样的事，是一个竞争激烈的数位转型，但又不转不行，"只许成功，不许失败"，要像来复

    * 卢希鹏，台湾科技大学信息管理系专任特聘教授。

枪一样，瞄准之后，不断地射击、射击，再射击。

接下来金融业的数位转型 3.0 与 4.0，却是大家看见的视野，因为缺少成功案例，大家裹足不前，却代表着企业的明天与后天，是一种移动中的目标，必须向空对空飞弹一样，射击之后，不断地瞄准、瞄准，再瞄准。

其实这四种金融业的数位转型是有脉络可以依循的，一直围绕在降低交易成本这条路上。根据 1991 年诺贝尔经济学奖得主 Coase 教授的理论，交易成本的降低，将会缩小组织的规模。如果互联网与人工智能降低了银行与市场间的交易成本，势必会冲击金融产业结构，共有四波冲击，分别是作业活动、场景决策、去中心化与契约执行。四项交易成本的降低，分别代表着金融业数位转型的昨天、今天、明天与后天。

1. 金融业数位转型 1.0（昨天）：作业活动与交易成本的降低

金融互联网的崛起可以说是金融业数位转型的起点。这一阶段的主要目标是降低作业活动的交易成本。自动提款机的广泛普及是一个典型的例子，它不仅降低了银行的营运成本，同时也有效地降低了客户与银行间的交易成本。随着自动提款机变得更加智慧化，其功能扩展至转账、存款等多方面，进一步推动了金融业的数位转型。接着，网络银行和行动银行的兴起进一步加速了这一趋势，让客户可以随时随地进行各类金融交易，显著减少了分行的需求。此外，当网络下单降低了投资者与券商间的交易成本，大量的股票营业员就转行做了理专 (理财顾问)。

实例 1：自动提款机的演进

自动提款机的发展不仅仅是从取款到转账的扩展，还包括生物识别技术的应用，例如指纹辨识和脸部辨识，进一步提高了交易的安全性和效率。这些技术的引入使得自动提款机不仅是单纯的现金提取工具，更成为多功能的金融服务终端。

实例 2：行动银行的崛起

行动银行的快速崛起为金融业带来了全新的用户体验。透过手机应用程序，客户可以随时随地进行转账、投资、支付、查询余额等操作，而无须受限于传统分行的营业时间。这不仅满足了现代人的实时需求，还促使了金融业的转型。

这两项创新都是金融业数位转型的昨天，降低了银行作业活动的交易成本，进一步减少了实体分行的数量，并转型成理财顾问中心。

2. 金融业数位转型 2.0（今天）：场景决策与智能金融

数字化场景金融是金融业数位转型的第二阶段，主要集中在降低决策活动的交易成本（如理财判断、场景活动、信用额度、风险评估、洗钱防范等）。这一阶段的关键技术是人工智能和大数据，它们使金融决策可以更智慧化、精准化。理专和知识工作者面临着转型的挑战，并进一步冲击到金融产业结构。

实例 3：智能投资顾问

智能投资顾问，也被称为理财机器人，是基于人工智能和大数据技术的金融产品。这些系统通过分析投资者的风险偏好、财务状况和市场趋势，提供个性化的投资建议。这不仅降低了投资者的成本，还提高了投资组合的效能。

实例 4：信用评分的数字化

传统上，信用评分主要依赖于信用报告和个人历史记录。而在数位转型 2.0 阶段，大数据分析和机器学习成为重新定义信用评分的核心。通过对大量数据的分析，系统能够更全面、准确地评估个人的信用风险，使得信贷决策更具弹性。

这两项创新都是金融业数位转型的今天，降低了银行决策活动的交易成本，进一步提升信息安全效能与促使理财顾问中心的进一步转型。

3. 金融业数位转型 3.0（明天）：开放与区块链金融的去中心化

开放金融是金融业数位转型的第三阶段，其主要目标是降低去中心化的交易成本。这一阶段探索了新的客户关系模式，并在科技公司的介入下产生了深远的变革。在金融产业里我们相信得账户者得天下，世界上最大的摩根大通银行花了一百多年累积了将近 8000 万个账户，但是 Meta 上有接近 30 亿位用户，iPhone 手机上有超过十亿位用户。过去我们是要把客户带到银行开户，未来则是要把银行开在有人的地方。到底客户是银行的，还是银行是客户的？是客户要满足银行的业绩需求，还是银行要满足客户的业务需求？当 Meta、苹果都想做金融服务时，就产生了开放银行的想法，因为要去中心化，也开始探索区块链金融的可行性。

实例 5：开放银行模式

开放银行模式将金融机构的服务开放给协力厂商开发者，通过 API（应用程序界面）提供更广泛、灵活的金融服务。这种模式重新定义了金融机构的定位，使其不再仅仅是提供金融产品和服务的中心，而是成为金融生态系统的一部分。这不仅促进了金融创新，还改变了客户的金融体验。

实例 6：社交媒体平台的金融服务

社交媒体平台逐渐介入金融领域，为用户提供金融服务。例如，脸书的 Libra（现称为 Diem）项目旨在推出一个全球稳定币，让用户能够透过脸书平台进行跨境支付。这种整合金融服务的趋势使得金融业不再受限于传统的金融机构，而是融入了更广泛的社交网络生态系统。但是，这类数位转型威胁到央行的地位，因为央行的反对而尚无成功案例。

实例 7：区块链技术在金融的应用

区块链技术在智慧金融阶段发挥了关键作用。不仅仅是加密货币，更包括智慧合约和去中心化金融（DeFi）的兴起。智能合约通过程序码执行契约条款，降低了传统契约执行的成本和风险。DeFi 则通过区块链技术实现了金融服务的去中心化，例如借贷、交易和资产管理。但是因为法律与监管制度的不周延，产生许多诈骗乱象。

实例 8：区块链稳定币的应用

金融业有契约执行的信任问题，所以需要监管。信任是最大的交易成本，未来 Web 3.0 去中心化的智慧合约降低了契约执行监管的风险，势必引来更大的冲击。传统的跨境转账过程中，由于汇率波动和多方参与，可能涉及复杂的清算流程。然而，区块链稳定币的应用改变了这一现状。一些金融服务业已经开始小规模的合法合规实验，像是信用卡公司 Visa 开始使用 USDC 区块链稳定币进行跨境转账，提高了转账的效率，同时降低了参与方之间的交易成本。摩根大通银行发行 JPM Coin 给指定的企业会员转账，都是合法合规的，试图改变长久以来跨国金融 SWIFT 中心化组织的监控与管制的无效率。

实例 9：中央银行数位货币的发展

多个国家的央行已经积极研究和实验发行中央银行数位货币。CBDC 的发展将进一步改变金融体系的运作方式。例如，中国大陆已经进行了数位人民币的试点项目，意味着数位货币有望成为未来支付和结算系统的一部分。

实例 10：智能合约在企业交易中的应用

智能合约的概念不仅适用于加密货币，还可以应用于企业交易。例如，供应链金融中的合约执行过程可以通过智慧合约自动执行，实现供应商和购买方之间的高效交易。

实例 11：企业间区块链应用

区块链在企业间交易中的应用是金融业数位转型的一个重要方向。透过区块链技术，企业间的交易可以更透明、高效、安全。例如，由 IBM 和马士基（Maersk）共同开发的全球贸易金融平台 TradeLens 利用区块链技术，实现了供应链上货物的实时追踪和监控，提升了全球贸易的效能。

实例 12：金融科技公司与传统金融机构的合作

金融科技公司与传统金融机构的合作成为促进数位转型的一个趋势。例如，苹果与高盛合作推出苹果信用卡，结合了科技公司的创新能力和金融机构的稳健经验，为用户提供更具灵活性和优越体验感的信用卡服务。

实例 13：金融机构的生态系统建构

金融机构开始意识到建构自己的生态系统的重要性，以满足客户多元化的需求。例如，支付宝和微信支付，除了提供支付服务，还拥有丰富的生态系统，包括理财、保险、汇款等多元化的金融服务，形成了一个全方位的金融生态。

实例 14：人工智能在金融风险管理中的应用

人工智能在金融领域的应用逐渐扩大，尤其在风险管理领域。大型金融机构如 JP 摩根和花旗银行已开始使用机器学习算法来分析大数据，预测市场趋势，降低风险并提高投资回报。

以上创新都是金融业数位转型的明天，降低了银行去中心化的交易成本，这是金融业数位转型的视野，因为缺少大量成功案例与法律保障，大多还持观望态度，是一种"眼见为实"的保守稳健态度，也可能引来新一波金融商业文明的降维打击。

4. 我对未来的想象：无知管理

耕耘机释放出大量农夫劳力去工厂上班。自动化工具释放出大量工人劳力去学校读书。同样地，人工智能也要释放出大量知识分子劳力进入下一个产业。问题是，次世代产业是什么？

管理学有一个领域称为无知管理（Ignorance Management）。知识管理在管理企业知道的事，无知管理则在管理企业不知道且重要的事。ChatGPT 擅长知识管理，文明进步不只是要归纳网络现有的内容，更要探索无知，也就是哪些内容，目前网络世界上没有。当人工智能释放出更多知识分子的劳力，他们将进入无知管理的领域。譬如在 Web 3.0 与元宇宙的领域中，充满着无知管理的机会与挑战。

未来将是人工智能的时代。有人常问我，未来十年，生成式 AI 会有什么变化？我觉得这个问题问错了，因为未来十年的变化没有人能预测，如果我们永远在追随这些变幻莫测的发展，资源就无法积累。我们应该问的是：未来十年，生成式 AI 有哪些东西不会变？当我们把资源放在不会变的事情上，所有的努力才能够积累。

我个人认为未来不会变的原理，就是人工智能终将成为一个网络化的产品。

在云服务的思维中，未来除了在网络上有生成式 AI，在家里、购物中心、办公室、汽车系统、娱乐系统、医疗系统可能都有同一套个人化的生成式 AI 或智能助理，未来生成式 AI 将会成为最了解你的人，谁会是你的理财顾问与保险经纪人？会不会也是你的生成式 AI？在你的允许下，它将成为你的智能金融代理人，从事契约的执行。

如果 AI 终将是智能金融代理人的网络产品，创新工具的冷启动（Cold Start，指新产品使用者从无到有）变得至关重要，但若无法引爆网络效应，由于模仿者众多，竞争优势很快就会消失。过去 AI 发展有逻辑、决策、辨识与生成四种型态，它们大多是工具，而非真正的网络产品。有人预测生成式 AI 的风潮很快会过去，除非能够引爆网络效应。

第一种是符号逻辑型 AI。首先由知识工程师建立知识库和规则，然后通过逻辑推理来解决问题。主要应用在特定的专家系统领域，如下棋或走迷宫的游戏。IBM 的深蓝计算机在 1997 年击败了西洋棋世界冠军，但由于缺乏网络效应，仅是昙花一现。

第二种是决策型 AI。依赖大资料来做决策，这是算法多样化的时代，包括决策树、菜篮分析、舆情分析和 Lookalike 分析等。它们也只是工具，无法引爆网络效应。

第三种是辨识型 AI。以前是人类定义特征，计算机进行运算。辨识型 AI 使用深度学习等单一算法来自动提取特征，如图像、声音、文章和机器人动作的辨识。尽管有重要进展，但它们仍然只是工具，不属于网络产品。

第四种是生成式 AI（GAI）。它使用生成器和识别器来生成具有特定特征的声音、图片、文字甚至机器人动作。譬如，金庸小说与琼瑶小说的特征是什么？是否能使用这些特征反向生成不同风格的文本。文字创造了文明，当 ChatGPT 能理解与生成整篇文章，居然发展出通用型 AI（AGI，Artificial General Intelligence）。这种 AI 具有令人惊讶的潜力，但仍然只是工具，缺乏使用者间互动的网络效应。

我认为，接下来 AI 一定要成为网络产品并产生网络效应，以下迹象已经看出网络效应的引爆点。

根据《金融时报》报道，日前 OpenAI 已与前苹果设计师签约，正积极发展基于 ChatGPT 的 AI 手机，以引爆网络效应的新冷开机浪潮。

iPhone 手指触控式荧幕式工具，引来大量模仿者，但真正引爆网络效应的是 App Store。ChatGPT 也积极拓展 Plugin(GPT) Store，允许企业在其基础上开发各种行业应用。例如，创新独角兽 91App 发展了 Jooii 的外挂程序，使电子商务拥有了类似 ChatGPT 的电商界面。此外，Klook 让使用者能够使用自然语言购买旅游票券，ContentRewriter 提供文章改写功能，还有许多用于英文会话教学的外挂程序。金融业也纷纷探索 ChatGPT 成为金融业客服机器人与理财机器人的可能性。目前，这些外挂程序先仅对 ChatGPT Plus 付费会员开放，做小规模的实验，为引爆 AI 手机做预备。

另一个引爆点是社群互动与资产交易。在元宇宙的世界中，需要快速生成 AR/VR 场景，如何证明这是真正的我？智慧代理人依赖 Web 3.0 电子钱包技术，未来将可以代理客户交易、讨价还价并执行智慧合约。

目前生成式 AI 并无法自动执行。网络上有太多分散的平台如电商、社群、金融、叫车平台……未来只要我说出何时要抵达台中，智慧代理人就帮我买好高铁票与我所爱的咖啡了。未来，也会在自驾车、智慧工厂、智慧家庭的自然语言界面后连接着自动执行……此时我的金融机构，可能也是我个人化的任务型 AI。

当任务型 AI 成熟时，Web 3.0 元宇宙的时代已经到来，金融业数位转型也将进入 4.0 的阶段。

5. 金融业数位转型 4.0（后天）：Web 3.0 金融将降低契约执行的交易成本

当区块链技术与生成式 AI 的网络效应产生，这将是一个智能的个人化平台时代。而此次的平台，与 20 多年前的平台有什么不同？它是实体金融的新 OMO 平台，以及帮助人们做选择的 Co-Pilot 平台。

"市集"应该是人类最早的平台，就是汇集买方与卖方，将原本买卖双方多对多的关系，变成多对一对多，这个一，就是平台。对于买方，可以一次购足（范畴经济）；对于卖方，可以汇集人潮流量（规模经济）。平台主要的工作就是维持次序（平台品牌）与媒合效率（搜寻机制）。

OMO 平台，将电商的服务，带到实体世界，从网络的中心的平台，进入以每个人都是世界中心的个人化平台。不再是帮助人找商品，而是帮商品找人，这就是精准营销，也是大数据。

电商平台与 OMO 平台带给人们太多的选择。举例来说，我买衣服、叫出租车、付水电费、订餐厅……都要到不同的平台，让人们手机中充满了各种 App。为了解决平台太多的问题，必须"个人化单一入口"。过去，金融是电商的工具，未来，金融将是电商的平台。现在，电商平台上，有十几种金融工具可以选择，未来，在支付工具上，将有数千种电商服务可以购买。过去，电商平台关心的是产品占有率（将一件产品卖给很多人），未来，智慧化个人平台则关心个人占有率（将许多产品卖给同一人）。当数千种电商服务皆经由同一个金融系统，以产品为中心的电商平台将会式微，取而代之的，将是以金融为中心的个人化生活平台。

金融理财要让人们做选择。人们真的喜欢选择吗？举例来说，当我的音乐平台有五万首歌时，要听哪一首就成了平台的挑战。如果每天早上，我的 Co-Pilot 因为机器学习，越来越了解我，能够帮我选择我喜欢的音乐，过年了，我只要跟我的 Co-Pilot 说，我想给我女儿买件礼物，Co-Pilot 就会自动分析我女儿的大数据，帮我推荐购买；我要订餐厅，Co-Pilot 就会帮我找到符合我需求的餐厅。什么是智能？就是机器帮我做决定。如果到了那一天，我真的不需要这么多平台了，因为我的 Co-Pilot，会透过智慧代理人技术，自行与这些平台交涉，购买符合我需求的商品服务。此时，人们面对的不再是选择哪个平台，Co-Pilot 将促成平台汇流（Convergence），当然也包含了金融平台。

以上，目前没有太多的成功案例，属于"所信即所见"的数位转型。因为人工智能（如 2024 年 1 月 Open AI 已经正式上线 GPT Store）与区块链金融的发展（如 2024 年 1 月美国也通过比特币 ETF 的投资，已有被监管的金融投资机构合法进场），我相信金融业数位转型 4.0 的时代即将来临，会进一步降低契约自动执行的交易成本，以及增强人工智能的网络效应。

6. 金融业数位转型的策略与建议

金融业不仅需要应对技术上的挑战，还需要面对法规和制度的变革。例如，区块链和智能合约的法律地位、CBDC 的发行条件等都是需要深入思考和讨论的问题。在面对数位转型的挑战和机会时，金融业需要采取一系列策略以确保持续竞争力和成功转型。

6.1 敏捷创新

企业应该把 90% 的资源放在昨天、今天与明天的金融业数位转型上，因为这是金融业的金鸡母，因为竞争激烈，要做好成功管理（最少赚多少）。但是对于后天，没有成功案例，失败概率很高，要做好失败管理（最多赔多少），一旦成功，将会有极大的先机。金融机构应建立敏捷的创新文化，鼓励员工提出新点子并迅速实现。通过快速反复运算和测试，能够更灵活地应对市场变化和客户需求。

6.2 AI 数据驱动决策

运用大数据分析和人工智能技术，金融机构能够更深入地了解客户需求、预测市场趋势，进而制定更有效的业务策略。积极投资于数据科学和分析人才，是实现数据驱动决策的关键。

6.3 整合 AI 与区块链技术

金融业可借由整合区块链技术提高交易的安全性、透明度和效能。对金融机构而言，探索区块链应用的机会，特别是在跨境支付、清算和合约执行方面，将成为未来的关键。

6.4 强化数字化客户体验

金融业应致力于提供更优质、便捷的数字化客户体验。通过行动应用、网络银行和智能合约等技术，创造出让客户感到舒适且高效的交互模式。

6.5 建构开放式金融生态系统

金融机构可考虑开放式金融生态系统的建构，通过与科技公司、新创企业合作，提供更广泛、灵活的金融服务。这种协作模式有助于创造更多价值，同时也减缓了单一机构面临的风险。

6.6 强化数位安全和隐私保护

随着数字化的加深，金融业需加强对数位安全和客户隐私的保护。投资于最新的安全技术、进行定期的风险评估，以确保客户资产和数据的安全。

6.7 持续学习与发展人才

在数位转型的浪潮中，培养拥有数据科学、区块链、人工智能等专业知识的人才至关重要。金融机构应该持续投资于员工培训，确保团队能够适应快速变化的科技环境。

7. 结论：机会与挑战

金融业的数位转型是一个复杂而动态的过程，不断推动着金融体系的变革。从降低作业活动的交易成本到重新定义金融服务的边界，再到改变契约执行的方式，每一阶段都涉及技术、商业模式和法规的变革。这场转型不仅为金融机构提供了更多的机会，也带来了更大的挑战。只有那些能够灵活适应、持续创新的机构才能在这场变革中立于不败之地。

尽管金融业的数位转型带来了众多机会，但同时也伴随着挑战。随着金融机构与科技公司合作加深，信息安全、数据隐私和监管等问题变得更加复杂。此外，新兴技术的迅猛发展可能使一些传统金融机构难以跟上变革的步伐，甚至被淘汰。

然而，随着区块链、人工智能和数据科学等技术的不断成熟，金融业数位转型的前景依然充满活力。未来，我们可能见证更多创新的金融产品和服务的崛起，同时金融体系将更加开放、智慧和去中心化。在这个变革的浪潮中，只有持续学习、灵活应变的金融机构才能在竞争激烈的市场中脱颖而出。

其实，金融业无法跑赢科技发展速度，只是在跟同业赛跑。记得有一则寓言说，"当两个人在森林中遇见老虎，不是要跑赢老虎，而是只要跑赢另一个人，你就能活下来"。

现代经济演变与经济学创新[*]

1984 年，我曾经撰文呼吁经济学创新，文章的题目是《经济学需要接受现代新科学的洗礼——兼论古典力学对经济学的束缚》。如今，因为现代经济的急速演变，经济学需要创新已经成为经济学界的共识。

1. 东西方语境下的经济和经济学

在东西方语境和文化的背景下，存在经济和经济学的理解差异。东晋永和九年（353 年），王羲之书写《兰亭序》，他有个同僚殷浩，这一年正遭遇放逐，却神情坦然，一切听天由命，依旧不废谈道咏诗，全无被流放的悲伤。殷浩写了"起而明之，足以经济"。后来的《宋史·卷三二七·王安石传·论曰》："以文章节行高一世，而尤以道德经济为己任。"《五代史平话·周史·卷上》："吾负经济之才，为庸人谋事，一死固自甘心。"中国古代"经济"一词被外延为"治国平天下"。英文中 economy 源自古希腊语 οικονομα（家政术）。οικο 为家庭的意思，νομα 是

---

　　* 朱嘉明，经济学家，横琴数链数字金融研究院学术与技术委员会主席。

方法或者习惯的意思。其本来含义是指治理家庭财物的方法。苏格拉底的弟子色诺芬（Xenophon）在《经济论》中提出，经济就是家庭管理。亚里士多德在《政治学》中，将经济定义为一种谋生术，是取得生活所必要的并且对家庭和国家有用的具有剩余价值的物品。至于现代"经济"在中国的传播，源于日文翻译。1862 年日本出版《日英对译袖珍辞典》，将"Economics"一词译为"经济"。1902 年梁启超在《论自由》一文中，将"经济"译为"生计"，但是注明"即日本所谓经济"，自此"经济"一词开始广泛被中国引用。同年，严复将亚当·斯密的《国富论》翻译成中文，书名为《原富论》，由上海南洋公学译书院出版。至此之后，中文所用的"经济"不再是中国本土的"经邦济世"和"经国济民"，甚至"仕途经济"，而是西方经济学的"经济"。在西方，经济作为一门学科，存在繁多定义，最初被称为"政治经济学"（Political Economy），后来在马歇尔新古典经济学中改回经济学（Economics）。无论如何，经济学的对象是人类经济活动，这一点没有争议。但是，因为存在关于人类经济活动的不同解析，导致了不同经济思想和经济理论。

2. 经济学的思想、理论和方法

经济学首先是思想，先有经济思想，再有经济学。可以说，没有任何一门社会科学，可以像经济学那样，包含了数百年如此丰富的思想积累。不同的经济学思想，不存在高低和深浅之分，彼此之间是平行关系。在经济思想史上，从 15、16 世纪的重商主义开始，之后是经威廉·配第（William Petty）开启，经法国重农主义和魁奈、英国亚当·斯密、李嘉图，至法国西斯蒙第，最终完成古典经济学。这之后是萨伊、马尔萨斯、德国新旧历史学派、奥地利学派。

　　进入 20 世纪，有马歇尔的新古典经济学、制度经济学、凯恩斯主义、货币经济学、福利经济学、发展经济学、空间经济学。以上这些经济学派家，都是某种新经济思想的提出者。例如，1758 年魁奈所著的《经济表》所反映的思想就是社会总资本的再生产和社会各阶层之间的商品流通；18 世纪末，马尔萨斯的《人口原理》的思想就是人口增长和基于自然资源的产品短缺；在 19 世纪早期萨伊提出的"萨伊定律"，依据的就是"供给创造需求"的思想；进入 20 世纪，所有的经济学派，都有独特的思想资源。凡属影响大和深远的经济学派的思想，其思想必定是深厚的。熊彼特在 1950 年出版了《从马克思到凯恩斯十大经济学家》(*Ten Great Economists：From Marx to Keynes*)。十位经济学家是马克思、瓦尔拉斯、门格尔、马歇尔、帕累托、庞巴维克、陶西格、费雪、米切尔和凯恩斯。此外，书中附录还有克纳普、维塞尔、鲍尔特基维茨三位经济学家。一共十三位经济学家。熊彼特所考察的是这些经济学家的思想。例如，关于马克思，熊彼特关注的是作为社会学家、经济学家和导师的马克思；关于门格尔，熊彼特说"门格尔可以说是在科学史上做出一种具有绝对意义的成就的思想家之一"。

　　如果以更大的视野理解经济学思想，会发现历史思潮的力量。在 19 世纪的马克思政治经济学的背后，是共产主义思潮；在 20 世纪的美国芝加哥学派的背后，是新自由主义思潮。例如，科斯的"交易费用"概念成为自由主义的重要哲学基础。不同的经济学思想，在完成理论抽象和形成理论性框架之后，形成不同的经济学分支。例如，价值理论、供给（生产）理论、厂商理论、市场竞争和垄断理论、分配理论、选择理论、资源配置理论，不一而足。

　　所谓的微观经济学和宏观经济学，是对经济学不同流派的一种综合。保罗·萨缪尔森是罕见的经济学界通才，不但是凯恩斯主义的集大成者，而且通过他的《经济学》，构建了现代经济学的宏大体系。萨缪尔森在经济学界是绝响，之后的经济学家，或者经济学大师，都局限在特定的领域和专业方向。经济学的方法论，从来是百花齐放，没有定论。经济学引入过演绎模型、证伪模型、历史描述法、逻辑抽象法、动态均衡分析、数理经济分析、实证经济分析和规范经济分析、边际分析，以及"投入—产出"分析。现在，很难有人将经济学思想、理论和方法毫无遗漏地描述，因为这是不可能的。从 15 世纪开始，经历了五六百年，至少数百名经济学家，撰写了数百本乃至上千本经济学著作，提出的思想、形成的理论和方法，已经将经济学推到了智慧的极限。但是，经济学领域仍然充满不同价值观、方法论、概念歧义和没有休止的争论。哈耶克针对这种现象说过：历史学家如同大巴士上的乘客，他们的经济分析技术，以及衍生的知识，总是无法令人满意。所以，人们必须了解他们分析的背景，否则将无法评论其真正意义。如果"将其他领域包括在内，或者将已经提到的一些领域细分，可以使我们描述的这辆大巴士的乘客大为增加"。

3. 经济学的重大创新革命

在经济学历史上，还有突变和革命。在 20 世纪，最重要的是四次革命。第一，边际效用革命。发生在 19 世纪 70 年代至 20 世纪初的这场革命，奠定了当代微观经济学的基础。边际效用代表杰文思（William Jevons）、门格尔和瓦尔拉斯，以边际效用理论否定劳动价值理论，通过研究消费者决策行为，实用性地解释了消费与需求、生产与供给、成本与利润、价格与竞争、流通与分配的活动机制。在边际效应革命中，延伸了两个重要的突破：其一，瓦尔拉斯均衡。瓦尔拉斯一般均衡理论的中心内容是研究一个经济体系中的各个部分之间的相互依存性，并引用了数学工具支持经济分析。只是瓦尔拉斯一般均衡模型，只研究居民户和企业之间的关系，不包括政府经济部门和对外经济部门。瓦尔拉斯不可替代的贡献就是洛桑大学为他建立的纪念碑所写的"经济均衡"，后人称瓦尔拉斯是"所有经济学家当中最伟大的一位"。其二，主观价值论。以庞巴维克为代表的奥地利学派，系统提出了主观价值论，即商品的价值决定于人们对它的效用的主观评价。进一步，人们对价值的主观评价则是以其稀缺性为条件的。最终的物品价值，取决于它的边际效用量的大小。需要提及的是，瓦尔拉斯、门格尔、帕累托、杰文思，他们都是同代人，生活在法国、瑞士、德国和英国，在数百公里的半径内，将经济学思想精确化和数字化，颠覆了传统经济学的基础。

第二，马歇尔新古典经济学革命。1890 年马歇尔经过 20 多年辛苦努力写的《经济学原理》（*Principles of Economics*）出版，展现了新古典经济学体系，这是划时代的著作。马歇尔对 20 世纪经济学发展的贡献，包括区分长期趋势和短期趋势，创建"不完全竞争"和垄断理论，提出"局部均衡"思想，论证"均衡价格"原理，开启现代计量经济学的基本方法，引入诸如替代、弹性系数、消费者剩余概念和需求曲线。

在凯恩斯看来，马歇尔的新古典经济学体系如同"一个完整的哥白尼体系，通过这一体系，经济宇宙的一切因素，由于互相抗衡和相互作用而维持在它们适当的地位上"。所以，直到 20 世纪 30 年代，马歇尔的经济学说一直具有支配地位的影响。

第三，凯恩斯革命。凯恩斯在经济学的地位在于他在《就业、利息和货币通论》（*The General Theory of Employment, Interest and Money*）中构建了普遍适用的"一般理论"。经济学家狄拉德解释了凯恩斯"一般理论"的内涵："他的理论是关于整个经济体系的就业和产量变动的，这与传统理论大不相同，后者主要是（但不完全是）关于个别商业企业和个别部门的经济学。"在 20 世纪 30 年代，"充分就业和有效需求"是经济生活中的核心问题，凯恩斯不仅完成了经济学分析，而且提出了为历史证明的有效政策性方案，包括国家干预、刺激有效消费和投资。凯恩斯革命影响了之后经济学的几十年发展，至今所有的国家经济政策都存在着凯恩斯主义痕迹。凯恩斯为经济学所创建的黄金时代是绝响。

第四，经济计量学革命。1926 年，挪威经济学家弗瑞希（Ragnar Frisch）仿照"生物计量学"一词，首先提出经济计量学概念。进入 20 世纪 30 年代，经济学家将经济理论、数学公式和概率论结合，考察实际经济活动的数字规律，用于"商业循环"演进趋势分析。1932 年，国际性的"经济计量学学会"（The Econometric Society）成立，并出版《经济计量学家》（*Econometrica*）刊物，经济计量学成为经济学的独立学科，"经济计量学和经济学理论的区别在于，前者试图借助于各种具体数量关系以统计方式描绘经济规律，而后者则以一般的和系统的方法研究经济规律"。之后，经济计量学革命持续了半个世纪之久，推动数学在经济学的广泛应用，实现了经济学完成从定性分析进入定量分析的转型。

4. 21 世纪的经济学危机和原因

在 20 世纪 50 年代至 70 年代，经济学的影响力一度进入前所未有的历史阶段。英国经济学家希克斯（John Richard Hicks）和美国经济学家汉森（Alvin Hansen）提出的"IS-LM"，即"希克斯—汉森模型"，以及反映失业率和货币工资率关系的"菲利普斯曲线"，都被认为是经济学家思想与智慧的成就。1969 年第一次颁布诺贝尔经济学奖是历史性标志。

第一个十年的诺贝尔经济学奖的获得者大多是世界级的著名经济学家。直到 20 世纪 80 年代，经济学与现实经济活动存在显而易见的互动关系。美国的里根经济学就是典型案例。但是，进入 20 世纪末期，特别是进入 21 世纪，具有世界性影响的经济学大家急剧减少，经济学家的社会学影响力也随之衰落，经济学界"共识"时代结束，经济学开始陷入日益加深的危机。1997 年发生亚洲金融危机，2000 年发生 IT 危机，2008 年发生全球金融危机，对于这些经济危机，经济学家事先没有预见能力，事后没有科学分析能力，更提不出与时俱进的政策性建议。最典型的案例是 2008 年全球金融危机，很多经济学家提出这场危机和 1929 年到 1931 年的大萧条相似，后来证明，2008 年的全球金融危机虽然影响深远，却并没有发生世界性的恐慌，更没有造成世界整个经济体系的崩溃和重组。

后来，英国伊丽莎白女王访问伦敦政治经济学院，询问为什么经济学家没有预测这次危机。所有的经济学家经过反省，并无答案。现在，宏观经济学模型依然优雅和精妙，但是，因为数据发生急剧改变，最终与现实经济脱节，造成误导。简言之，经济学领域正经历着一百多年来从未有过的衰落。其原因可以归纳为以下三个方面。第一，时代改变。人类已经从工业社会、后工业社会，进入信息社会。相较于工业社会，信息社会的经济结构和经济制度发生根本性改变：以物质和物理形态产品为代表的传统经济形态，转变为以信息经济、观念经济和数字经济为代表的非物质和非物理形态的经济，尤其是，信息和大数据成为与资本、劳动和土地并行的生产要素，而且是更为重要的生产要素。大数据的采集、分析和存储成为数字经济的基础结构。

不仅如此，生产、消费和交易模式也发生根本性转变。21 世纪以来，从亚当·斯密到新古典经济学，基于物质和物理生产、交易和分配活动的传统经济学概念、方法和框架已经无所适从和失灵。例如，所谓的"低欲望社会"正在世界范围内蔓延，使得基于美国 20 世纪"高欲望"社会的经济理论和政策全面过时。2008 年全球金融危机之后，世界上大部分国家都实行了"货币宽松政策"，但是，并没有发生经典意义的恶性通货膨胀，却催生了零利率，甚至负利率时代的到来。这样的经济新现象直接挑战了传统的货币理论。

第二，科技革命的深刻和持续的影响。战后的科技革命，一波接一波。21世纪之后，科技革命力度加大，速度加快，导致经济和科技的关系发生颠倒，从科技是经济的组成部分，转变为经济是科技的组成部分。科技革命对经济的影响是全方位的。

（1）科技创新成为生产和增长函数中的自变量，或者是内生变量，不再是因变量和外生变量，构成经济增长的根本性原因。

（2）科技周期打破传统经济周期的繁荣、衰退、萧条、复苏节奏。合理预期理论体系发生动摇。

（3）科技规律影响经济规律，经济完全受制于纯粹经济规律的时代完结。

（4）科技分工成为人类现在最大的、最有挑战性的分工，这种分工引申出科技企业所独有的"自然垄断"。

（5）互联网技术、大数据技术、量子技术、人工智能、生命技术和虚拟现实技术，颠覆工业时代的产业构造，刺激新的产业和部门的产生和发展。

（6）科技资本超越产业资本和金融资本，成为最重要的资本形态。特别是数字货币的产生，推动数字财富的形成与发展，改变传统货币的中性化特征。

（7）科技资产具有超大规模、周期性强、不确定性高、收入有排他性等特点。科技领域成为吸纳过剩资本的"黑洞"。

（8）科技革命和全球化的互动。全球化需要突破传统宏观经济框架。

（9）科技革命创造日益多样化的资本主义，例如星际资本主义、金融科技资本主义、生命科技资本主义。

第三，传统经济学的先天缺陷全面显现。

（1）传统经济学不是典型的科学。诺贝尔经济学奖 1969 年设立，晚于物理、化学、生物等学科，因为长期存在关于经济学是不是科学的争议。提炼纯粹经济系统，并在实验室环境加以分析，这是没有可能的。如果以波普尔证伪定理衡量经济学，经济学的很多原理和共识将会陷入困境。

（2）经济是一个复杂的系统，没有稳定的学科边界。经济系统嵌入更大、更复杂的社会系统之中，并与社会和政治系统产生相互作用。

（3）经济活动具有绝对自主性、自发性和复杂性特征，即使在战争和动乱的情况下，在最严格的监狱中，经济交易活动都不会停止。现代经济学家的知识和训练不足以应对经济活动的特征，难以避免片面和滞后。

（4）经济教育过于陈旧，经济学家过于职业化和学者化，与历史上的经济学大家的人生经历和对经济理解的深度和广度差异巨大。

（5）经济学是一个被世俗曲解最严重的学科，任何人都有经济活动的经验，也都具有对经济学评头论足的话语权。

5. 经济学创新和经济学大师

库恩 1962 年写的《科学革命的结构》，提出当一个旧的科学范式被改变时，科学就会发生革命。面对人类经济活动空间和时间的扩展、经济活动内容的丰富、经济活动主体的多元化，经济学需要结构性革命，并存在三个创新模式。

第一，分解式创新。现在经济学有一个趋势，就是将经济学分解和细化，形成不同的经济学。例如，在货币金融领域不断细分，包括货币、债券、利息、汇率，还有近年来出现的现代货币理论。针对新经济现象和新经济行业、产业和技术，提出和开辟新的经济学领域。经济学与量子科学、计算机科学、信息论、控制论、互联网、区块链、人工智能和低碳科技的结合，形成了互联网经济学、区块链经济学、人工智能经济学、量子经济学以及现在比较风靡的元宇宙经济学、绿色经济、循环经济学、低碳经济学甚至甲醇经济学。

第二，混合式创新。将经济学和政治学、社会学，甚至前沿科技结合，形成新的经济学范畴。例如，马克斯·韦伯去世之后出版的《经济与社会》就是社会学和经济学结合的代表之作。数字经济学、观念经济学、虚拟经济学、智能经济学、乐观经济学，以及普惠经济、共生经济，都属于这方面的努力。还包括《空间经济学：城市、区域与国际贸易》《意愿经济》《意义经济》《善恶经济学》《糟糕的经济学》《教堂经济学》《佛教经济学》《海盗经济学》等著作。

第三，体系式创新。主要是针对人类经济形态的根本性改变，从物质和物理形态为主的经济，转型为非物质和非物理为主的经济，试图构建新的经济学范式。例如，"复杂经济学"（Complexity Economics）最具有潜在价值。因为"复杂经济学以一种不同的方式来思考经济，它将经济视为不断进行自我'计算'、不断自我创造和自我更新的动态系统"。复杂经济学将"复杂技术"涌现和所引发的经济进化、非均衡理论、确定性的终结都纳入其框架之中。

可以肯定，经济学创新需要新思维，至少包括这些必要条件：

（1）放弃市场尽善尽美的观念，重新讨论"市场是否结清"的假设。

（2）新古典主义所假设的人是理性的，经济活动处于静态和均衡状态的时代已经终结。

（3）经济学需要与社会科学的其他学科结合，包括经济史、科技史、政治史和法学史。

（4）经济学需要和自然科学结合，例如数学、物理、化学和生命科学。

（5）经济学需要承认和面对资源枯竭、气候和环境恶化的压力。

（6）经济学需要和现实经济、科学技术的演变紧密结合，因为科技革命在算力和算法方面的进展，不仅直接影响数理经济学，而且势必改变经济学存在的传统模式。

所以，经济学家要具备科学家，甚至工程师的基本知识和训练。经济学创新模式呼唤经济学大师。经济学大师的出现需要太多的条件。凯恩斯这样说过："经济学大师必须拥有一系列天赋的罕见结合……在某种程度上他必须是一位数学家、历史学家、政治家以及哲学家。他必须了解符号并用文字表达出来，他必须根据一般性来深入思考特殊性，并且同时触及抽象与具体。他必须根据过去、围绕将来而研究现在。他必须考虑到人性或人的制度的每一个部分。"

6. 中国是经济学创新的试验场

经济学家的影响是有限的。经济学家的任务绝对不是精确地预见一种经济现象，经济学家的责任是解释和描述一种经济状态。中国可以为经济学创新提供一个巨大的观察舞台、应用和实验场景，这是因为：

（1）中国经济历史跨越了数千年，足够丰富。

（2）中国工业化和现代化的经验教训足够完整和丰富。

（3）中国经济体足够大，经济构造足够复杂。

（4）中国正处于经济形态和经济制度转型的关键历史阶段，选择空间足够宽广。

（5）中国经济对于全球新兴市场经济国家有足够的代表性。

（6）中国经济的现在和未来对世界影响足够深远。所以，越来越多的有识之士感到，今后10—20年，中国很可能是经济学创新的基地，正如18世纪和19世纪的英国，或者20世纪的美国。

论数字生产关系 *

1. 引言

随着数字技术、网络技术、智能技术的发展以及算法和算力的提升，人工智能、大模型等基础生产工具取得革命性突破，为数字生产力的发展和数字生产方式的全面到来奠定了基础。在智能科技飞速发展和社会不断进步的大背景下，新质生产力应运而生，它以其高效、智能、绿色的特性，正在深刻改变着人类的生产和生活方式。

新质生产力，如大数据、云计算、人工智能等技术的广泛应用，极大地提高了生产效率和质量，但同时也对传统的生产关系提出了挑战。传统的生产关系往往基于固定的组织结构、分工模式和利益分配方式，而新质生产力则强调灵活性、创新性和协作性。因此，传统的生产关系已经难以适应新质生产力的发展需求，新质生产力的出现，呼唤着新型数字生产关系的诞生。

在数字经济蓬勃发展的大背景下，数据已经成为生产资料的组成部

---

* 吴晓军，河北冀联人力资源服务集团有限公司党委书记、董事长。

分，并会随着数字生产方式的推进在生产资料中的地位越来越重要，其他物质生产资料的地位则相对下降，由物质生产资料有限性作为前提的传统生产资料所有制、"以物为本"生产关系、法律体系、管理制度以及物质主义观念都面临前所未有的挑战。

新型数字生产关系的构建，必须充分考虑新质生产力的特点。首先，新型生产关系应当更加注重人的主体地位，充分发挥人的创造性和积极性。其次，数字生产关系应当打破传统的固定模式，实现更加灵活多样的组织结构和分工方式。最后，数字生产关系应当建立更加公平合理的利益分配机制，确保每个人都能够分享到生产力发展的成果。

正如马克思在《资本论》中所指出的："生产力决定生产关系，生产关系又反作用于生产力。"新质生产力与数字生产关系之间的关系，正是这一原理的生动体现。新质生产力的发展推动了数字生产关系的形成，而数字生产关系的建立又进一步促进了新质生产力的发展。

也就是说，新质生产力需要数字生产关系作为支撑和保障。只有建立起与新质生产力相适应的数字生产关系，才能充分发挥新质生产力的优势，推动社会的持续健康发展。在数字生产关系的深入探讨和实践中，数据的无限性和数据权利的特性，人的素质、技能、知识、创意成为价值创造的核心要素，"以人为本"的生产关系及人本主义观念才具有了现实的可能性。

2. 数字经济为传统生产资料所有制及"以物为本"的生产关系进化提供了契机

随着数字技术的飞速发展，数字经济已成为推动社会进步的重要力量。它以数据为起点，打破了传统生产方式对生产力和经济社会发展的限制，引领着一场深刻的生产关系和经济制度的变革。在这场变革中，数据资源的无限性和特殊性对传统生产资料所有制及"以物为本"的生产关系构成了冲击，同时也为建立"以人为本"的数字生产关系提供了现实基础。

在农业时代，土地是最重要的生产资料，对土地的占有和垄断形成了封建领主和地主阶级对农奴和农民的统治。这种以土地为起点的生产方式及其建立在生产资料所有制基础上的"以物为本"生产关系，限制了生产力和经济社会的发展。进入工业时代，机器设备等物质生产资料取代了土地的地位，成为新的生产起点。资本对机器设备等物质生产资料的掌控和资本化，使得资本所有权及资本雇佣劳动关系得以稳定和延续。然而，这种"以物为本"的生产关系仍然存在对生产力和经济社会发展的限制。

数字时代的到来，为生产方式和社会经济秩序的重塑提供了契机。数据作为一种新型生产资料，具有无限性和特殊性。一方面，数字时代可供开发和使用的数据资源是无限的。不仅传统的个人、家庭、企业、政府等浏览、消费、生活、生产、服务行为产生海量的数据，而且物联网通过内置于社会、自然乃至个体生命等环节的传感器不断挖掘和收集更多的数据。随着算法、算力、人工智能等技术的发展，对海量数据进行处理、分析之后，数据可以转变为无限的数据要素，为进一步催生数字文明提供了可能性。另一方面，数据的敏感性、隐私性、安全性等特殊性要求对数据的使用进行设限。这就需要在所有权、占有权、使用权等数据权利体系方面制定新的规则，以保障数据的合理使用和隐私保护。

数据资源的无限性降低了对数据垄断的可能性，使得数据资源对于所有具有使用需求的主体都是平等的。在理论和原则上，无论是否具有所有权，数据使用者都具有相同的开发和使用权。这一变化稀释了传统生产资料所有制及"以物为本"生产关系发挥作用的空间，为建立"以人为本"的数字生产关系提供了契机。在数字生产关系中，人的价值创造和有序流动成为核心要素。通过构建人才流动平台和劳动力统一大市场，可以实现人的价值创造和有序流动的目标取向。同时，政府应加强对数字经济的监管和服务，为人才和劳动力的流动提供有力的保障和支持。

总之，数字经济对传统生产资料所有制及"以物为本"的生产关系构成了冲击与重塑。它以数据为起点打破了传统生产方式的限制，引领着一场深刻的生产关系和经济制度的变革。在这场变革中，我们应积极探索建立"以人为本"的数字生产关系的新路径和新模式，以推动数字经济的持续健康发展和社会全面进步。

3. 数字经济将人在生产中的重要性从被掩盖状态转向充分显现状态

生产力是劳动者、劳动资料和劳动对象的统一，劳动者从来都是劳动的主体、生产的主体，也是经济的主体。但在以生产资料私有制为主导的社会制度中，劳动者并未成为社会的主体，在文化和意识中也没有被承认为生产和经济的主体。生产资料所有制及其意识形态掩盖了劳动者在生产中的核心作用。数字经济打破了资源有限性的前提，降低了物质生产资料对生产的限制，并凸显了"人"在生产中的重要性，使得"劳动者在生产中的核心作用"从被掩盖状态转向充分显现状态。

每一次技术革新都会伴随"造成失业"的疑问。旧的市场饱和了，新的产品和市场就会被开发出来，这原本是非常普遍的道理。但这种杞人忧天的声音却总是不绝于耳，好像人工智能出现了，人类就会失去就业机会，仿佛只有中国永远停留在劳动力密集型的低端产品制造业才不会造成这种失业现象。每一次因为生产效率的提高所带来的失业困惑都会随着新产业的产生迎刃而解。需求发生变化，劳动就会发生相应变化。

工业革命中出现了代替人类劳动的机器，但人们并没有失业，而是在新产业中创造了新岗位；同样，当前制造业中使用人工智能，传统产业工人还是会转向其他新兴产业部门。数据时代的来临和平台模式的运用，当然会进一步提高传统产业的劳动生产率，但同时也会造就一批以数据为生产要素的新兴行业。

在短期内被机器替代的工人确实面临"失业"问题。这也是经济生产在以往不可能真正以人为本的原因。毕竟，表现为商品的物质产品构成了我们需求的大部分，这些物质产品的生产需要物质生产资料，能够掌握和配置生产资料的群体，当然希望尽可能多地减少劳动力成本。但是这种情况会随着数据时代的来临而具有改变的可能性，真正的"以人为本"也只有在数字经济时代才有可能实现。

对创造力、人的创意、素质技能的要求也会逐渐提高。人在生产中的重要性被掩盖状态是以资源有限性为前提的。农业革命使得人类从采集狩猎生活转向了游牧农耕生活，相比于直接从大自然中采集和狩猎的食物数量，由自己劳动参与种植和养殖的食物数量大幅上升，由此养活了更多的人口，但也凸显了土地资源的有限性，并带来了土地的私有制。马尔萨斯陷阱，即人口呈几何级数增长与产品呈代数级数增长之间的矛盾伴随着整个农业文明的历史。工业革命打破了土地对生产的限制，极大地提高了劳动生产率，不断的技术变革在带来人口增加的同时，还以更高的速度生产着满足人们需求的产品，从而打破了马尔萨斯陷阱。然而，如果生产要素和生产资料不在根本上突破对物质的根本依赖性，资源的有限性问题仍然无法得到根本解决，技术进步只会加速耗尽资源基础。

在数字生产方式到来之后，数据成为最重要的生产资料，数据是无限的，不仅不会变少，还会越使用越多。劳动者完全可以根据需要使用数据、创造数字产品。只要劳动者能够想得到，就可以在平台上调集数据和其他生产资料，运用数据计算工具和数据资源设计新的产品，只要这种产品能够满足人们的需要，就能体现并实现它们的价值。到时，围绕特定商品提供特定生产资料的固定就业岗位将不再是数字经济的主流，劳动者需要的不是"就业"，相反，生产资料和数据资源都是为劳动者服务的，每个人都可以是创客、创业者，由此凸显了"人"在生产中的重要性，使得"劳动者在生产中的核心作用"从被掩盖状态转向充分显现状态。

4. 数字经济为"以人为本"从理念转变为实践提供了可能性

"以人为本"的理念虽然在中国春秋时期及西方古希腊时期就已被提出，但"以人为本"的实践却在漫长的历史时期中从未真正实现。奴隶制时期，奴隶是主要的劳动者，但是奴隶作为奴隶主的财产，其地位甚至不如牲畜和工具，更不如土地。封建农奴制时期的农奴虽然获得了一定的人身权，但农奴是附属于土地的，土地都是有领主的。中国官僚地主制时期的农民在一定程度上获得了完全的人身权和小块土地的使用权，中国传统的儒家思想甚至提出了"民为本、社稷次之、君为轻"的"民本论"。然而，以皇帝为首的官僚地主阶级掌握着全部土地所有权，农民在土地上的劳动所得有一大部分需要以税收和地租的形式上交官僚地主阶级，农民只不过是其获得剩余产品的工具和治理的对象。资本雇佣劳动者制度确立后，劳动者获得了完全的劳动力所有权，可以自由地出卖自己的劳动力，但与此同时的是劳动者失去生产资料，成为"无产者"，也只能出卖自己的劳动力。生产资料掌握在资本所有者手中，劳动者的劳动受制于资本和物质生产资料，早期机器生产对人的控制是最为明显的，"人是机器"既是早期物质主义者反对上帝主义的先进口号，也是后来资本雇佣制工厂的生产实践。

劳动者面对这种非人的劳动异化状态，逐渐学会争取自己的合法权益，企业也逐步认识到人与物的不同。科学管理理论创始人泰勒，改变了把工人等同于机器的观念，建立了人力资源管理原则。大规模定制生产企业制度崛起后，人的作用进一步凸显，"人力资本管理原则"取代"人力资源管理原则"，将人的地位提高到资本的高度，"知识工人""学习型组织"成为人力资本管理原则的代表性理论和实践。但"以物为本"的生产关系、"人服从于物"的本质并没有发生变化。即使后来的按需生产，也是要劳动力与物质生产资料精准匹配，原则是不要让物浪费，不要养多余的人，更不要让人闲着，在根本上仍然是"以物为本"。"劳"永远都要就着"物"，"人"永远要就着"岗"，不然就要"失业""下岗"。只要物质还是主要的生产资料，只要物质生产资料的所有权还是资本化的，这种"以物为本"的实践就不可能在现实中消失。

工业生产方式取代农业生产方式的条件在于，当人们的农业产品需求得到满足，制造业产品的需求增加，劳动者投入制造业中的产值就会逐渐超越农业产值，工业部门吸收的劳动者就会越来越多。数字生产方式取代工业生产方式也需要这样的条件，随着数字产品需求不断被创造出来，人们对数字产品的需求增加，使得数字劳动创造的价值在全部劳动所创造的价值中占有更大的份额。

数据是互联网平台最直接的沉淀，也将成为未来最基本的生产资料。当前虽然也产生了海量数据，但限于传统工业生产方式和产业结构的限制，对数据的再开发和使用非常有限。很多互联网平台在服务生产、生活的过程中虽然采集了海量数据，但除了极有限的用于特定目的，大部分数据被浪费乃至被作为浪费存储空间的垃圾和累赘。只有随着数字生产方式进一步发展和劳动生产率的进一步提高，农产品和工业制成品充足到了一定阶段，越来越多的劳动力停止在工业部门工作，数据作为新生产资料和新资源的地位才会更加凸显出来。

工业革命、机器的发明使用使得劳动生产率得到极大提高，农产品充足，越来越多的劳动力停止在农业部门工作，并开始在工厂里生产工业品；互联网、人工智能等技术的发展则使得制造业劳动生产率得到极大提高，农产品和工业制成品充足，越来越多的劳动力停止在工业部门工作，开始在线上从事"虚拟化"数字劳动。数字生产方式最终取代工业生产方式，从基础设施到基础产业、从需求和产品结构到产业和职业结构，乃至技术研发和生产资料都会围绕数字进行。

资源的有限性、生产资料的私有制及劳动者素质技能相对低下使得"以人为本"仅仅作为理念存在过，而没有在生产实践中成为现实。数字经济的发展以及数据资源的无限性打破了资源有限性的前提，降低了物质生产资料对生产的限制，"以人为本"的生产关系具备了现实可能性。

5. "以人为本"数字生产关系的建构起点：中国式现代化立场的数权体系

由于数据来源和用途广泛，在个人隐私、身份盗取、国家安全等方面具有敏感性，对数据的开发和使用对现有的伦理、道德、法律都带来挑战，因此必须将数据的开发和使用权限严格控制在一定的规则内。按照中国式现代化的立场规定数据权利体系，严格规定数据的开发和使用权限、谨慎引导数据的开发和使用方向、加强对数字占有平台的监管和引导，是构建"以人为本"的数字生产关系的起点，为促进数字生产力的发展、适应乃至引领数字生产方式变革提供前提条件。

第一，由于数据资源的无限性及数据的敏感性，对数据来说，所有权、占有权和使用权是互相分离的。无论是否为数据的所有者，数据的使用权在原则上对所有人是平等开放的。对数据的占有者（当前主要是数字平台）来说，不仅不能超越权限使用数据，而且有义务将数据开放给具有使用权限的其他主体。对数据的非占有者来说，无论是否为数据的所有者，其也拥有在权限范围内平等使用数据的权利。所有权和占有权对使用者来说都不再有本质影响，无论是数据的所有者还是占有者，既不能超越权限开发使用，也不能限制非所有者开发使用。开发使用权对于所有主体是平等的，无论是否为数据的所有者、占有者，都是既受到同样严格的限制，也拥有同样限度的使用权。

第二，虽然数据的所有权和占有权对于使用者不再具有决定意义，但在现实条件下，数据的实际占有者仍然是众多具有数字平台性质的经济组织，不但在数据的开采、挖掘、开发、使用方面具有绝对优势，而且因直接占有数据，往往具备超越权限开发和使用数据的便利性。因此，对收集了大量数据的现有数字平台来说，国家必须在数据采集、存储、加工、开放等方面加强监管；进一步地开发和扶持具有公共服务性质的超级平台，运用联邦学习、平行管理等技术手段，确保所有权、占有权与使用权的分离，在相应数据权限内开放使用权。

第三，既然数据的所有权和占有权不再对数据的开发使用具有决定意义，那么，数据的开发和使用权限就应该在党的领导下，由人大立法严格规定、由国家机构加强监管和引导，在政策上加强对数据开发和使用方向的引导，向能够体现中国式现代化立场的开发和方向倾斜。数据的开发使用既可以用来提高全要素生产率，也可以用来控制人的思想和行为；既可以用来开发能够吸纳更多人高质量就业的产品，也可以用来开发仅服务少数人口、仅吸纳少数人就业的产业。由数据资源开发出来的数字产品既可以满足人们精神文明需求，也可以运用算法开发让人们成瘾的机制。中国不是美国，美国只有 3 亿多人口，能够走也有条件走精英和大众分离的道路，新技术和新产业吸纳部分精英就业、服从少数资本利益，大众虽然无法参与数字生产力的进程，但可以作为消费群体存在；中国也不是印度，允许少部分精英富裕和就业，剩下的近 10 亿人口则停留在贫困线以下甚至被排除在现代文明之外。中国式现代化是人口规模巨大的现代化、是全体人民共同富裕的现代化、是物质文明和精神文明相协调的现代化，对于数据的开发使用权限及开发使用方向应该向能促进高质量发展、高质量充分就业、全体人民共同富裕的方向倾斜。

中国式现代化立场的数权体系是"以人为本"数字生产关系的起点，数字生产方式的推进则进一步为"以人为本"数字生产关系提供实现条件。随着数字生产方式对传统产业的改造和升级、数字基础设施及数字经济的进一步发展，数据资源和要素在生产资料中的地位越发重要，其他物质生产资料的地位则相对下降，以致全部作为基础设施存在，其所有权对于使用者也不再具有决定意义。

一方面是数据在使用权方面对所有人平等开放，另一方面是作为基础设施的其他物质生产资料在使用权方面对所有人平等开放。以所有制不再具有决定意义的数权体系为起点，在其他物质生产资料也作为基础设施存在，因而生产资料所有制也不再具有决定意义的数字经济体系中，具备技术、知识、创新能力的人才成为核心资产，数据资源和要素跟随人的创意而配置，数字平台和其他物质生产资料则作为基础设施为人的创意服务，由此不仅突破了传统生产资料所有制及其"以物为本"的生产关系，而且为形成新的"以人为本"的数字生产关系、经济制度、社会形态乃至文明形态创造了条件。

6. "以人为本"数字生产关系的组织形态：平台、企业与个人的关系

在数字经济的浪潮中，技术革新如数字技术、网络技术和智能技术已

成为推动社会生产力发展的新引擎。这些技术的深度融合与应用，不仅重塑了传统生产要素的形态，还催生了全新的产业结构与就业结构，进而对生产关系领域产生了深远的影响。

数字生产力的崛起，首先体现在需求、效用、产品以及价值形态的变化上。在数字化时代，消费者的需求日趋个性化和多样化，产品的效用不再局限于物理形态的使用价值，而是向数字化、智能化的服务价值延伸。例如，智能手机不再仅仅是通话工具，而是成为连接各种数字服务的平台。产品的价值形态也随之转变，从单一的物质价值向数据价值、知识价值等多元化价值体系拓展。

这种价值形态的变化，进一步推动了产品和就业结构的调整。一方面，传统产业在数字化转型中焕发新生；另一方面，新兴产业如大数据、云计算、人工智能等蓬勃发展，为就业市场提供了大量新岗位。在这个过程中，人的因素被提升到了前所未有的高度。人的创新能力、劳动能力成为决定企业乃至整个经济体系竞争力的关键。

在数字生产关系领域，平台、企业与个人之间的关系呈现出新的组织形态。平台作为数字经济的核心载体，通过聚集海量数据和用户资源，构建了一个连接多方参与者的生态系统。企业在这个生态系统中，不再仅仅是产品的生产者和服务的提供者，而是成为数据价值的挖掘者和创新应用的推动者。个人则通过平台获得了更多的就业和创业机会，同时也面临着如何在数字化环境中保护自身权益的新挑战。

这种新型的生产关系对传统的劳动关系和劳动法律制度提出了严峻的挑战。例如，在平台经济中，灵活就业、共享经济等新模式层出不穷，传统的全日制用工模式已经难以适应这种变化。此外，数据产权制度的缺失也导致了数据资源的归属和使用问题频发，亟待建立适应数字经济特点的新型产权制度。

政府监管制度同样需要创新以适应数字经济的发展。在保护消费者权益、维护市场公平竞争、促进数据资源合理利用等方面，政府需要制定更加精准有效的政策措施，并建立起跨部门、跨领域的协同监管机制。

企业管理制度也需要进行相应的变革。在数字化时代，企业需要更加注重员工的个性化需求和职业发展，通过建立灵活多样的用工模式、激励机制和培训体系，激发员工的创新活力和工作热情。

社会保障制度也需要针对数字经济的特点进行完善。对于灵活就业者、共享经济从业者等新型劳动者群体，需要建立起更加灵活、便捷的社会保障体系，确保他们在享受数字经济发展成果的同时，能够得到应有的社会保障。

综上所述，"以人为本"的数字生产关系组织形态是数字经济时代发展的必然要求。通过构建适应数字生产力发展的新型生产关系，推动平台、企业与个人之间的和谐共生与共赢发展，我们有望迎来一个更加繁荣、包容和可持续的数字经济新时代。

7. "以人为本"数字生产关系的目标取向：服务人的价值实现和有序流动

随着数字技术的迅猛发展和广泛应用，数字经济已成为推动社会生产力发展的新引擎。在数字经济体系中，生产资料所有制逐渐失去其决定意义，而价值的生产和分配环节则构成了生产关系的主要内容。在这一背景下，构建"以人为本"的数字生产关系显得尤为重要，旨在服务人的价值实现和有序流动，从而激发人的潜能，促进数字生产力的持续发展。

7.1 数字生产力发展与人的价值凸显

在数字经济时代，物质生产资料对生产的限制逐渐降低，直到成为使用权对所有主体平等开放的基础设施。与此同时，人在价值创造中的核心作用日益凸显，不再被生产资料私有制主导的现象所掩盖。价值的创造和量的大小越来越多地取决于创意劳动和市场需求。因此，构建"以人为本"的数字生产关系，需要为人的价值创造、价值实现、有序流动提供秩序和环境。

7.2 人才流动平台与创意劳动的价值实现

创意劳动作为数字经济中的核心要素，其价值实现机制遵循市场机制。能创造市场需求的人才和创意劳动具有巨大的价值。为了促进创意劳动的价值实现和有序流动，需要建立人才流动平台。这些平台应该能够在更大范围内带动就业，让更多劳动者参与到数字生产力的发展中。同时，倾斜政策也应向这些能够创造市场需求的人才和创意劳动倾斜，以激励其创造更多的价值。

7.3 劳动力统一大市场与简单劳动的价值实现

除了创意劳动，简单劳动也是数字经济中不可或缺的一部分。为了适应数字生产力的发展，需要建立劳动力统一大市场，实现简单劳动的价值实现和有序流动。这个市场应该以"公共就业服务平台"为支撑，通过"任务量"的管理模式，打造以"任务量"为核算基础的薪酬计算方式和分类保障、应保尽保为原则的定制化权益保障方案。同时，还需要培育高素质技能劳动者，提高他们的身体素质、技能素质和精神文化素质，以适应数字生产力的发展需求。

7.4 数字生产关系的建构路径与核心要素

构建"以人为本"的数字生产关系，需要明确其建构路径和核心要素。首先，要建立人的有序流动和价值实现的规则和体制，确保人才和劳动力能够在市场中自由流动并实现其价值。其次，要培育高素质技能劳动者，提高他们的就业能力和竞争力。最后，要加强政府对数字经济的监管和服务，为人才和劳动力的流动提供有力的保障和支持。

数字生产关系的核心在于建立人的价值体系和流动秩序。只有当人的价值得到充分实现和有序流动时，数字生产力才能得到持续的发展。因此，在构建数字生产关系时，需要始终坚持"以人为本"的原则，服务人的价值实现和有序流动。

构建"以人为本"的数字生产关系是数字经济发展的必然要求。通过建立人才流动平台、劳动力统一大市场以及相应的规则和体制，可以促进人的价值实现和有序流动，激发人的潜能，推动数字生产力的持续发展。未来，随着数字技术的不断进步和应用领域的不断拓展，数字经济将迎来更加广阔的发展前景。同时，也需要不断探索和创新数字生产关系的构建方式和路径，以更好地适应新质生产力发展的时代需求。

平台经济的升级方向与大模型开发路径 [*]

2021 年 7 月 12 日，李强总理主持召开平台企业座谈会，听取对更好促进平台经济规范健康持续发展的意见建议。参会的企业既包括阿里、美团、拼多多、抖音等消费互联网平台，也包括欧冶云商、航天云网、卡奥斯等工业互联网平台。它们有一个共同的归类——"平台企业"。

这次会议对平台经济高度肯定、高度重视，既圈出了重点，又提出了属望。可以用"四新"特征来概括：平台经济为扩大需求提供了新空间，为创新发展提供了新引擎，为就业创业提供了新渠道，为公共服务提供了新支撑。平台经济还有"五个重要"属性：平台经济是构筑国家竞争新优势的重要依托、抢占新一轮科技产业革命制高点的重要机遇、激发各类经营主体活力的重要引擎、促进公平竞争的重要场景、畅通国民经济循环的重要抓手。

过去，学术界把平台企业称为新基础设施、新经济底座；当下，平台经济更是新一轮发展的一个"发动机"和一面"承重墙"。平台企业是否能堪大任？或者说，平台企业需要进行怎样的升级才能担起这个重任？

我国的平台经济具有鲜明的特点，主要表现为智能手机的各种 App

---

    * 吕本富，国家战略与发展研究会副会长，中国科学院大学经管学院教授、博士生导师。

使用难度和分发成本几乎为零，中国超十亿网民变成了潜在的十亿消费者，形成了世界上单一规模最大的网络消费市场。

App几乎覆盖了包括生活和工作场景在内的所有领域，理论上每一款App对应一个平台（后台）。消费者在智能手机上熟练地穿梭于不同的应用之间，如电子商务、在线教育、金融科技、数字媒体、本地生活、物流、医疗健康、交通出行、社交网络、旅游、资讯等。微信、企业微信、抖音、小红书等平台提供了链接的"数字基础设施"，而阿里、京东、拼多多等电商平台形成了交易的"数字基础设施"，提供包括支付、物流、商业信贷、供应链管理、商家数字化升级等服务。在这套基础设施之上，曾经极度分散的服务业被数字平台整合，大量新事物正在生根发芽。

平台经济与实体经济进行了深度融合，为全国5000多万户企业、1.1亿户个体工商户和200多万家农民专业合作社赋能。平台企业已经成为科技创新的主力军，同时也创造了大量新就业岗位，吸纳了包括网约车司机、快递小哥、直播店主等在内的大量新就业形态劳动者。

平台经济不断催生的新业态和新服务不仅满足了消费者个性化、多样化和品质化的消费需求，更推动了消费扩容提质，打开了新增长空间。依托于平台的订单驱动和个性化定制逐渐成为主要的生产和消费模式，推动中国经济结构由生产驱动转换为消费驱动，而这种转换正是高质量发展的重要组成部分。

1. 平台经济的升级方向

平台经济的进化具有两方面属性，需要密切关注。

一方面，平台企业具有生态属性，多重产业链在平台生态中交融，从而产生价值。平台的算法或软件化工具都可以被重复调用和封装，平台会自然而然地将现有的价值链面向不同的场景进行复制和扩展——类似的逻辑和服务可以从一个产品品类复制到其他产品品类，这使得围绕着场景的多元化产生了越来越多、越来越长的价值链条。这些多元的价值链条会产生通过共用、复用、集成来进一步提升效率的需要，平台企业由此跨越产业边界提高全社会的效率。

另一方面，国内大部分平台企业主要关注 C 端数字化，专注 C 端用户。随着人口流量红利减弱和渗透率渐趋饱和，业务已触及天花板，面临着增长减缓的压力。在这种情况下，平台常用的手法就是"低价补贴"，进行低水平同质化竞争，这压缩了整体产业链的利润空间。当前，各种电商平台有向"拼多多模式"靠拢的倾向，需要引起注意。

鉴于平台经济进化的这两层属性，升级过程中应该主要考虑如下四个方向：

第一，平台内部优化方向。

通过创造更多的业务场景与应用机会为整个生态带来增长，从而有效缓解零和博弈的现象。优化的核心是要将线性产业价值链变成生态价值链。传统背景下，产品要经过产业链的上游—中游—下游，然后才到消费者。这种线性模式可能会导致所谓的"牛鞭效应"，造成大量的浪费。

通过平台搭建产业链，可以形成产业价值生态圈，将各行各业的不同终端用户群体纳入这个圈。企业可与更多的合作伙伴实现产品、服务和资源的共享和协同。通过此举，企业可以推动产品和服务向更大范围、更深层次、更高效率的方向发展，与全球各地客户直接沟通、合作。同时，受益于更灵活和高效的管理方式，企业可以更好地应对市场变化和挑战。

第二，行业平台化方向。

现在越来越多的传统企业开始数字化转型，将业务转移到线上，这带来了工业互联网平台爆发性增长的机会。工业互联网平台需要丰富多样的企业管理功能和个性化定制场景。平台企业能够有效带动中小企业联动创新，与产业链上下游全方位对接，增加服务要素在投入和产出中的比重，从而获得新的增长空间。我国企业信息化正在依托平台企业，开拓出不同于其他国家的路径。

行业平台化不仅对平台公司来说是个机遇，对行业头部企业来说也是拓展盈利空间、重塑竞争优势的好机会。我国工业门类齐全，每一个门类都可以走出一条平台化发展的特色之路：从专职卖产品转为兼职做平台；从提供整体解决方案转变为创立行业操作系统，为同行企业打造协同、高效、低成本的特定场景，从而开拓平台经济的新蓝海。

第三，元宇宙营销方向。

元宇宙与数字营销的结合也正在成为平台的"新赛道"。元宇宙业态中的数字人、数字文旅、数字展销会已经是比较成熟的业态。国内的热门景点时常在节假日"人满为患"，而通过 AR、VR、3D 建模等手段，可以破解物理空间"拥挤"的难题。与此相对应的元宇宙旅游是一个高速增长的领域。国内灵活就业人员越来越多，且具有物理分散性，可以通过元宇宙平台对其进行培训、实现交流。元宇宙平台也可以助力从事国际贸易的中小微企业实现数字营销。

第四，"双中枢"叠加方向。

最近十年，在全球主要经济体中，我国经济增长强劲。其中，平台经济扮演了不可或缺的角色，贡献了大约十万亿元的经济体量。在社会化大生产高度成熟、产能溢出的后工业时代，经济运行效率很大程度上取决于流通效率。平台企业为经济体系的循环注入了强劲的流通动力。可以形象地比喻为：创新、制造、基建等属于经济体系的"国之重器"，就业、消费、出游等属于经济体系的"民之所欲"。平台经济处在两部分的中枢位置。两部分循环畅通，经济欣欣向荣；反之，则经济磕磕绊绊。

未来十年，笔者预计以大模型为核心的智能经济也将带来十万亿级别的经济体量。智能经济就是"算力、算法、数据"三要素在场景中的应用，数据被认为是核心环节。自带场景、数据和用户的平台企业可以有效填补基础模型和场景之间的认知鸿沟，因此成为从平台经济过渡到智能经济的中枢。以数据作为生产要素进行资源配置，正是从平台经济过渡到以大模型为基础的智能经济的关键点。"平台增强型"的行业大模型将是未来智能经济的最大蓝海。在平台企业动态进化过程中，一方面，平台要将自己嵌入产业生态中，转换成"商业基础设施"，就像水、电、煤气等基础设施一样，为整个商业体系提供高效率的支撑；另一方面，平台的运行会产生大量数据，以此为基础发展成大模型主导的智能经济。就此，通过完成"双中枢"叠加，我国经济的高质量发展和智能经济融为一体，获得倍增效应，就能在国际竞争中一马当先。

2．"双中枢"模式的落地

在平台经济的升级方向中，"双中枢"模式无疑是最具有战略价值的。因此，必须对大模型的商业模式进行前瞻性分析。

大模型的设计主要是为了回答全球数十亿用户各式各样的问题，而非在某一个专业领域解决某一种特殊的行业问题。大模型的语料来源一般是广泛的公开文献与网络信息。网络信息可能有错误、有谣言、有偏见，许多专业知识与行业数据也可能有积累不足的问题，导致模型的行业针对性与精准度不够。因此，我们应该先从小概率风险的角度着手切入，将大模型先应用于容错率较高的行业，如聊天、游戏、社交、购物等；另外，可以用大模型辅助决策，如办公场景中的会议摘要等。目前，这些应用的最终产品触达用户之前，需要专业人士参与把关。

可以预计大模型会有两种商业模式，一是面向个体用户的 ToC 模式；二是面向企业用户的 ToB 模式。

ToC 模式主要在本地运行，是体积较小的"小模型"，部署在手机、电脑中，直接借助于设备本身的算力来完成一些简单的生成式 AI 工作。服务于 C 端用户正是我国平台公司的强项，满足 C 端用户娱乐、创作等基础需求，主要包括如聊天、语句优化、文案创作等通识属性较强的场景。

ToB 模式是当下巨头们的热门选择，催生出众多不做通用大模型，而专注于行业大模型的厂商。华为发布的盘古大模型就是一个典型，其主要方向是 AI for Industry（AI 赋能产业），为煤矿、水泥、电力、金融、农业等创造产业价值。

ToB 模式需要私有化部署的形态，即大模型要根据客户的实际需求进行深度定制。行业大模型的关键在于"能不能解决问题"。将大模型能力迁移到需求更大的产业领域，不可避免地会遇到更低频、长尾的复杂场景以及大规模协同的需求。这些场景样本少、数据分布不均，可能意味着更高昂的研发成本。但如果私有化部署直接借助于现有的通用大模型产品，并依托工业互联网平台可以提供的私域数据——大模型所需的原材料，这能够让现有的人工智能与用户的实际需求更好地匹配。这样一来我国就将建设工业互联网平台和训练行业大模型融为一体，可以获得"一鱼两吃"的效果，有效地降低成本。

3. 平台公司开发大模型的路径

2022 年工信部发布的《国家人工智能创新应用先导区"智赋百景"》，涉及 AI 在公共安全、交通运输等十大领域的落地。但这些领域存在场景渗透率较低、数据资源不足的问题。事实上,最好的转移路径可能是首先选择我国平台经济比较发达的C端领域"衣、食、住、行、娱"布局,取得经验以后,再向"制造、教育、医疗、公共服务"等B端领域推广。

首先要关注大模型带来的交互界面变化。过去人们通过某个应用软件与某种数据交互,现在变成了人和大模型交互,更直接、统一。大语言模型处于人机交互的中心位置,复杂的中间过程会隐藏到幕后。需要指出的是:因为App的易用(比如发红包的便利)才使平台经济爆发式增长,而自然语言更加"易用",将带来平台行业的重新洗牌。虽然现在App的服务功能确实非常强大,但设想这样一个场景:消费者给出一个"为我预订从北京到深圳的航班,并为我预订600元左右的酒店房间"的简单指令,大模型就会自动执行任务。可以预见,很多应用程序和平台会被颠覆。

这种颠覆是国内很多平台企业需要积极应对的。一是选择现在企业还拥有分销和数据优势的领域开发行业大模型。也就是说可以利用现有的数据来训练它们的模型,或者建立特定行业的模型,甚至是针对特定客户的模型。二是积极地将行业大模型融入产品中。比如微软将生成式人工智能集成到微软的浏览器中。

4. 公共政策的有效作为

在开发"衣、食、住、行、娱"等行业大模型的过程中,仅仅在技术架构上做改变远远不够,还需要公共政策的支持。下面两项可以作为优先项考虑:

第一,建立公共数据池。

大模型的训练不是孤立存在的,而是从业务数据中来,再回到业务流程中去,需要多家平台公司配合。数据之于大模型,首先是原材料,同时，数据的数量、质量、多样性乃至清洗能力，又是影响着大模型性能表现的关键性要素。以个人"出行大模型"为例，需要打通共享单车、网约车、公共交通、12306、OTA、地图等平台的数据，建立市场化机制的公共数据池，这是此类行业大模型成败的关键。

第二，塑造大模型衔接的统一市场。

从应用出发，比较高效的方式是将基础大模型的通识性能力与行业的特定数据相结合，以微调或嵌入等方式得到自身领域的专属模型。基本逻辑就是通用大模型为行业大模型提供调用服务，行业大模型为企业或个人服务。因此通用大模型和行业大模型的衔接以及对先期用户的政策性补贴，是大模型能否快速落地的关键。

总之，对我国来说，支持平台经济向智能经济转型，可以有效地发挥地方政府开发行业大模型的积极性；与此同时，通过相关部门的协调，在不同省区市之间，在"衣、食、住、行、娱、教育、医疗、公共服务"等领域避开集中竞争，发挥优势找到适合各自的赛道。我国的平台企业定能助力经济发展接力赛，促进经济高速、优质发展。

人文视野下的认知域
及其国家安全战略价值 *

随着科学技术及其应用的发展，需要我们在更多方面"联动集成"地思考国家安全战略问题。今天，我们看到，云计算、大数据技术、深度学习、边缘计算、人工智能、虚拟现实、元宇宙等技术的新发展，已经在一定程度上挑战了以往对国家安全战略的认知，而这些由新科技领域形成的技术空间和虚拟现实的体系，其实并不是中立的，而是充满了意识形态和地缘战略的斗争，其中最为核心的体现就是美国国防部在 2016 年提出的"多域作战"（Multidomain Operations）观念。

"多域作战"已经超越了传统意义上对战争的认识，即除了人们经常理解的物理层面的武器作战（物理域），以及意识形态中的观念作战（观念域），还提出了"认知域"（cognitive domain）的作战问题。

一方面，认知域作战不是纯粹的物理战斗，因为它完成的是对人类意识和认识的影响，其作用的对象是认知（当然不只是人类的认知，也包括了人工智能的认知）。

另一方面，认知域也不是传统意义上的意识形态斗争，即它并非通过

---

* 蓝江，南京大学哲学系教授、博士生导师，马克思主义社会理论研究中心研究员。

掌握新闻媒体、教育、情报等方面的内容，从而达到对人类的意识形态的影响；与之相反，认知域更接近于数字技术和智能技术的底层算法层次，换言之，是在智能—数字时代让认知成为可能的东西，这种东西是在算法的底层架构了一个基本格式，或者是最朴素的算法模型，所有的数据和信息，都是在这个最基本的格式和模型上构成的，这种最基础的算法模型和基本格式就成为认知域作战的最重要的组成部分。

随着社会认识论研究的发展，尤其是数字技术、通信技术和智能技术的介入，我们需要重新看待人文学科视野下的认知域问题。因为认知域兴起带来的不仅仅是技术的变化，更促进了人们在巨大的信息茧房里的世界观、价值观、人生观的塑形，也涉及个体在基本认识上的构成。对于这个问题的理解和解释，不是一个纯粹的技术问题，而是需要人文学者参与思考的问题。

1. 后真相社会下的认知域

在 5G 通信技术、认知科学、智能技术、数字技术高度发展的今天，有一个很知名的概念，就是"后真相"（post-truth）。在 2016 年唐纳德·特朗普当上美国总统之后，这位号称以 Twitter 治国的总统成为人们竞相议论的对象，其中，在美国知识界，对这个问题最有名的解释，就是 Twitter、Facebook（现改为 Meta）、Instagram、TikTok 等社交媒体带来了一个被"后真相"包裹着的认知，在这种认知的支配下，形成了所谓的后真相社会。后真相社会并不是说大家不再相信真实的东西，也不是人们只看那些虚假的新闻，而是说真实和虚假的标准，在突然之间变得无效。

换言之，我们不能在真与假的二元论基础上来理解后真相问题，而是什么样的基础构成了真与假的区分，这个构成的基础和区分的工具是否具有普遍性和通用性。笔者在之前的一篇文章中就强调过，真相是建立在认识论基础上的一个事实判断，"人之所以为人，并不会因此囿于这个认识论上的藩篱，一定会使用各种方法去趋近于真相。在趋近于真相的过程中，也就是一旦我们走出自我意识的圈子，面对所谓的真实世界的时候，一定需要某种工具，而这种工具是作为我们前行的基础和支撑"。简言之，数字技术和智能技术的发展，真正带来的问题不是假象取代了真相，而是人类社会在认知上用以区别真与假的工具和基础产生了问题。

以往人们可以信赖科学的研究、经验的判断以及数据分析得出的事实，而今天人们被包裹在真与假掺杂的信息和数据里，在各种文章、图片、视频等信息的冲击下接受了所谓的"事实"。随着生成式智能应用的出现，各类信息都是可以生成和修改的，看起来像是真实的照片或视频，其实可以应用人工智能程序经过分析合成而产生，在这样的信息面前，我们究竟依靠什么来判断信息的真与假，如何塑造数字技术和智能技术下的真实。

例如，赫克托·麦克唐纳在其《后真相时代》一书中就曾经列举了一个案例，"当科技改变我们的活动和我们重视的事情时，国内生产总值和人类福祉的差异正在变得越来越重要。大多数发达国家的国内生产总值已经连续多年保持停滞。评论家认为，这意味着我们的生活水平也处于停滞状态。不过，在这段时间里，我们的机器、沟通和医学质量得到了显著提高，我们获得了几乎无穷无尽的知识、音乐、电视、书籍、网络和游戏资源……由于所有这些事情都不需要花一分钱，因此这些价值大部分被国内生产总值的统计数据忽略了"。

在某种意义上，GDP 的统计数据当然是真实的，而我们对自己周边生活的感受也是真实的，但是这两种所谓的"真实"在数据上并不完全匹配，甚至无法在统一的理论框架下来解读，这意味着，既不是经济学和统计学的数据出了问题，也不是我们对周围生活的感知出了问题，真正的问题是：我们的认知在何种意义上是一种认知，并主导着我们对周围事物的思考？

为了解答这个问题，我们可以回溯到法国哲学家福柯那里，在他的《知识考古学》中，有一个十分经典的问题，即知识是如何形成的？福柯解释说，知识"涉及一些应该被话语实践形成的要素，以便科学话语如有必要便可形成，而科学话语不仅被它的形式和严谨性所规定，还被它涉及的对象、它运用的陈述类型、它使用的概念和它应用的策略所规定。因此，科学不见得要关联着过去或现在应该被经历的东西，以便科学特有的理想性的意图得以建立，而是要关联着过去应该被说出来的东西——或者现在应该被说出来的东西——以便有一种在必要情况下符合科学性的实验标准或形式标准的话语能够存在"。福柯关心的知识问题的根据在于，知识并不在于真实的事实性，也不在于其真理性，而是在于这些所谓的"真实"如何在话语中说出来。简言之，事实的发生、真相的存在是一回事，而如何用"符合科学性的实验标准或形式标准的话语"将这些真相表述出来是另一回事。

在前面提到的数据案例中，我们之所以相信数据，是因为近代以来的实证科学体系，已经把科学话语建立在严格的数据分析和演算之上，只有那些符合数据分析和表述的话语，才是真正的科学话语，只有这种话语才能表述出"真相"。为了说明这一点，在《词与物》和《知识考古学》中，福柯使用了"知识型"（épistémè）这一概念。用福柯的话来说，"知识型是指能够在既定时代把那些产生知识论形态、科学、可能还产生形式化系统的话语实践连接起来的关系集合；它是指朝向知识论化、科学性、形式化的那些过渡在每一种话语形成中进行定位和得以实现所依据的方式"。总而言之，所谓的知识型，就是我们在科学和日常生活中，用来表述知识和真理的话语实践的规则。

福柯关于知识型的界定，已经十分接近于今天的认知域问题。实际上，从信息论的鼻祖克劳德·香农开始，就已经将认知域问题作为思考数据、信息和认知的最基础问题。在其最重要的著作《传播的数学理论》中，他十分明确地指出："通信的基本问题是在某一点上准确或大概复制在另一点上选择的信息。信息常常是有意义的。换言之，它们根据某一系统指涉某些物理实体或观念实体，或与之有关联。"这里的关键词不是信息的复制，而是"选择"。在信息传播中，我们一开始面对的并不是准确的信息，而是一大堆信号，这些信号无法整合为有意义的信息，为了信息的传播，香农认为需要创造一套系统形式，从而降低信息的熵，让无意义的信号或噪声可以在系统之中变成有意义的信息，而真正在传播中实现的，恰恰是这种被系统加工过的信息。信息是具有意义和内容的符号体系，而在系统加工之前，他们就是无意义的信号，我们的认知和知识只能在有意义的信息之上运行，而无法理解噪声和杂乱的符号。由此可见，我们的知识和认知所能把握的一定是在经过福柯式的"知识型"或香农的"系统形式"加工后的内容信息，也就是说，如果没有这些"知识型"和"系统形式"，我们便无法形成有效的认知。在这个意义上，我们可以把这种将各种噪声和杂乱符号、信号加工成有意义的信息或知识系统称为"认知域"。"认知域"是让我们的知识和认知成为可能的东西，没有"认知域"，我们便无法从周围的世界中获得有意义的信息，也无法形成任何知识和认知。

作为最基础的系统规则和形式，"认知域"不仅决定了我们知识的可能性，也决定了我们可以形成什么样的认识，例如，我们对疾病的认识，实际上也取决于不同的"认知域"。在传统中医的"认知域"中，不同的疾病建立在经络学说基础上，如对于感冒，张仲景的《伤寒论》中的解读是"太阳中风,阳浮而阴弱。阳浮者,热自发,阴弱者,汗自出"。而在法国生物学家路易斯·巴斯德发现了微生物的存在之后,现代医学则将感冒发烧等症状与细菌或病毒的侵袭关联起来。从这里可以看出,对于同种症状表象,如果基于不同的"认知域",实际上会形成完全不同的认知。

回到后真相社会的问题,通过认知域概念的引入,我们发现,后真相社会关涉的并不是真与假的问题,而恰恰是不同认知域之间的竞争与冲突的问题。某种之前占据统治地位的认知域逐渐衰落,从而让各种不同的新认知域兴起,这些新认知域并不代表着新的真理的诞生,而是反过来冲击传统认知域视之为"真知识"的存在。

2. 生成式人工智能与认知域

绘画的人工智能系统 Midjourney 与 ChatGPT 一样,成为 2023 年来人们关注的焦点话题。一般来说,Midjourney 会针对用户给出的一系列关键词,画出用户所希望的图像,如"画出一对印度夫妻在恒河里的形象",Midjourney 会根据在语料库和数据库中学习得出的逻辑,给出一幅基本满足用户要求的作品。然而,我们是否可以设想这样的情况:我们在用户界面上输入一系列乱码时 Midjourney 是否也能绘画?答案是肯定的。当有人尝试给出一系列对人类来说完全无意义的字符时,Midjourney 仍然能够继续作画,无论这幅画是否满足用户的要求。而实际在哲学层面上,这产生了一个后果,即对用户来说毫无意义的字符,被人工智能程序变成了有意义的画面。输入这串乱码的用户,并没有赋予这串字符意义,最后的结果却是,输出的画面具有认识论上的意义,那么问题在于,其中的认知意义从何而来。

在前面的讨论中,无论是中医还是西医,新自由主义政治和特朗普的民粹主义政治，以及后真相社会的认知型，实际上都没有脱离人的认知范畴，即我们仍然讨论的是人类本身的认知域。那么，在人类之外是否还存在着其他认知域的可能？对于这个问题的回答，我们不用回到中世纪神秘主义的神学，其实在近代的物理学问题中，就有过类似的思考。

　　例如，著名的麦克斯韦妖的问题。19世纪的苏格兰物理学家詹姆斯·麦克斯韦，为了反对热力学第二定律，设想了一种状况：把一个绝热容器分成相等的两个，中间有一扇小门，在这个容器中，做着无规则运动的分子不停地撞击小门，结果是一部分运动较快的分子会进入其中一格，而另一格则是那些运动较慢的分子，由于两格之间的分子运动速度不一样，导致了两格温度不一样。麦克斯韦时期的物理学似乎无法完美地解决这个悖论，于是，麦克斯韦只好假设出一个拥有智能的小妖，它可以鉴别出分子运动的速度，从而将一部分运动较快的分子通过"门"放入另一格中，而其他运动较慢的分子停留在原先的格子中。这就是著名的麦克斯韦妖的问题。麦克斯韦妖之所以引起关注，不仅仅是因为它挑战了物理学经典的热力学第二定律，而是在于麦克斯韦妖如何获得判断分子速度的智能，进而这种判断的智能是否意味着麦克斯韦妖也拥有某种知识。如果按照福柯的说法，一旦麦克斯韦妖拥有知识，必然意味着它有知识型，即它会引发存在着非人类的认知域的问题。

　　进入20世纪之后，比利时化学家伊利亚·普利高津用耗散结构理论解决了麦克斯韦妖的问题。然而，这并没有消除对于非人类认知域问题的思考。由于计算机技术的发明，基于机器学习的生成式人工智能技术的出现，仍然产生了不少关于非人类认知域的思考。例如，加拿大传播学家罗伯特·洛根曾提出："下一个加工信息的方式从科学和数学中出现，其形式是计算机技术，这是独特的以赛博空间为基地的、自动加工和组织信息的方法。计算机技术的出现是为了应对科学技术的信息超载。最后，最新的语言形式出现了，那是以互联网为形式的语言，源自计算机技术和电信技术的语言。互联网的出现是为了应对计算机技术产生的信息超载，以满足储存和传输信息超载的需要。"所以，在洛根看来，随着计算机技术和数字技术的出现，已经出现了人类语言形式之外的新语言，而这种语言的出现势必意味着出现了新的认知域。在计算机语言构成的认知域里，由于不依赖于人类的生理性身体和感知来创造语言和陈述，势必意味着认知域的形式构成将超越传统语言学设定的范围，即存在着非人类或超越人类的认知域，为人类经验和思想之外的认知提供了基础。

对于这个问题，美国语言学家诺姆·乔姆斯基表达了不同的意见，他并不认为计算机语言和人工智能语言会带来新的认知域。乔姆斯基曾经提出了著名的"生成式语法系统"（generative grammar system），换言之，语言只需要依赖于一个非常简单的生成语法规则，就可以产生无限多的语句和认识。不过，乔姆斯基意识到对人类来说，之所以生成式语法不能无限地生成知识，原因恰恰在于人类生物性的有限性，以至于人类在语法、表达以及认知的生成上受制于人类大脑和身体感知的局限。不难理解，乔姆斯基的生成式语法系统也涉及了认知域的问题，即设定了最简单的语法规则，在这个规则基础上进行各种元素的无限关联，从而不断地生成意义和表述，达到不断地生产认知和知识的可能性。

今天在人工智能领域流行的 ChatGPT、文心一言、Moss 等生成式人工智能，无论怎么变化，其基本模型都是乔姆斯基式的。尽管在 2023 年初，乔姆斯基站出来反对 ChatGPT 的应用场景，但其对 ChatGPT 的批判不是批判其基本的认知域模型，而是批判这种无限的生成系统会不断地侵犯人类的知识领域，造成超越人类生物性界限的情形。

在语言学上，乔姆斯基看到了不断吞噬各种各样语料库和数据的生成式人工智能的潜在力量，尽管生成语法系统仍然囿于人类本身的语言交流与思考，但人们已经意识到这种生成语法系统的潜力所在，这迫使乔姆斯基之后的人不得不思考一个问题：如果取消了人类生物性的限制，那么生成式语法系统是否可以成为一种完全无法被人类理解和掌握的认知域。

2023年3月8日，在乔姆斯基等人发表于《纽约时报》的文章《Chat-GPT的虚假承诺》中，乔姆斯基实际上否定了人工智能具有认知域的可能性，文章指出："ChatGPT和类似的程序在设计上是无限的，它们可以'学习'（也就是'记忆'）；它们没有能力区分可能和不可能。例如，ChatGPT与人类不同的是，人类被赋予了一种通用语法，将我们可以学习的语言限制在那些具有某种近乎数学般优雅的语言上，而这些程序却以同样的方式去学习人类可能习得的语言和不可能习得的语言。人类可以理性推测的解释是有限的，而机器学习系统却能够同时学习'地球是圆的'和'地球是平的'。"

乔姆斯基认为，生成式语法虽然可以无限生成语句，但它们只是机械地生成，而不是与真的判断建立起联系。尽管生成式人工智能系统能够生成"地球是圆的"和"地球是平的"两个句子，但它无法在生成的表述和具体客观事实之间建立有效的联系。只有人类能够在语言表述和真假判断之间建立关系，ChatGPT之类的人工智能并没有这种能力。在乔姆斯基看来，人工智能是没有认知域的，它只有一个基本的生成语法的体系，而这个体系并不构成专属于人类的认知域体系。这是因为，人工智能虽然能够创造出新的语句，如"地球是平的"，但在人类的判断中，这个语句不可能成为真正的知识，因为其无法与人类世界的事实对应起来，所以只能沦为无效的语言组合。

不过，如果认真分析乔姆斯基的逻辑，就会发现乔姆斯基对ChatGPT之类的生成式人工智能的批判，实际上陷入了一个循环论证。乔姆斯基认为，ChatGPT虽然能够根据基层的朴素贝叶斯算法生成由人类词汇组成的语句，这些语句却不构成知识上的创新，因为人工智能只能根据句法来无限地生成语句和表达，无法对语句本身作出真理或知识判断，而这种真理或知识判断是人类认知域所独有的。其实，在乔姆斯基指出 ChatGPT 无法进行真正的创造的同时，他自己也作了一个判断，而这个判断的基础就是人类基于认知域进行的感知和逻辑推理；换言之，乔姆斯基认为 ChatGPT 生成的是一个"虚假承诺"，并不是真正的知识创新，而其作出这一判断的基础是人类本身的认知域，与他指出"地球是圆的"的判断的基础是一致的。

而在人工智能领域，语句的生成及其形式，并不需要对应人类生活领域中的判断结构，如被乔姆斯基批驳的生成性语句"地球是平的"，未必一定针对的是人类自身的认知域，而是可以在赛博空间中生成一个"地球是平的"的空间。例如，在网络游戏或元宇宙空间中，"地球是平的"这个判断是能够具有意义的。不过，这个意义的生成并不取决于人类自身的生活经验和逻辑推理，不依赖于现实世界，而是通过算法和虚拟现实技术形成了新的关系。在这个新的关系中，之前对于人类的认知域毫无意义的语句和表述，是可以生成为具有意义的知识的。最极端的例子就是前文提到的 Midjourney，对于人类输出的一堆无意义的乱码，它可以生成有意义的图像。这堆乱码在人类的认知域中可能是无意义的，但基于 Midjourney 通过机器学习的认知域，则在乱码符号与数据之间建立了逻辑联系，也就是说在人类认知域无意义的乱码，在非人的智能认知域中可以获得意义。

从这个意义上看，计算机技术和智能算法完全可以根据最基础的语言结构，生成具有意义的系统；这个系统可以是非人的结构，即非人的认知域，一些之前不具有意义的语句表达，可以在这个非人认知域上生成意义，并被智能终端设备所理解，包括人类本身也在这个新的认知域中得到重新阐释。在这个虚拟世界中，人的身体不会直接生成，而是会被虚体化，生成为一个数字孪生体。在数字世界中，我们不能依赖于自身的经验来建立知识，而是需要依赖于数字化的虚体来建立与各种语言、算法和虚拟物品之间的关系，而这种关系的基础不是之前现实世界中的认知域，而是在数字世界中重新生成的知识体系，即数字认知域。

实际上，许多计算机研究领域的学者已经发现了这种数字孪生的非人认知域的存在，如意大利计算机学者和数学家罗伯托·萨拉科就指出，"技术和数字信息会有所帮助。认知数字孪生体领域的发展将支持知识的封装和共享，使知识聚合成元知识（meta-knowledge），使知识生成新知识。人工智能是这个领域强大的工具。创建认知数字孪生体的初衷就是封装机器（机器人）的知识。经过拓展的认知数字孪生体能映射一个人或一群人（团队或组织）的知识。后者的知识将超过所有人的知识的总和"。

在这个意义上，数字孪生体和网络空间的确构成了不同于生物性人类的认知域的新型非人认知域，这些新的认知域正在生成不同的智能环境下的知识体系，这些知识体系不仅包含人与物的主客体关系，人与人的主体间性关系，也包含了物与物之间的物体间性关系，以及各种终端设备、交换器、应用场景、传感器、服务器、基站等数据与数据之间的流通和交换关系。在未来的无人驾驶、环境智能、智能家居、智能城市、元宇宙等领域，这些数字技术和智能技术会创造出更多的认知域，如智能扫地机器人与安装了智能传感器的空调之间会基于智能家居环境构成一种物与物之间的知识交换系统，它们之间的数据交换根本无须处于智能环境中的人类个体知晓，人类个体唯一能做的就是去享用这些物与物之间交换的结果。

换言之，在未来科技发展的道路上，会诞生诸多新的认知域形态，这些认知域将成为智能生活最重要的基础。而不同智能生产体系和消费体系，都不同程度地依赖于这些认知域。因此，人工智能技术和大数据技术将认知域问题带到了一个前所未有的高度，我们需要在国家安全战略视角下重新看待认知域的问题。

3. 国家安全战略与认知域主权

随着认知域问题从纯粹的语言学和人类认识论维度，拓展到数字技术、通信技术和智能空间的维度，认知域从心理学和语言学范畴，也进一步延伸到数字和算法领域。从前文的后真相社会和生成式人工智能的分析，对于认知域问题，我们可以初步得出以下几个结论。

认知域是让认知成为可能的基础，这里的认知不仅涉及人类自身的认知，也涉及智能技术和生成的智能空间中的认知。我们可以将认知域看成一个意义生成的加工装置，在香农的理解中，通过信息加工，实现了熵减，即无意义的噪声和乱码被加工成有意义的信息输出。在数字时代和智能时代之前，这个加工过程必须通过人类的身体和大脑来完成，输出的信息是以语言的方式来实现的。然而，在进入数字时代之后，大数据技术和智能技术也参与到信息加工的过程之中，构成了人类自身的认知域之外的智能认知域。

如果我们不局限于认识论范围，而是从社会本体论的角度来说，认知域不仅是人类和智能体认知的基础，也是让共同体得以统一的基础。在福柯看来，正是因为我们有着同样的话语构型（formation discursive）、同样的知识型，人与人之间的对话才成为可能，在这些对话的基础上生成的知识和话语，成为人类共同体赖以生存的基础。

法国社会学家布尔迪厄用"场域"的概念来形容人类的共同体根基，也就是说，我们之所以能够彼此共存，不仅是人类心理上的情感和移情，更重要的是我们在同样的话语和知识场域之中实践。在布尔迪厄看来，场域是一个"结构化了的社会空间……它变成了这样一个空间，在这里各个行为者竭尽全力地要改变或保护这个场域"。简言之，谁掌握了认知域，谁就控制了共同体。在数字时代和智能时代，对认知域的控制，不仅仅意味着对人类共同体的掌控，也意味着对智能环境构成的未来共同体的掌控。

对国家战略来说，由于认知域并不具有唯一性，意味着在智能世界和人类世界共同构成的未来共同体中，存在着多种不同的基层认知域之间的竞争，甚至是斗争。尽管在认知域大规模出现之前，人类历史上的各种斗争频繁上演，有战争的血腥戕害，有政治上的钩心斗角，也有意识形态上的尔虞我诈。

但认知域不是战争，也不是政治，更不是意识形态。意识形态的斗争形势，取决于具体传播内容的灌输与接受，取决于对不同意识形态立场的坚持和选择，在前数字时代，这种意识形态的斗争实际上居于人类心理或社会群体内部。认知域则是完全不同的场域，在智能时代，认知域是由基层协议、基础算法和数据结构支撑的，也就是说，认知域有各种不同的形式基础，在这个基础上构成不同类型的知识。正如前文所分析的那样，这些形式基础在政治和价值上并不是中立的，它具有鲜明的立场性，所以，一旦我们选择了不同的认知域形式，也意味着我们选择了不同的共同体和政治立场。

在今天高度平台化的数字时代，认知域的斗争就是通过各种不同的平台来实现的。当一个国家没有自己的数字平台（如欧洲国家没有具有影响力的社交软件），就意味着当代数字化的欧洲年轻世代，势必是在美国的Twitter、Facebook（现改为 Meta）、Instagram 和谷歌、微软、苹果等社交平台上实现自己的交往，进入被美国支配的认知域体系之中。即便其中传播的内容不是直接支持美国的内容，但一旦进入这个场域，势必意味着欧洲年轻世代在一定程度上成为这些数字平台的"牵线木偶"。

从这些结论中我们不难看出，在进入数字社会和人工智能时代之后，认知域问题成为一个十分重要的国家安全战略问题。对于这个问题的解释，我们同样可以回到布尔迪厄关于场域概念的解释。对布尔迪厄来说，现代民族国家就是一个场域，它之所以是场域，是因为国家概念成为现代国家范围内所有的话语和书写（如教育、行政文书、法院判决、媒体报道等）的最终基础。布尔迪厄认为，"它们都是由具有象征性权威的人完成并产生影响的行为。这一象征性权威，一步步指向一种虚幻共同体，指向终极共识。这些行为获得认同，人们之所以服从——即使他们进行反抗，其反抗也暗示着认同——是因为他们归根结底都有意无意地参与了某种'虚幻共同体'"。在布尔迪厄看来，一个国家之所以成为国家，不仅仅是因为它拥有一定的领土和领海，也不仅仅是因为它拥有一定数量的常住居民，更是因为国家构成了共同体的场域，而在这个场域中的所有人和行为，都获得了最终的保障，这种保障也是国家权威的体现。

尽管布尔迪厄分析的是近代以来的现代民族国家，但他对场域问题的分析也适用于数字时代和智能时代的认知域。对今天的许多数字研究和智能研究领域的学者来说，数字空间的认知域直接涉及国家安全领域的策略，譬如，美国社会学家、计算科学领域研究者本杰明·布拉顿就在其代表作《堆栈：软件与主权》中效仿了卡尔·施米特在《陆地与海洋》一书中对陆地国向海洋国转变的分析和论述思路。其中一个很重要的观点就是，海洋国第一次建立了领海的观念，从而在一定程度上冲击了陆地国家的领土原则。领海和领空是在地中海文明和跨大西洋文明兴起之后，支配世界地缘政治格局的最基本的两个原则，这让大陆国家的领土原则变成了一个平行原则。

布拉顿认为，在数字技术和智能技术大规模应用的今天，实际上出现了一个新的主权领域，即平台、算法、数据等构成的全新的数字空间领域。对于这个领域，布拉顿毫不客气地指出："我们不仅要看到这种平台主权的出现，也要让其嵌入战略决策的界面之上。"布拉顿模仿施米特对于领土与领海的表述，创造了一个新词——"领云"，指出云端也是主权的领域，也需要被国家的主权权力干预。因为领云是通过数据、堆栈、算法创造出来的新空间，这个空间不是中性的，而是具有主权性质的。布拉顿指出，"堆栈通过占据空间来制造空间；它通过抽象化数据，吸收数据，并使之虚拟化来做到这一点，这就是为什么它甚至有可能考虑在根本上创造了一个领云的国度。如果行星尺度的计算空间是一种新的'自由土地'，那么这块新土地同时是领土、领海和领空，同样是有形和短暂的空间。它既可以在威斯特伐利亚国家及其内部法律视线之内，但又在其边界和主权之外；有时它既在其边界之外，又被法律和军事分界线所内化"。

也就是说，这个新生的领云的权力空间，实际上成为陆地国家和海洋国家之后的新的主权形态。与之前布尔迪厄诉诸的"国家"概念的终极保障不同，在网络空间和领云中的行为和话语的最终保障，在今天不完全是由国家权力来实现的。如果反过来追溯这个问题就会发现，我们在数字平台（如抖音、B 站、微博等）上的行为和言论的合理性，高度依赖于构成这个领云区域的基层算法和协议结构。

例如，布拉顿就提到了 TCP、IP 和 OSI 结构，这些结构是 20 世纪八九十年代由美国的数字团队开发出来的，并享有极高的网络主权，也是全世界使用互联网络的基础。我们之前分析的认知域，就是在这样的数据堆栈的基础结构上形成的，换言之，有什么样的底层协议和结构，就会有什么样的认知域，也会在网络和智能世界中形成对应的人类和智能体的认知。

当然，网络和智能手机的连接仍然是今天数字技术和网络技术的主导，在这个领域中，对国家安全策略来说，获得其中的领云的支配地位和认知域主权具有相当大的难度。然而，对一个长期的国家安全战略而言，我们面对的不仅是当下的数字世界和互联网络的状态，更需要以高瞻远瞩的眼光，看到智能技术面对的下一个世代的领云。例如，随着 5G 和 6G 通信技术的发展，量子计算机的算力突破，我们可以畅想的是，在未来的智能环境和万物互联的广域环境中，智能手机的操作系统和认知域不再是唯一的支配性结构，这就需要其他公司和平台形成除安卓、Windows、iOS 等操作系统之外的系统。

例如，华为公司开发的 LiteOS 操作系统就是面向未来轻量级万物互联体系构建的系统，这种系统必然会形成人与物、物与物之间的中介的认知域体系。这一系统有赖于主权的支配，如果没有主权的支配，丧失了认知域的定义权和架构权，也就意味着在这个系统下的个体的思维和知识必然受到相应的冲击。

最后，我们可以看到，当我们从一个"域"的概念来思考数字网络和智能空间中的认知问题，并将其界定为"认知域"时，已经充分说明了这个概念本身就具有重要的国家安全战略的价值。领云和认知域的概念，为我们展现了未来国家安全和国与国之间竞争的基本形式。有学者指出："数据是战略武器。随着信息革命的深入推进，大数据已经从引领新经济产业发展的关键要素，上升为关乎国家安全和国家综合竞争力的战略资源。一国拥有大数据的规模、数据的活性以及对数据的理解和运用能力，与其对世界局势的洞悉度、影响力和主导权密切相关，数据作为大国竞争的基础性战略资源地位更为突出，大数据跨境政治应用趋势日益凸显。"实际上，这只谈到了数据层面的问题。数据当然是国家安全的重点，然而产生数据的系统和机制（即认知域）一旦被其他国家和机构所控制，其带来的破坏力远远高于意识形态输出和数据内容的影响。

所以，对当前中国的国家安全战略而言，开发自己的数据系统、操作系统、智能算法系统，从而掌握领云和认知域主权，一定是未来大国竞争和博弈的必要条件。虽然面对未来的人工智能的新世界还有很长的路要走，但我们必须在进入全新的认知域竞争和斗争之前，掌控认知域的基本武器，维护国家安全的战略主动权，筑牢国家安全的根基。